シリーズ〈新しい化学工学〉

③

物質移動解析

伊東 章

［編集］

朝倉書店

シリーズ〈新しい化学工学〉 編集者

小　川　浩　平	東京工業大学名誉教授（シリーズ全体，第1巻）	
太田口　和　久	東京工業大学大学院理工学研究科化学工学専攻（第2巻）	
伊　東　　　章	東京工業大学大学院理工学研究科化学工学専攻（第3巻）	
鈴　木　正　昭	東京工業大学大学院理工学研究科化学工学専攻	
黒　田　千　秋	東京工業大学大学院理工学研究科化学工学専攻	
久保内　昌　敏	東京工業大学大学院理工学研究科化学工学専攻	
益　子　正　文	東京工業大学大学院理工学研究科化学工学専攻	

第3巻　物質移動解析　執筆者　　　　　　　　　　　　　　　分担

＊伊　東　　　章	東京工業大学大学院理工学研究科化学工学専攻	1.1節，2〜4章
下　山　裕　介	東京工業大学大学院理工学研究科化学工学専攻	1.2節

（執筆順，＊印は本巻の編集者）

まえがき

　シリーズ〈新しい化学工学〉は大学院レベル向けの教科書として企画されており，本書も大学院における物質移動論の教科書として執筆したものである．しかし基礎からの記述にも留意したので，学部での移動論関係科目の教科書・参考書としても十分使っていただけるであろう．

　物質移動論は，運動量移動（流体工学），熱移動（伝熱工学）とともに，この3つで化学工学の基礎である移動論を構成している．しかし物質移動はともすれば伝熱工学の応用分野と簡単にとらえられがちである．実際，欧米では"Heat and Mass Transfer"と題する教科書が多く出されているが，その記述は熱移動 heat transfer が中心で，物質移動 mass transfer は最後の1章のみというものが多い．物質移動論における基礎式の解，相関式はほとんど伝熱工学の結果を応用しているので，このような軽い取り扱いも仕方がない面もある．しかし物質移動論は蒸留，吸収など拡散分離操作の基礎をなしている．化学工学専門課程において拡散分離操作は主要な科目なので，その基礎である物質移動論もまた伝熱工学以上の重要性があると言える．この点で本シリーズで伝熱（熱移動解析）とは独立した物質移動解析として単独にまとめることができたのは幸いである．

　これまでの化学工学の教科書では，熱・物質移動の基礎式については Laplace 変換などによる解析解を示し，蒸留塔など装置のモデルについては特有の図式解法をおこなうのが伝統的取り扱いである．しかしこれは計算尺，電卓程度しか計算の道具がない時代を背景としたものである．現在はパソコンの進歩により学習者・技術者の使える工学計算の道具に格段の進歩がもたらされた．特に各人のパソコンに必ず入っている表計算ソフト Excel が方程式解法の道具としても使えるようになった．また，表計算ソフトでは計算結果を容易にグラフ表示することができるので，この点でも教育・学習的効果が大きい．Excel をモデル解法および結果表示の道具として活用することで，伝統的な化学工学の教育方法にも大きな変化が生じるものと期待される．

　このような背景をふまえて，本書では以下に留意して新たに物質移動論を整理した．

　1．例題解法を原則 Excel 上でおこなった．化学工学の数式モデルは連立非線形方程式，常微分方程式，簡単な偏微分方程式となるが，それらをすべて Excel シート上で解く道具や手法をまず用意した．それら方程式解法の各種道具の活用により，物質移動論における拡散の基礎式とモデル式の解法をすべて Excel シート上で示した．全例題の Excel ファイルは出版社ホームページからダウンロードできるようにしたので，読者はこの例題解法を

自身で手軽に試して，容易に学習することができる．なお，本書では解析解については結果のみを示し，その導出を参考資料に任せた．その際，数値解と解析解の比較を必ずおこない，数値解の適用性を確認して示した．

2. 基礎式や例題は有次元で取り扱っている．一般に移動論の教科書では理論的取り扱いの汎用性を考慮して，無次元化して記述するのが普通である．しかし本書では数値解を主体にしたので，実際の形状や操作条件で計算することが可能である．そこであえて実際の操作の形状と条件をそのままで解析をおこなっている．実形状での計算例を示すことで実プロセスへの応用が容易になるであろう．

3. 物質移動解析は拡散成分の濃度分布を解析するのであるが，この際の濃度はモル濃度 $c_A\,[\mathrm{mol/m^3}]$ を基本とした．従来の物質移動の教科書は，モル分率や質量分率を基準に記述されているものが多い．本書ではあえて有次元のモル濃度で統一することにした．これにより基礎の拡散方程式の解法から，応用の分離操作まで同じ濃度を通して使うことができる．また，気相-液相-固相中の濃度を統一的に記述できるので，物質移動の推進力について平易に理解できるようになる．

4. 1章では特に物性値である拡散係数と相平衡について述べた．拡散係数は物質移動の速度を支配する物性値である．また，相平衡は物質移動の推進力を発生する．これらが実際の分離プロセスの大きさと操作方法を支配している．最近は化学工学教育において物性値が軽視される傾向にある．しかし物質移動ではその推進力すなわち濃度差とそれを発生させる平衡現象が基礎である．その意味であえて物性値に章を割いた．

5. 2章では種々の拡散方程式の数値解を示した．簡単な1次元定常拡散の式から始め，非定常項，対流項，反応項を順次加えた拡散方程式について数値解法を示した．本書で解析した基礎式を一覧にしたのが表2.2であり，本書の特徴を示している．この系統的な構成により，既往の移動論の教科書で取り扱われている物質移動モデルのほとんどは網羅したつもりである．

化学工学で物質移動論という分野が現れたのはBirdらの1960年の教科書"Transport Phenomena"によってである．それ以来，移動論が進展すれば実際の装置内の移動現象は完全に解析できるのではないかという夢が生まれた．例えば蒸留塔の段効率は物性値と理論モデルにより正確に予測できるのではないかと期待された．しかし，それから半世紀にわたる化学工学の研究者・技術者の多大な努力にもかかわらず，未だ理論的な段効率の予測には至っていない．今後のコンピュータシミュレーションの進展によりその夢の実現可能性はあるものの，現在はまだまだその途上である．

では，実プロセスの解析に直接には役立たない移動論を学ぶ意義はなにか．それは確実に解が得られる数式モデルの範囲を知っておくということにある．実プロセスでの移動現象はたいへん複雑であり，それを直接取り扱うことは困難である．しかし移動論で解析可能な基礎モデルを学んでおくことで，実際の現象をその計算できる基礎モデルに落とし込

むことができる．このように対象とする複雑な現象を計算可能なモデルに還元できる能力こそケミカルエンジニアの専門力である．上級科目である拡散分離操作の内容も装置内現象，プロセスをいかに簡単にモデル化したかについての例題集という意味合いが今日では大きい．本書で示した種々のモデル解析例がものづくりの現場における複雑な移動現象・プロセスの解析に役立つことを期待している．

　終わりに，本シリーズを主導し当方を執筆者として指名していただいた小川浩平東京工業大学名誉教授と物質移動論の恩師である浅野康一東京工業大学名誉教授に感謝申し上げる．本書が名著『物質移動の基礎と応用』（浅野康一，丸善，2004）の系譜に連なることができれば幸いである．

　　　2013年4月

第3巻編集者　伊 東　　章

目　次

1. 物性値解析

1.1 拡散係数 ······················· 1
　1.1.1 気相拡散係数の理論―気体分子運動論より― ·············· 1
　1.1.2 液相拡散係数―Stokes-Einstein 式― ·············· 2
　1.1.3 拡散係数の測定 ··············· 3
　1.1.4 拡散係数のデータと推算法 ········ 4
1.2 相平衡 ························· 8
　1.2.1 分離プロセスと相平衡 ··········· 8
　1.2.2 相平衡データと推算法 ··········· 9
　1.2.3 相平衡の基礎 ················ 22

2. 拡散方程式解析

2.1 拡散の基礎式 ··················· 28
2.2 定常拡散（定常濃度分布） ········· 28
　2.2.1 静止媒体中の定常拡散（1次元）―拡散係数が変化する場合― ······ 28
　2.2.2 静止媒体中の定常拡散（球座標） ··· 31
　2.2.3 静止媒体中の定常2次元拡散（x-y 座標，円筒座標） ·············· 31
2.3 非定常拡散 ····················· 34
　2.3.1 非定常1次元拡散（x-y 座標） ····· 34
　2.3.2 1次元非定常拡散（円筒座標と球座標） ···························· 39
2.4 対流を伴う拡散 ·················· 44
　2.4.1 物体移動流束と拡散流束 ········· 44
　2.4.2 一方拡散（定常1次元の対流・拡散） · 45
　2.4.3 非定常1次元対流物質移動―移流拡散― ·········· 48
　2.4.4 2次元対流物質移動（直交流れへの拡散）―直角座標― ················ 52
　2.4.5 2次元対流物質移動（直交流れへの拡散）―円筒座標― ················ 56
　2.4.6 円管内流れの混合拡散係数―Taylor 分散― ············· 58
2.5 反応を伴う拡散 ·················· 59
　2.5.1 反応を伴う1次元拡散 ··········· 59
　2.5.2 非定常1次元拡散―反応を伴う場合― ···························· 62
　2.5.3 反応を伴う移流拡散（混合拡散モデル） ························ 63
　2.5.4 反応を伴う拡散（球座標） ········ 65

3. 物質移動解析の基礎

3.1 物質移動係数と物質移動の無次元数 ··· 69
　3.1.1 物質移動係数と伝熱係数 ········· 69
　3.1.2 次元解析による物質移動関係の無次元数の導出 ················· 70
　3.1.3 流束の比としての無次元数 ······· 71
3.2 平板上の層流境界層と物質移動 ······ 72
3.3 乱流場の物質移動とアナロジー ······ 77
3.4 各種形状における物質移動 ········· 78
3.5 伝熱係数の推算式，相間式 ········· 83

4. 分離プロセスの物質移動解析

4.1 調湿―湿球温度― ················ 85
4.2 乾　燥 ························ 88
　4.2.1 定率乾燥と減率乾燥 ············ 88
　4.2.2 定率乾燥 ···················· 89
　4.2.3 材料内拡散支配の減率乾燥モデル ··· 90
　4.2.4 表面含水率が変化する乾燥過程 ···· 92

- 4.3 吸　着 ……………………………………… 93
  - 4.3.1 吸着材内拡散の線形推進力近似モデル
    ……………………………………… 93
  - 4.3.2 回分吸着 ………………………………… 95
  - 4.3.3 固定層吸着 ……………………………… 97
- 4.4 クロマトグラフィー ……………………… 99
  - 4.4.1 クロマトグラフィー成分分離のしくみ
    ……………………………………… 99
  - 4.4.2 クロマトグラフィー
    ―混合拡散モデル― ………………… 99
  - 4.4.3 クロマトグラフィー―理論段モデル―
    ……………………………………… 101
- 4.5 ガス吸収 …………………………………… 103
  - 4.5.1 流下液膜へのガス吸収 ……………… 103
  - 4.5.2 気泡からの物質移動―浸透説― ……… 105
  - 4.5.3 気-液向流吸収操作の物質移動
    ―2重境膜モデル― ………………… 106
- 4.6 抽出操作の微分モデル …………………… 108
- 4.7 蒸留操作の微分モデル …………………… 110
- 4.8 膜濾過の物質移動 ………………………… 112
  - 4.8.1 濾過膜とケーク層の水透過抵抗 …… 112
  - 4.8.2 膜濾過の阻止率 ……………………… 114
  - 4.8.3 膜面上の物質移動―濃度分極モデル―
    ……………………………………… 115
  - 4.8.4 膜濾過プロセス ……………………… 118
- 4.9 ガス膜分離 ………………………………… 119

索　引 ……………………………………………… 124

記号表

(☆印は第 1 章(物性値) でのみ使用)

$A\,[\mathrm{m^2}]$	面積, 膜面積		$H\,[-]$	空隙比
$A_\mathrm{R}\,[\mathrm{m^2}]$	吸着材表面積		$h\,[\mathrm{W/(m^2 \cdot K)}]$	伝熱係数
☆$A_{12}, A_{21}\,[-]$	van Laar 定数		$h\,[\mathrm{m}]$	区間幅, 流路幅
$a\,[\mathrm{m}]$	粒子半径		$J_\mathrm{A}\,[\mathrm{mol/(m^2 \cdot s)}]$	拡散流束
$a_\mathrm{v}\,[\mathrm{m^2/m^3}]$	比表面積		$J_\mathrm{v}\,[\mathrm{m^3/(m^2 \cdot s)}]$	溶媒透過流束
$C\,[\mathrm{mol/m^3}]$	溶質濃度		$J'_\mathrm{v}\,[\mathrm{m^3/(m^2 \cdot s)}]$	水透過流束
☆$C_\mathrm{p}\,[\mathrm{J/(mol \cdot K)}]$	定圧熱容量		$j\,[-]$	アナロジーの j 因子
$c\,[\mathrm{kg/m^3}]$	粒子濃度		$K\,[-]$	平衡定数, 分配係数
$c\,[\mathrm{mol/m^3}]$	全モル濃度		$K\,[\mathrm{m/s}]$	総括物質移動係数
$c_\mathrm{A}\,[\mathrm{mol/m^3}]$	成分モル濃度		☆$K_0\,[\mathrm{m^3 \cdot m/(m^2 \cdot s \cdot kPa)}]$	圧力透過係数
☆$\bar{c}\,[\mathrm{m/s}]$	分子の平均速度		$ka\,[\mathrm{1/s}],\,[\mathrm{mol/m^3 \cdot s}]$	物質移動容量係数
$c_\mathrm{f}\,[-]$	摩擦係数		$k\,[\mathrm{m/s}]$	物質移動係数
$c_\mathrm{H}\,[\mathrm{J/(kg \cdot K)}]$	湿り空気熱容量		$k\,[\mathrm{mol/(m^3 \cdot s)}],\,[\mathrm{1/s}]$	反応速度定数
$D\,[\mathrm{m}]$	管内径		☆$k=1.3806\times 10^{-23}\,\mathrm{J/K}$	Boltzmann 定数
$D_z\,[\mathrm{m^2/s}]$	混合拡散係数		$L\,[\mathrm{m}]$	代表距離
$D\,[\mathrm{mol/(m^2 \cdot h)}]$	流出流量		☆$L\,[\mathrm{m}]$	気体分子の平均自由行程
$D_\mathrm{AB}\,[\mathrm{m^2/s}]$	相互拡散係数		$L\,[\mathrm{mol/(m^2 \cdot h)}]$	還流流量
$d_\mathrm{t}\,[\mathrm{m}]$	管内径		$L\,[\mathrm{mol/(m^2 \cdot s)}]$	断面積あたり液流量
☆$d_\mathrm{A}\,[\mathrm{m}]$	分子直径		$Le\,[-]$	Lewis 数
$E\,[-]$	無次元濃度		$L_\mathrm{p}\,[\mathrm{m^3/(m^2 \cdot s \cdot Pa)}]$	溶媒の透過係数
$E\,[\mathrm{kg/(m^2 \cdot s)}]$	断面積あたり抽剤流量		$l_\mathrm{w}\,[\mathrm{J/kg}]$	水の蒸発潜熱
$F\,[\mathrm{m^3/s}]$	体積流量		$M\,[\mathrm{kg/mol}]$	分子のモル質量
$F\,[\mathrm{N}]$	力		$M\,[\mathrm{kg}]$	材料質量
$F\,[\mathrm{mol/(m^2 \cdot h)}]$	原料流量		$m\,[-]$	整数
$f\,[-]$	管摩擦係数		$m\,[-]$	Henry 定数
$f\,[-]$	無次元流れ関数		☆$m\,[\mathrm{kg}]$	分子 1 個の質量
☆$f\,[\mathrm{Pa}]$	フガシティ		$N, n\,[-]$	整数
$G\,[\mathrm{mol/(m^2 \cdot s)}]$	断面積あたりガス流量		$N_\mathrm{A}\,[\mathrm{mol/(m^2 \cdot s)}]$	物質移動流束
☆$G\,[\mathrm{J/mol}]$	Gibbs 自由エネルギー		$Nu\,[-]$	Nusselt 数
$Gz\,[-]$	Graetz 数		☆$n\,[\mathrm{\#/m^3}]$	単位体積あたり分子数
$g=9.8\,\mathrm{m/s^2}$	重力加速度		☆$n_\mathrm{A}=6.022\times 10^{23}\,\mathrm{\#/mol}\,(\#\,[-]:個数)$	Avogadro 数
$H\,[\mathrm{atm}]$	Henry 定数			
$H\,[\mathrm{kg/kg}]$	絶対湿度		$Pe\,[-]$	Peclet 数
☆$H\,[\mathrm{J/mol}]$	エンタルピー		$P_\mathrm{m}\,[\mathrm{m/s}]$	溶質の透過係数
☆$\Delta H\,[\mathrm{J/mol}]$	エンタルピー変化		$Pr\,[-]$	Prandtl 数

p [Pa]	圧力	z_F [−]	原料濃度
Q [cm³(STP)·cm/(cm²·s·cmHg)]	膜透過係数	z [m]	軸方向距離
		☆z_{AA} [#/s]	分子の衝突回数
Q [L/(s·m)]	単位幅あたり流量	☆# [−]	分子の個数
q [−]	原料液割合		
q [kg/kg], [mol/m³]	吸着量	α [−]	相対揮発度
$\dot{q}$ [W/m²]	熱流束	α [m/kg]	比抵抗
$R = 8.314$ J/(mol·K)	気体定数	α [m²/s]	熱拡散率
R [kg/(m²·s)]	断面積あたり溶媒流量	α [−]	理想分離係数
Re [−]	Reynolds 数	β [−]	反応係数
R_c [kg/(m²·s)]	定率乾燥速度	γ [−]	圧力比
R_f [kg/(m²·s)]	減率乾燥速度	☆γ [−]	活量係数
R, R_0 [m]	球,粒子半径	δ [m]	厚さ,距離
R [−]	阻止率	☆δ [(J/m³)$^{1/2}$]	溶解度パラメーター
r_0 [m]	細孔半径	ε_M [m²/s]	渦動粘度
r_A [mol/(m³·s)]	物質消失速度	ε [−]	空隙率
r [m]	中心からの距離	η [−]	相似変数
Sh [−]	Sherwood 数	η [−]	触媒の有効係数
Sc [−]	Schmidt 数	θ [−]	無次元時間
St [−]	Stanton 数	θ [−]	無次元濃度
☆S [J/(mol·K)]	エントロピー	θ [−]	カット
☆S [cm³(STP)/(cm³·cmHg)]	溶解度係数	☆$\Lambda_{AB}, \Lambda_{BA}$ [−]	Wilson パラメーター
		λ [W/(m·K)]	熱伝導度
T [K]	温度	μ [kg/(m·s)]	粘度,粘性係数
t [s]	時間	☆μ [J/mol]	化学ポテンシャル
U_∞ [m/s]	主流速度	ν [m²/s]	動粘度
☆ΔU [J/mol]	内部エネルギー変化	$\pi = 101.3$ kPa	大気圧
u [m/s]	速度	$\Delta \pi$ [Pa]	浸透圧
V [m³]	濾液量	ρ [kg/m³]	密度
V [m³]	装置容積,原料容積	σ [−]	反射係数
V_m [m³/mol]	モル容積	☆σ [m]	衝突直径
v [m/s]	y 方向速度	τ [N/m²]	せん断応力
☆v_{10} [−]	体積分率	τ [s]	接触時間
W [mol/(m²·h)]	缶出液流量	☆φ [−]	フガシティ係数
W [m³]	吸着材容積	ϕ [−]	Thiele 数
w [kg/kg]	含水率	☆ϕ [−]	体積分率
x [−]	液相モル分率	ω [−]	質量分率
x [m]	距離	☆ω [−]	偏心因子
y [m]	距離	ω [mol/(m²·s·Pa)]	溶質の透過係数
Z [m]	充填塔,充填物高さ		

1 物性値解析

物質移動解析は工業的分離プロセス・装置における物質移動現象のモデル化および物質移動速度の推算を目的としている．一般に分離プロセス・装置における物質移動速度 N_A を支配する因子は，拡散係数 D_{AB}，濃度推進力 Δc_A，物質移動の距離 δ の3つに単純化することができる．これらは概略以下の比例・反比例の関係にある．

$$物質移動速度 N_A = \frac{拡散係数 D_{AB} \times 濃度推進力 \Delta c_A}{物質移動の距離 \delta}$$

これら3つの物質移動の因子のうち，拡散係数 D_{AB} は拡散成分と媒体に固有の物性値である．また，濃度推進力 Δc_A は異相界面間の平衡関係を利用して発生させるが，平衡も成分・系に固有の物性値である．本章では物性値である拡散係数 D_{AB} と異相間の平衡関係について基礎的および実用的取り扱いを述べる．なお最後の因子である物質移動の距離 δ は流体の流動に支配されるものであり，これについては3章で取り扱う．

1.1 拡散係数

1.1.1 気相拡散係数の理論―気体分子運動論[1, p.815]より―

この節で，各式のあとに（ ）内で並記した数値は25℃，大気圧の窒素 N_2 分子についての計算値である．

気相の拡散係数 D_{AB} は気体分子運動論を基礎に推算が可能である．Maxwell の速度分布を用いると気相の分子の平均速度 $\bar{c}$ [m/s] は次式となる．

$$\bar{c} = \left(\frac{8RT}{\pi M}\right)^{1/2} = \left(\frac{8kT}{\pi m}\right)^{1/2} \tag{1.1}$$

$$\left(= \left(\frac{8 \times 8.314 \times 298}{3.14 \times 0.028}\right)^{1/2} = 475 \text{ m/s}\right)$$

ここで，$R = 8.314$ J/(mol·K) は気体定数，T [K] は絶対温度，M [kg/mol] は分子のモル質量，$k(= R/n_A) = 1.3806 \times 10^{-23}$ J/K は Boltzmann 定数，$n_A = 6.022 \times 10^{23}$ #/mol（#[-]:個数）は Avogadro 数，m [kg] は分子1個の質量である．また1個の分子が単位時間に衝突する回数 z_{AA} [#/s] は，

$$z_{AA} = \frac{\sqrt{2} \pi d_A^2 \bar{c} n_A}{V_m} \tag{1.2}$$

$$\left(\frac{\sqrt{2} \times 3.14 \times (3.7 \times 10^{-10})^2 \times 475 \times 6.022 \times 10^{23}}{0.0244}\right.$$

$$= 7.11 \times 10^9 \text{ #/s}\right)$$

である（d_A [m] は分子径，V_m [m^3/mol] はモル容積）．よって，気体分子の平均自由行程 L [m] は，

$$L = \frac{\bar{c}}{z_{AA}} = \frac{1}{\sqrt{2}(n_A/V_m)d_A^2} \tag{1.3}$$

$$\left(\frac{1}{\sqrt{2} \times 3.14 \times (6.022 \times 10^{23}/0.0244) \times (3.7 \times 10^{-10})^2}\right.$$

$$= 6.68 \times 10^{-8} \text{ m} = 66.8 \text{ nm}\right)$$

となる．

拡散係数は粘性係数（粘度）と密接な関係があるので，まず粘性係数を考える．図 1.1 は x 方向速度 u の速度場で，y 方向に平均自由行程 L 離れた各面

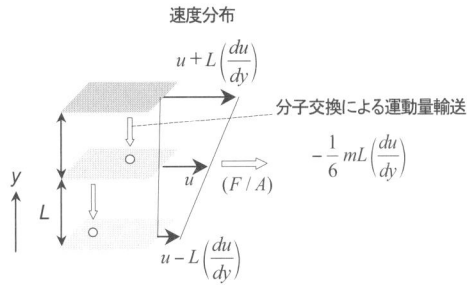

図 1.1　速度分布と L 離れた面間の運動量移動

を示す．y 方向速度勾配が (du/dy) なので，各面間の速度差は $L(du/dy)$ である．この速度場を質量 m [kg]（分子 1 個の質量で，$m=(M/n_A)$）の分子 1 個が距離 L 動くことで，$mL(du/dy)$ [kg·m/s] の運動量が輸送される．分子の動きは等方的であるので面から $+y$ 方向へ動くのがこの $(1/6)$，$-y$ 方向に動くのも $(1/6)$ である．したがって，これに分子の密度と速度を考慮して，速度 u の面を通過する運動量（運動量流束）は速度勾配と逆方向に，

$$-2 \times \left(\frac{1}{6}\right) \times \left(\frac{n_A}{V_m}\right) \bar{c} \times mL\left(\frac{du}{dy}\right)\left[\frac{\text{kg·m/s}}{\text{m}^2 \cdot \text{s}}\right] \quad (1.4)$$

となる．面を通過する運動量流束がせん断応力 τ_{yx} であり，粘性係数 μ が次式の Newton の粘性法則で定義される．

$$\frac{F}{A} = \tau_{yx} = -\mu\left(\frac{du}{dy}\right)\left[\frac{(\text{kg·m/s})}{\text{m}^2 \cdot \text{s}} \equiv \frac{\text{kg}}{\text{m·s}}\left(\frac{\text{m/s}}{\text{m}}\right)\right] \quad (1.5)$$

式中の F は面に働く力，A は面積である．よって，式 (1.4) と (1.5) の比較により，粘性係数が次式となる．

$$\mu = \frac{1}{3}\left(\frac{n_A}{V_m}\right)\bar{c}mL \quad (1.6)$$

$$\left(\frac{1}{3} \times \frac{6.022 \times 10^{23}}{0.0244} \times 475 \times 4.65 \times 10^{-26} \times 6.68 \times 10^{-8}\right.$$
$$\left. = 1.21 \times 10^{-5} \frac{\text{kg}}{\text{m·s}}\right)$$

（参考：信頼できる N_2 粘性係数の推算値は $\mu = 1.82 \times 10^{-5}$ kg/(m·s)）

さらに，これを式 (1.1)，(1.3) で書き換えると，次式である．

$$\mu = \frac{2}{3}\sqrt{\frac{mkT}{\pi^3}}\frac{1}{d_A^2} \quad (1.7)$$

これによると，気体の粘性係数は温度 T，分子の質量 m，分子の直径 d_A による．また，密度（圧力）には依存しないことになる．

図 1.2 は濃度分布を持つ気相中で，距離 L 離れた各面間の分子の移動を考えたものである．n [#/m³]（# は個数）を単位体積あたりの分子数として，y 方向濃度勾配が (dn/dy) である．濃度 n の面を通る分子の流束は下面から入る分と上面に去る分の正味流束を考えて，

$$+\frac{1}{6}\bar{c}\left[-L\left(\frac{dn}{dy}\right)\right] - \frac{1}{6}\bar{c}\left[-L\left(\frac{dn}{dy}\right)\right] = -\frac{1}{3}\bar{c}L\left(\frac{dn}{dy}\right)\left[\frac{\#}{\text{m}^2 \cdot \text{s}}\right] \quad (1.8)$$

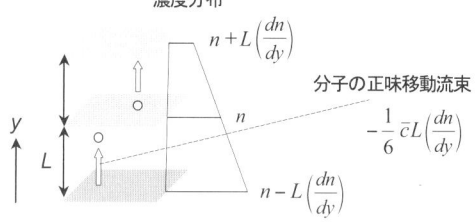

図 1.2　濃度分布と L 離れた面間の分子移動流束

である．一方，分子の濃度拡散に関する Fick の法則を濃度 n 基準で書くと次式である．

$$J_A = -D_{AB}\left(\frac{dn}{dy}\right)\left[\frac{\#}{\text{m}^2 \cdot \text{s}}\right] \quad (1.9)$$

この式で拡散係数 D_{AB} [m²/s] が定義される．よって両式の比較により気体分子運動論における拡散係数は次式となる．

$$D_{AB} = \frac{1}{3}\bar{c}L = \frac{\mu}{\rho} \quad (1.10)$$

$$\left(\frac{1}{3} \times 475 \times 6.68 \times 10^{-8} = 10.6 \times 10^{-6} \text{ m}^2/\text{s}\right)$$

（参考：N_2 の自己拡散係数データは $D_{AB} = 7.0 \times 10^{-6}$ m²/s）

ρ [kg/m³]（$= mn_A/V_m$）は密度である．これによると拡散係数は密度（圧力）に依存する．さらにこれを $kn_A = R$，$pV_m = RT$ の関係により Boltzmann 定数 k などで書き換えると，

$$D_{AB} = \frac{2}{3\pi^{3/2}}\frac{(kT)^{3/2}}{m^{1/2}pd_A^2} \quad (1.11)$$

である．

1.1.2　液相拡散係数—Stokes-Einstein 式—

液相拡散係数推算の基本は，小さい分子の媒体（溶媒）B 中の大きい球形粒子 A の拡散に関する Stokes-Einstein の理論である．粘度 μ の溶媒中で半径 R_0 の粒子（Brown 粒子）が沈降し，その粒子の密度分布が定常状態になっている場合を考える（図 1.3）．この溶液中の粒子のモル濃度 V_m [m³/mol] に関して理想気体法則が成り立つとする．

$$pV_m = RT \quad (1.12)$$

単位体積あたりの粒子の密度 n は n [#/m³] $= n_A$ [#/mol]/V_m [m³/mol] なので，粒子による仮想の圧力 p は，

$$p = \frac{RT}{n_A}n \quad (1.13)$$

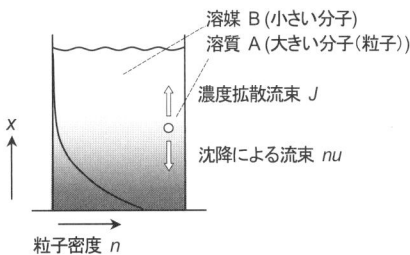

図 1.3 粒子沈降にもとづく液相拡散係数の理論

表 1.1 Stokes-Einstein 式による液相拡散係数推算

溶媒（水）粘度 μ [Pa·s]	0.001
Avogadro 数 n_A [#/mol]	6.02×10^{23}
温度 T [K]	298

	酸素	牛アルブミン
分子半径 R_0 [nm]	0.17	3.2
拡散係数計算値 D_{AB} [m²/s]	1.26×10^{-9}	6.82×10^{-11}
データ D_{AB} [m²/s]	2.10×10^{-9}	6.81×10^{-11}

となる．溶液中のこの圧力の分布（dp/dx）は 1 個の粒子に働く力（重力＋浮力）を F_D とすると

$$\frac{dp}{dx}=nF_D \quad (1.14)$$

である．これと前の式の微分から次式となる（(dn/dx) が粒子密度分布である）．

$$nF_D=\frac{RT}{n_A}\left(\frac{dn}{dx}\right) \quad (1.15)$$

粒子密度分布にもとづく Brown 運動による拡散は Fick の拡散法則より，

$$J_A=-D_{AB}\left(\frac{dn}{dx}\right)\quad \left[\frac{\#}{m^2\cdot s}\right] \quad (1.16)$$

であり，定常状態ではこれと粒子の沈降速度 u による流束 nu [#/(m²·s)] がつりあっている．

$$nu+J_A=0 \quad (1.17)$$

一般に粘性係数 μ の流体中における半径 R_0 の球の流動抵抗 F_D は，流体工学における Stokes の法則より，

$$F_D=6\pi R_0\mu u \quad (1.18)$$

である．よって，式（1.17）の u を消去して，

$$\frac{nF_D}{6\pi R_0\mu}-D_{AB}\left(\frac{dn}{dx}\right)=0 \quad (1.19)$$

すなわち，式（1.15）から，

$$\frac{1}{6\pi R_0\mu}\frac{RT}{n_A}\left(\frac{dn}{dx}\right)-D_{AB}\left(\frac{dn}{dx}\right)=0 \quad (1.20)$$

となる．以上のことから，

$$D_{AB}=\frac{RT}{6\pi R_0\mu n_A} \quad (1.21)$$

と導かれる．これが液相拡散係数に関する Stokes-Einstein の理論式である．Stokes-Einstein 式は Fick の拡散法則と球の流体工学における Stokes の抵抗法則の 2 つを基礎にしている．

【例題 1.1】 Stokes-Einstein 式による液相拡散係数

表 1.1 中に式（1.21）中の諸量を示す．水中の酸素と牛アルブミン（タンパク質）の拡散係数を求めよ．

（解）表 1.1 に式（1.21）による拡散係数計算値とデータを比較した．推算値は大きい分子についてはよく一致するが，低分子の溶質については不十分である．

1.1.3 拡散係数の測定

物質移動の計算では拡散係数は実測値を用いるのが望ましい．拡散係数の測定法はこれまで多く検討されており，Cussler[2,p.142] はダイアフラム法，接触法（固体内拡散），Taylor 分散法（2.4.6 項参照）など各種の拡散係数測定法を解説している．一般に拡散係数の測定は困難であり，しかも実測の誤差も大きい．

ここでは最新の光干渉法による拡散係数測定法の例[3] を示す（図 1.4）．光学セルのスリット内で濃度の異なる水溶液を面状に接触させる．ここでは水溶液をスリットの反対側から供給し，中央の細スリットから溶液を排出しておき，定常濃度界面を作る．時間 $t=0$ で溶液供給を止めることで，界面から相互に溶質の濃度拡散が始まる．この界面の濃度の広がりの様子を光干渉法により測定する．

理論的にはこの状況は「両端が無限広がりの媒体

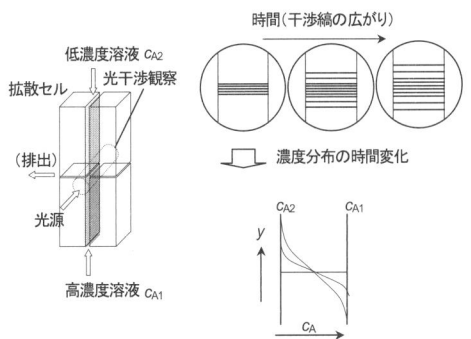

図 1.4 光干渉縞観察による液相拡散係数の測定方法

中の1成分拡散」であり，拡散成分の濃度 c_A [mol/m^3] についての基礎式は次式

$$\frac{\partial c_A}{\partial t} = D_{AB} \frac{\partial^2 c_A}{\partial y^2} \quad (1.22)$$

であり，初期および境界条件が

$$\begin{aligned} t \leq 0, \ y < 0 &: c_A = c_{A2} \\ 0 < y &: c_A = c_{A1} \\ 0 < t, \ y = -\infty &: c_A = c_{A2} \\ y = +\infty &: c_A = c_{A1} \end{aligned} \quad (1.23)$$

である．その解は次式となる．

$$\frac{c_A - c_{A1}}{c_{A2} - c_{A1}} = \phi_c = \frac{1}{2}\left[1 + \mathrm{erf}\left(\frac{y}{2\sqrt{D_{AB}t}}\right)\right] \quad (1.24)$$

erf( ) は誤差関数である．この解析解と濃度変化の時間進行を比較することで，溶質の拡散係数の値が求められる．

【例題1.2】 拡散係数の測定〈mta1_2.xls〉
NaCl(A)-水(B)系で純水-塩水間で拡散実験を行った．図1.5に600s後の濃度分布を示す．実験結果と理論解を比較して，拡散係数を求めよ．

(解) 図1.6に解析解(式(1.24))の計算シートを示す．F列が誤差関数，G列が無次元濃度である．なお，Excelシート上で誤差関数は正規分布関数 Φ から，$\mathrm{erf}(x) = 2\Phi(x\sqrt{2}) - 1$ で計算される．このシートで D_{AB} を変えて理論濃度をデータにフィッティングすることで拡散係数が求められる．$D_{AB} = 1.2 \times 10^{-9}$ m^2/s である．

1.1.4 拡散係数のデータと推算法

i) ガス・蒸気拡散係数

2成分混合気体中の相互拡散係数は濃度依存性がなく，$D_{AB} = D_{BA}$ である．表1.2にガス，蒸気の拡散係数を示す．標準状態での値は $0.1 \sim 2 \times 10^{-4}$ m^2/s の範囲になる．

ii) 気相拡散係数推算法

混合ガスの拡散係数は気体分子運動論を基礎として，成分分子の分子パラメーターからかなり厳密に予測可能である．Chapman と Enskog は気体分子運動論を発展させ以下の気相拡散係数の理論式を誘導した[5]．

自己拡散係数：

$$D\,[\mathrm{m^2/s}] = 2.6634 \times 10^{-7}\left[\frac{(T^3/M)^{1/2}}{p\sigma_{AB}^2 \Omega_D}\right]f_D \quad (1.25)$$

相互拡散係数：

$$D_{AB}\,[\mathrm{m^2/s}] = 1.8833 \times 10^{-7} \times$$
$$\left[\frac{[T^3(M_A + M_B)/(M_A M_B)]^{1/2}}{p\sigma_{AB}^2 \Omega_D}\right]f_D \quad (1.26)$$

ここで，M は分子量，T [K] は温度，p [10^5 Pa = bar] は圧力，σ_{AB} [10^{-10} m] は衝突直径 ($\sigma_{AB} = (\sigma_A + \sigma_B)/2$)，$\Omega_D = A/T_N^B + C/\exp(DT_N) + E/\exp(TF_N) + G/\exp(HT_N)$ は衝突積分（定数の値は参考資料[5]を参照），$T_N = T/(\varepsilon/k)_{AB} = T/[(\varepsilon/k)_A \cdot (\varepsilon/k)_B]^{1/2}$（規格化温度），$k$ は Boltzmann 定数，ε は引力項で

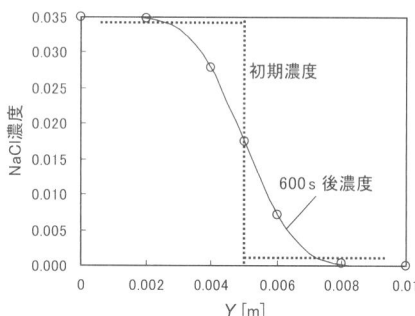

図1.5 液相拡散係数の推定

	A	B	C	D	E	F	G	H
1	Y	y	t[s]	DAB	x=y/2√DABt		wmax=	0.03500
2	[m]	[m]		[m2/s]		erf(x)	ϕ_c	NaCl理論濃度
3	0.01	-0.005	600	1.20E-09	-2.946	-1.000	0.000	0.00000
4	0.009	-0.004	600	1.20E-09	-2.357	-0.999		
5	0.008	-0.003	600	1.20E-09				
6	0.007	-0.002	600	1.20E-09			0.048	0.00167
7	0.006	-0.001	600	1.2			0.20	
8	0.005	0	600	1.20E-09	0.000	0.000	0.500	0.01750
9	0.004	0.001	600	1.20E-09	0.589	0.595	0.798	0.02790
10	0.003	0.002	600	1.20E-09	1.179	0.904	0.952	0.03333
11	0.002	0.003	600	1.20E-09	1.768	0.988	0.994	0.03478
12	0.001	0.004	600	1.20E-09	2.357	0.999	1.000	0.03498
13	0	0.005	600	1.20E-09	2.946	1.000	1.000	0.03500

セル式: =B3/(2*(D3*C3)^0.5), =2*NORMSDIST(E3*SQRT(2))-1, =0.5*(1+F4), =G4*$H$2

図1.6 液相拡散係数の推定（データフィッティング）

表1.2 拡散係数の実測値（1気圧）[4]

	D_{AB} [×10⁻⁴ m²/s]	温度 T [K]		D_{AB}	T		D_{AB}	T
空気-CO_2	0.177	317.2	CO_2-N_2	0.167	298	H_2-シクロヘキサン	0.319	288.6
	0.164	298	CO_2-O_2	0.153	293.2	H_2-メタン	0.694	288
空気-エタノール	0.145	313	CO_2-水	0.198	307.2	H_2-N_2	0.784	298
空気-He	0.765	317.2	CO_2-N_2	0.318	373	He-水	0.902	307.1
空気-n-ヘキサン	0.093	328	N_2-ベンゼン	0.102	311.3	He-メタン	0.675	298
空気-水	0.288	313	N_2-SO_2	0.104	263	He-ベンゼン	0.610	423
	0.256	298	N_2-水	0.256	352.1			
空気-NH_3	0.229	298	H_2-NH_3	0.783	298			
O_2-水	0.352	352.3		2.149	533			

表1.3 Lennard-Jones (12-6) 模型による定数[5]

	ε/k [K]	σ [10⁻¹⁰ m]		ε/k	σ
Air	97.0	3.617	CH_4	137	3.822
O_2	113	3.433	C_6H_6	440	5.27
N_2	91.5	3.681	CH_3OH	507	3.585
CO_2	190	3.996	C_2H_5OH	415	4.37
H_2	33.3	2.968	$(CH_3)_2CO$	519	4.669
H_2O	809.1	2.641	CCl_4	327	5.881

表1.4 拡散体積[8, p.97]

構成する原子					
C	15.9	F	14.7	S	22.9
H	2.31	Cl	21.0	芳香族環	-18.3
O	6.11	Br	21.9	複素環	-18.3
N	4.54	I	29.8		

単分子の値					
He	2.67	H_2	6.12	CO	18.0	SF_6	71.3
Ne	5.98	D_2	6.84	CO_2	26.7	Cl_2	38.4
Ar	16.2	N_2	18.5	N_2O	35.9	Br_2	69.0
Kr	24.5	O_2	16.3	NH_3	20.7	SO_2	41.8
Xe	32.7	Air	19.7	H_2O	13.1		

ある．

式に含まれる f_D はこの理論の無限級数項を表現する因子であるが，近似計算では $f_D=1.0$ とする．この式と先の気体分子運動論からの拡散係数の式(1.11) を比較すると，（分子直径 d_A は衝突直径 σ_A の意味なので）衝突積分 Ω_D がおもに補正されている．これは分子の衝突が「弾性的」であることを考慮したものであり，剛体球分子では $\Omega_D=1$ となる．ここで成分ごとに必要な分子間ポテンシャルモデルにおける定数，最大引力 ε と衝突直径 σ の値の例を表1.3に示す．詳しくは蒔田[5]に多くの分子についてのパラメーターがある．

【例題1.3】 気相拡散係数の推算

室温（298 K）での空気中の水蒸気の拡散係数を推算する．実測値は $D_{AB}=2.56\times10^{-5}$ m²/s = 0.256 cm²/s である．

（解） 空気：$\varepsilon/k=97$，$\sigma=3.62$，水蒸気：$\varepsilon/k=356$，$\sigma=2.65$ より，$\sigma_{AB}=3.14$，$T_N=298/185.8=1.604$，$\Omega_D=1.167$ なので，

$$D_{AB}=1.8833\times10^{-7}\frac{[298^3(18+29)/(18\times29)]^{1/2}}{1.013\times3.142\times1.167}$$

$$=2.5\times10^{-5}\text{ m}^2/\text{s}=0.25\text{ cm}^2/\text{s}$$

気相拡散係数のより実用的な推算式は多く提案されているが，ここでは Fuller-Schettler-Giddings 式を示す[8, p.96]．

$$D_{AB}[\text{cm}^2/\text{s}]=\frac{0.0143T[\text{K}]^{1.75}}{p[\text{atm}]M_{AB}^{1/2}[(\sum_V)_A^{1/3}+(\sum_V)_B^{1/3}]^2} \quad (1.27)$$

ここで，$M_{AB}=2/\{(1/M_A)+(1/M_B)\}$，$\sum_V$ は経験的な拡散体積であり，表1.4で示される．

また拡散成分の臨界定数 p_c，T_c を用いる以下の藤田式も簡便でよい推算値を与える．

$$D_{AB}[\text{m}^2/\text{s}]=7\times10^{-8}T[\text{K}]^{1.833}\times\frac{\sqrt{1/M_A+1/M_B}}{[(T_c/p_c)_A^{1/3}+(T_c/p_c)_B^{1/3}]^3} \quad (1.28)$$

iii) 液相の拡散係数

液相の拡散係数は濃度依存性が大きい．そこで溶媒 B 中の希薄溶質 A の拡散係数 $(D_{AB})_\infty$ として示される．表1.5，表1.6に液相拡散係数の例を示す．

iv) 液相拡散係数の推算

液相拡散係数推算の基本は Stokes-Einstein 式（式(1.21)）である．Stokes-Einstein 式は単純なため，一般には概略の値しか推算できない．また，タンパク質，糖などの球形でない分子については分子径の

表 1.5 液相拡散係数[7]

溶媒 B	溶質 A	D_{AB} [$\times 10^{-9}$ m²/s]	温度 [K]	溶媒 B	溶質 A	D_{AB} [$\times 10^{-9}$ m²/s]	温度 [K]
水	水	2.3	298	ベンゼン	酢酸	2.09	298
	酢酸	1.19	293		シクロヘキサン	2.09	298
	アニリン	0.92	293		エタノール	2.25	288
	CO_2	2.00	298		n-ヘプタン	2.10	298
	O_2	2.1	298		トルエン	1.85	298
	エタノール	1.00	288				
	メタノール	1.26	288				
エタノール	アリルアルコール	0.98	293	n-ヘキサン	四塩化炭素	3.70	298
	ベンゼン	1.81	298		メチルエチルケトン	3.74	303
	O_2	2.64	303		プロパン	4.87	298
	ピリジン	1.1	293		トルエン	4.21	298
	水	1.24	298				

表 1.6 水溶液中の溶質の拡散係数[8, p.78]

溶質 (塩)	D_{AB} [$\times 10^{-9}$ m²/s]	温度 [℃]	溶質 (タンパク質)	分子量	D_{AB} [$\times 10^{-9}$ m²/s]	温度 [℃]
HCl	2.29	12	牛アルブミン	67500	0.0681	25
KOH	2.20	18	γ-グロブリン	153000	0.040	20
NaCl	1.17	18	豆プロテイン	361800	0.0291	20
H_2SO_4	1.63	20	ウレアーゼ	482700	0.0401	25
$MgSO_4$	0.39	10				

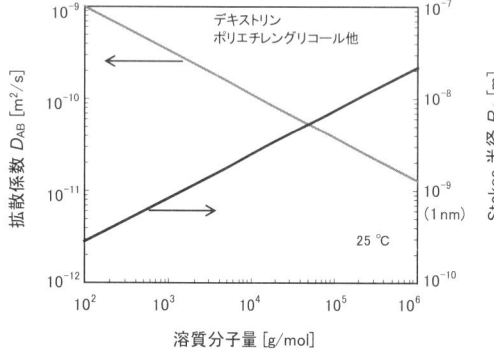

図 1.7 水溶液における高分子溶質の拡散係数と Stokes 半径

定義の問題もある．一方，この式を逆に用いて，高分子物質の拡散係数測定値から分子の大きさを見積もることができる．この方法による分子径を「Stokes 半径 R_0」とよぶ．図 1.7 は高分子物質の水中拡散係数と分子量の関係であるが，右軸にそれから求めた分子の半径すなわち Stokes 半径 R_0 を示す．

実際に液相拡散係数を推算するには Stokes-Einstein 式を基礎にした Wilke-Chang 式が用いられる．

$$(D_{AB})_\infty [\text{cm}^2/\text{s}] = 7.4 \times 10^{-8} \frac{(\phi_B M_B)^{1/2} T}{\mu_B v_A^{0.6}} \quad (1.29)$$

ここで，μ_B [mPa·s] は溶媒粘度，T [K] は温度，v_A [cm³/mol] は標準沸点における溶質の液相モル容積，ϕ_B は会合因子（水 2.6，メタノール 1.9，エタノール 1.5，炭化水素溶媒 1.0）である．

この式は Stokes-Einstein 式（式 1.21）における粒子径・分子径 d_A の代わりに，実測できるモル容積 v_A を用いたものである．拡散成分のモル容積の例[8, p.99]を表 1.7，表 1.8 に示す．これは加成性が成り立つので，分子の構成原子ごとの体積を合計して求めてもよい．

水溶液中の電解質やタンパク質の拡散係数については参考文献[8, p.102]にデータとともに解説されている．

【例題 1.4】 Wilke-Chang 式による液相拡散係数 トリエチレングリコール中の水の拡散係数を推算せよ．ただし，$\mu_B = 9$ mPa·s，$M_B = 150.2$，$\phi_B = 1.0$，$T = 298$ K，$v_A = 18.8$ cm³/mol である．

（解） $D_{AB} = 5.16 \times 10^{-10}$ m²/s

表 1.7 沸点分子容 v_A [$\times 10^{-3}$ m³/kmol]

Air	29.9	CO$_2$	34.0	NH$_3$	25.8
O$_2$	25.6	H$_2$	14.3	SO$_2$	44.8
N$_2$	31.2	H$_2$O	18.8		

表 1.8 原子の容積 [$\times 10^{-3}$ m³/kmol]

C	14.8	O(エーテル)	9.9	6員環	-15
H	3.7	N	15.6		
O	7.4	N(アミン)	10.5		

v) 高分子固体やゲル中の水・溶媒の拡散係数

乾燥や膜分離などの物質移動操作では材料中に含まれる水や溶媒の拡散係数が重要である．図 1.8 は含水材料についてその中の水の拡散係数を示したものである．拡散係数は含水率に大きく依存する特徴がある．また，図 1.9 は高分子材料であるエチルセルロース中のジクロロメタン溶媒について，同様に拡散係数を示したものである[9, p.55]．溶媒の濃度により高分子ゲル，ゴム状，ガラス状と材料の形態が変わり，それに応じて拡散係数も低下する．

均一材料である高分子内に含まれる溶媒の拡散係数については，自由体積理論による取り扱いが発達している．それによると，高分子中の溶媒分子の自己拡散係数 D_1 は次式で表せる[10]．

$$D_1 = D_{01} \times$$
$$\exp\left[\frac{-(\omega_1 \hat{V}_1^* + \omega_2 \xi \hat{V}_2^*)}{\omega_1(K_{11}/\gamma)(K_{21} - T_{g1} + T) + \omega_2(K_{12}/\gamma)(K_{22} - T_{g2} + T)}\right]$$
$$\left(\xi = \frac{M_1 \hat{V}_1^*}{M_{2j} \hat{V}_2^*}\right) \quad (1.30)$$

各パラメーターの説明および値の例は Excel シート〈mta1_b.xls〉に記載した．図 1.10 にこの式で計算したポリメタクリル酸メチルポリマー中のトルエン

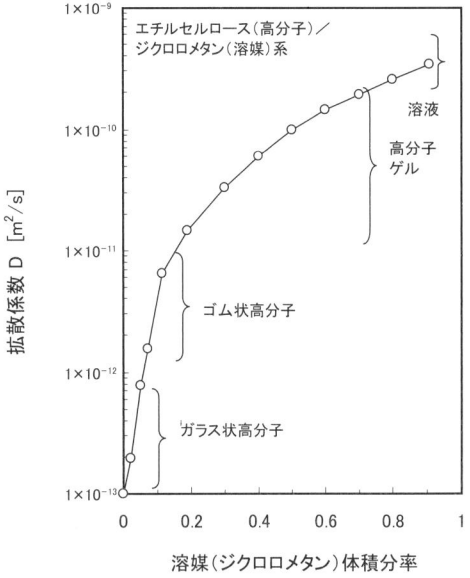

図 1.9 高分子中溶媒の割合と形態および拡散係数[9]

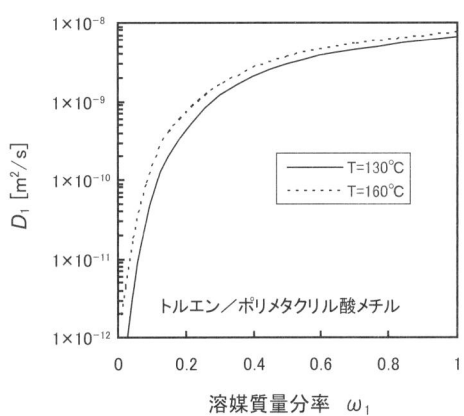

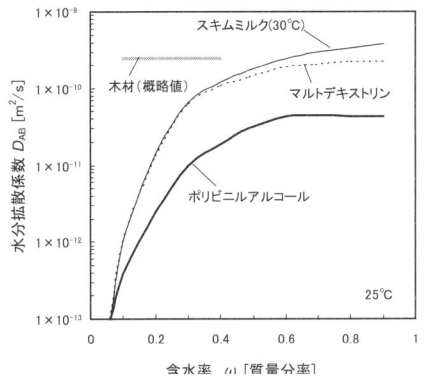

図 1.8 含水材料中の水の拡散係数

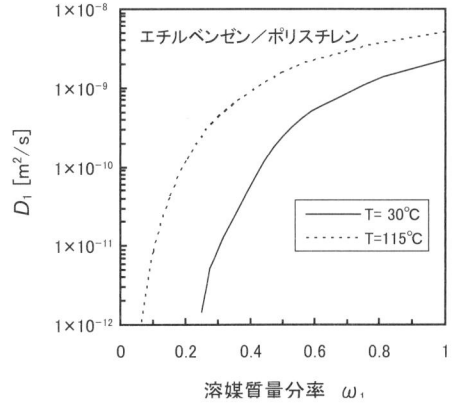

図 1.10 高分子中の溶媒の拡散係数例

溶媒，およびポリスチレンポリマー中のエチルベンゼン溶媒の拡散係数を示す．この式による推算は信頼性が確認されている．

vi) ゲル中の拡散係数と圧力浸透の関係

膜濾過操作では水で膨潤したゲル状態の高分子薄膜を通して，圧力差により水を透過させる．このようなゲル層を通しての水の圧力浸透はその速度が小さいので，一般には測定が難しい．これについてPaul[11]は水などで膨潤した厚さl[m]の高分子ゲル内の濃度拡散流束J_A[kg/(m²·s)]

$$J_A = -\rho D_{AB} \frac{\Delta v_{l0}}{l} \quad (1.31)$$

（式中のρ[kg/m³]はゲルの密度，D_{AB}[m²/s]は濃度拡散係数，v_{l0}[-]はゲル中の水の体積分率）と，圧力による溶媒透過流束J'_v[m³/(m²·s)]

$$J'_v = -K_0 \frac{\Delta p}{l} \quad (1.32)$$

（式中のK_0[m³·m/(m²·s·kPa)]は圧力透過係数，p[kPa]は圧力）

との間に次式の関係があることを導いた．

$$K_0 = \frac{v_{l0}}{(1-v_{l0})} \frac{V_m}{RT} D_{AB} \quad (1.33)$$

（式中のV_m[m³-液/mol-液]は液のモル容積，R（$=8.3132\times10^{-3}$ kPa·m³/(mol·K)）は気体定数，T[K]は温度）

この関係は図1.11に示すように溶質，ゲルの種類によらずおよそ含水率，溶媒体積分率のみに依存する関係である．これよりゲル中の拡散係数からゲル層の圧力浸透速度が推定される．

【例題1.5】拡散係数からの圧力透過係数の推定
含水率0.8で10 μmの厚みのゲル層に1.0 MPaの加圧をして，水を透過させるときの透過流束を求めよ．ゲル内の水の拡散係数が$D_{AB}=2\times10^{-10}$ m²/sとする．

（解）拡散係数より，式(1.33)から圧力透過係数を求めると$K_0=1.09\times10^{-14}$ m³·m/(m²·s·kPa)である．これから透過流束を求めると$J'_v=3.9$ kg/(m²·h)である．

vii) 固体中の拡散係数

固体中の拡散係数は非常に小さい．膜分離では高分子中の拡散係数，半導体製造では酸化物中のガスの拡散係数の値が重要である．表1.9に固体材料中の拡散係数の例を示す．

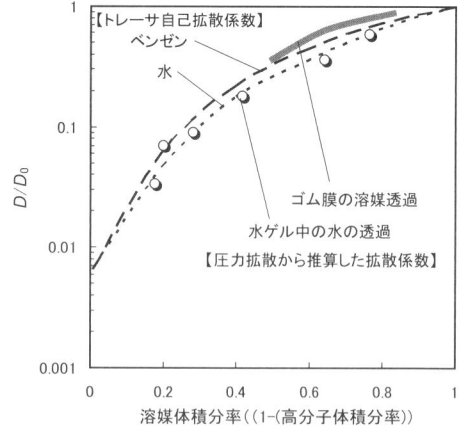

図1.11 高分子中の溶媒の拡散係数例

表1.9 固体中のガスの拡散係数例[8, p.104-107]

材 料	拡散種	D_{AB} [×10⁻⁹ m²/s]	温度 [℃]
シリコーンゴム	ヘキサデカン	0.16	25
シリカ SiO₂	O₂	0.000625	1000
	H₂	0.00611	300
Fe	H₂	0.0124	100
	C	0.0015	950
Si	POCl₃	6.5×10⁻¹⁷ m²/s	1100
木材	水	0.1〜1	10〜60

1.2 相 平 衡

1.2.1 分離プロセスと相平衡

物質移動を支配する第2の要因が濃度差Δc_Aである．物質移動は拡散成分の濃度差によって引き起こされ，その大きさに比例する．そのため物質移動解析では濃度差のことを濃度推進力（driving force）ともよぶ．分離プロセスでは各種相平衡を利用して媒体内（主に界面-流体間）に濃度差を発生させるので，相平衡が分離プロセスの基礎であるといえる．

物理化学的な相平衡は相や成分の数により多くの種類がある．各分離プロセスはその基礎となる相平衡の種類に応じて実際の装置や操作法が異なる．これが分離プロセスに蒸留，吸収など多数の単位操作（unit operation）がある理由である（図1.12）．

最も基礎的な相平衡は蒸気圧である．蒸気圧は純液体成分の気相への分配平衡を示す．蒸気圧を利用

する分離プロセスが蒸発操作である．また，これに類似の，純固体成分の液相への分配平衡が溶解平衡であり，固体結晶物の溶解平衡を利用した分離プロセスが晶析操作である．晶析操作においては液相から固相へ溶質の物質移動が起こるが，その濃度推進力は液相溶質（結晶成分）の過飽和度である．

2成分以上の混合液における気相-液相間の濃度の違いが気-液平衡である．混合液から蒸気を発生させると，各成分の蒸気圧（揮発度）の差により気-液間に成分の濃度差が生じる．蒸留操作はこの気-液平衡を利用した分離プロセスである．

以上は分離目的成分（A）が1相を形成していたが，それ以外の多くの分離プロセスでは，分離目的成分（A）とは異なる成分による2相（B, C）を利用する．この場合分離目的成分（A）は希薄成分であり，この成分が2相間に異なる濃度で分配されることで濃度差が生じる．分離プロセスではこの濃度差を生じさせる相・成分（吸収液や固体吸着剤）のことを分離材（separation agent）とよんでいる．

吸収平衡は気（B）-液（C）間のガス・蒸気（A）の分配である．吸収平衡を利用して，気相中の成分を吸収液中に移動させる操作が吸収操作である．

吸着平衡は気（B）-固（C）および液（B）-固（C）間の成分（A）の分配である．吸着平衡を利用して，固体吸着剤で気・液相から成分（A）を分離するプロセスが吸着操作である．なお，同じ吸着・収着平衡を利用して，逆に固体中の成分（A）を気相に移動させる操作が乾燥操作である．

図1.12の最後に示すのが，混じらない2液相間での分離目的成分（A）の分配であり，これが液-液平衡である．液-液平衡を利用した分離プロセスが抽出操作である．

以上の各種平衡を利用した分離プロセスは平衡分離操作として分類される．これに対して膜分離操作は膜を通る成分の拡散速度の違いを利用している．よって，膜分離操作は速度差分離とよばれる（1.2.2 vii）を参照）．

1.2.2 相平衡データと推算法
i) 蒸気圧

1成分純液体の蒸気圧 p^* は実用上は温度 T のみに依存し，圧力によらない．一般に温度と蒸気圧の関係を表すのが蒸気圧線図である（図1.13）．これは Cox 線図とよばれ，横軸が水の蒸気圧の対数値

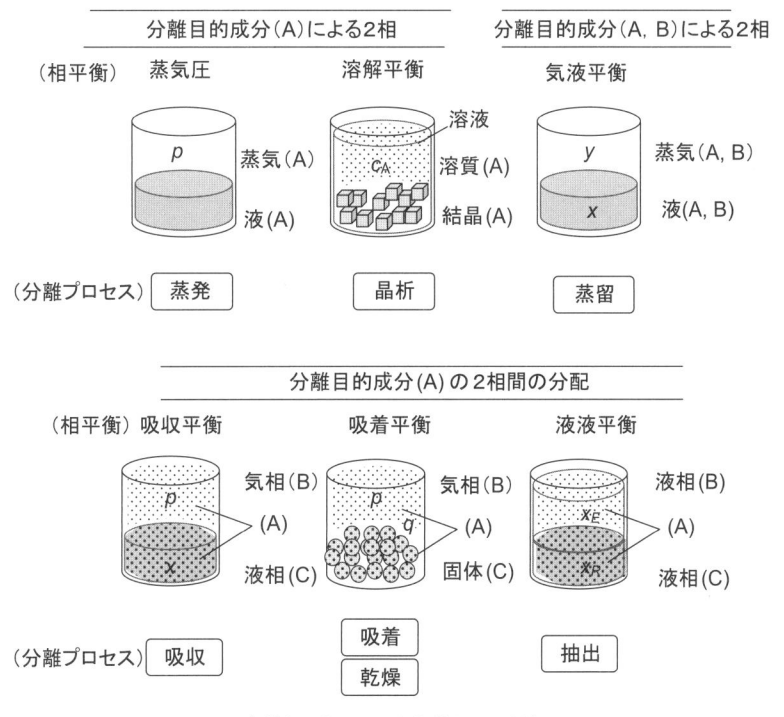

図 1.12 各種相平衡とそれを基礎とした分離プロセス

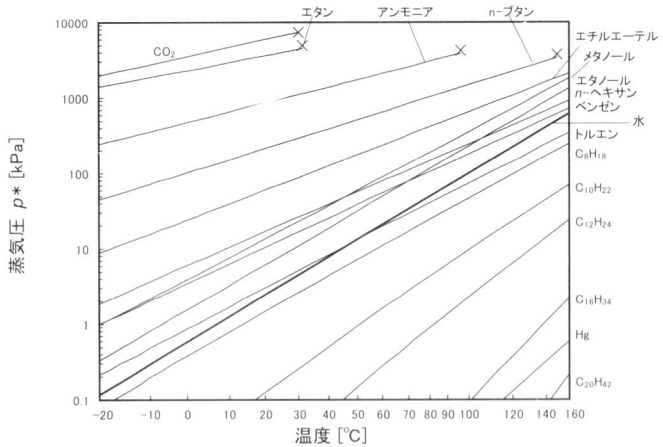

図 1.13 純成分の蒸気圧を表示する Cox 線図（横軸が特殊目盛り）〈mta1_c.xls〉

が直線となるような特殊温度目盛りとなっている．この線図上では各種液体の蒸気圧-温度関係が直線で表せる．

蒸気圧 p^*[kPa] を本書を通して用いるモル濃度 c_A[mol/m^3] に換算しておく．理想気体法則 $p^* V_m = RT$ (V_m[m^3/mol] は分子のモル容積，$R = 8.314 \times 10^{-3}$ kPa·m^3/(mol·K) は気体定数，T[K] は絶対温度）を用いると，

$$c_A = \frac{1}{V_m} = \frac{p^*}{RT} \quad (1.34)$$

である．たとえば 25℃ の水蒸気圧 $p^* = 3.17$ kPa は水蒸気のモル濃度では $c_A^V = 1.3$ mol/m^3 である．これに対して，液相（水）は $c_A^L = 55494$ mol/m^3 なので，水蒸気を凝縮させることで容積的に 5 万倍の濃縮ができたことになる．

物理化学的には蒸気圧の温度依存性は Clarsius-Clapeyron の式に由来する[1, p.132]．それをもとに実用的な蒸気圧式として次の Antoine 式

$$\ln p^*[\text{Pa}] = A - \frac{B}{(T[\text{K}] + C)} \quad (1.35)$$

が用いられる．ここで A, B, C が実測値をもとに決められた成分ごとの定数である．図 1.13 中で示した成分の Antoine 定数は〈mta1_c.xls〉中に示されている．

なお，ここでは「蒸気圧は圧力に依存しない」としたが，厳密には蒸気圧は外圧の影響を受ける．たとえば 25℃ の水-水蒸気系で外圧（全圧）が 1 MPa 増加すると，水蒸気圧は 0.73% 増加する[1, p.130]．この外圧による蒸気圧の増加現象により膜濾過操作の

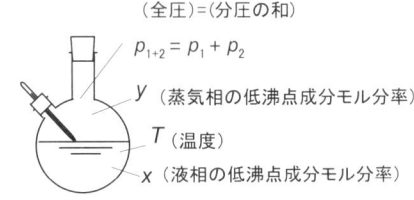

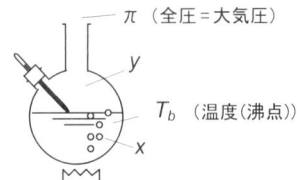

図 1.14 沸点と 2 成分系気液平衡

基礎である浸透圧現象が定量的に説明される．

ii）気-液平衡

蒸留操作の基礎である混合液-蒸気間の組成の違いは気-液平衡として取り扱われる．ここでは低沸点の成分（1）と高沸点の成分（2）の 2 成分系の気-液平衡を考える．系の温度を T，液相の低沸点成分（1）のモル分率を x，蒸気相の低沸点成分のモル分率を y，その温度での各成分の蒸気圧を p_1, p_2 とする（図 1.14）．

物理化学で理想溶液とは次式の「Raoul の法則」が成り立つ溶液である．すなわち混合液中の i 成分の蒸気圧 p_i は純液の温度 T における蒸気圧 p_i^* と液相のモル分率 x_i の積である．

$$p_i = p_i^* x_i \quad (1.36)$$

2 成分系では各成分の蒸気圧が，$p_1 = p_1^* x$，$p_2 = p_2^* (1-x)$ なので，全溶液蒸気圧 p_{1+2} は，

$$p_{1+2} = p_1^* x + p_2^* (1-x) \tag{1.37}$$

である．溶液がその沸点 T_b にあれば（図1.14下）大気圧を π として，$p_{1+2} = \pi$ なので次式となる．

$$\pi = p_1^* x + p_2^* (1-x) \tag{1.38}$$

この式は p_i^* が T_b の関数（Antoine式，式(1.35)）なので，液組成 x を指定すると，T_b に関する非線形方程式となっている．また，このとき蒸気相組成 y は，

$$y = \frac{p_1}{p_1 + p_2} = \frac{p_1^*}{\pi} x \tag{1.39}$$

となる．

これら T_b, x, y の関係を仮にエタノール(1)，水(2)各純成分の蒸気圧を用いて，理想溶液を仮定して示したのが図1.15である．上図の露点-沸点曲線はおのおの式(1.39)，式(1.38)の関係である．露点-沸点曲線で同じ温度での x-y の値をプロットしたのが，下図の x-y 線図である．x-y 線図により2成分系の気-液組成の関係を簡便に示すことができる．蒸留操作の解析には x-y 線図が用いられる．しかし x-y 線図では温度の情報が省略されている（線上で温度が変化している）ことに注意が必要である．

以上の理想溶液では式(1.39)と成分(2)についての同じ関係（$(1-y) = (p_1^*/\pi)(1-x)$）から，

$$\frac{y(1-x)}{x(1-y)} = \frac{p_1^*}{p_2^*} (= \alpha) \tag{1.40}$$

である．ここで両成分の同じ温度 T での蒸気圧の比 α を相対揮発度（比揮発度；relative volatility）という．蒸気圧線図（図1.13）をみると，蒸気圧線の傾きの同じ2成分系では α は一定である．またそうでない2成分系でも α は定数に近似可能である．この比揮発度 α を使うと式(1.40)は次式

$$y = \frac{\alpha x}{1 + (\alpha - 1) x} \tag{1.41}$$

となり，2成分系理想溶液の気-液平衡は α を用いて式(1.41)で簡便に表せる．図1.15下図にエタノールと水蒸気の蒸気圧比（平均値）を $\alpha = 2.24$ とした式(1.41)を破線で示す．これと理想溶液の x-y 関係がほぼ一致することが示されている．

この理想溶液の取り扱いはベンゼン/トルエン系のような似た分子の混合液では適用可能である．しかし，一般の溶液では分子間の相互作用のため，成分の蒸気圧がRaoulの法則には従わない．図1.16は実際のエタノール(1)/水(2)系の等温（75℃）での成分蒸気圧を示したものである．図中の直線がRaoulの法則（理想溶液）（式(1.36)）における蒸気圧である．エタノール，水ともに成分蒸気圧 p_i がRaoulの法則より増加している．

このことより，非理想溶液では成分ごとに活量係数（activity coefficient）γ を導入して理想溶液の蒸気圧（式(1.36)）を補正し，実際の蒸気圧を表す（γ

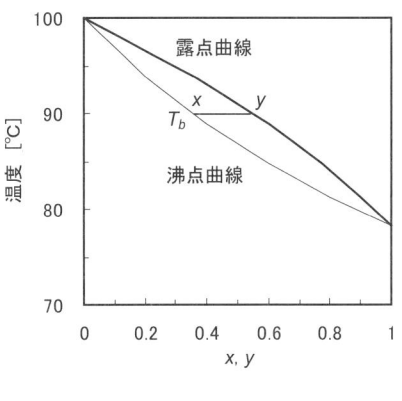

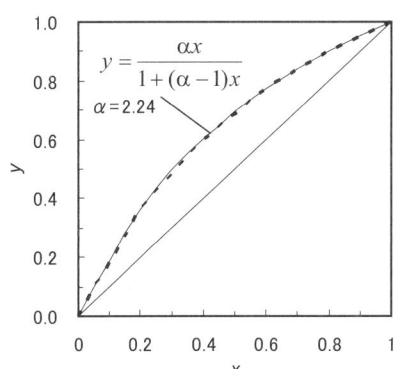

図1.15 理想溶液の2成分系気-液平衡（エタノール(1)と水(2)の蒸気圧を使用）〈mta1_d.xls〉

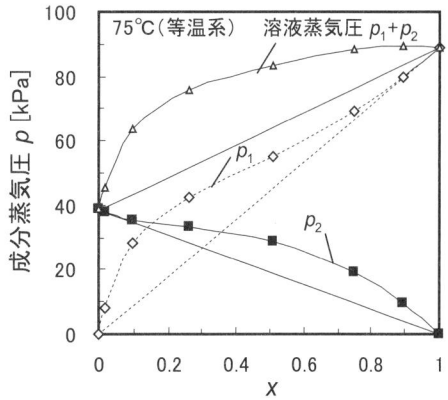

図1.16 2成分溶液（エタノール(1)/水(2)系）の各成分蒸気圧 〈mta1_e.xls〉

$=1$ が理想溶液である).

$$p_i = \gamma_i p_i^* x_i, \quad \left(y_i = \frac{p_i}{\pi} \text{ なので, } \gamma_i = \frac{\pi y_i}{p_i^* x_i}\right) \quad (1.42)$$

【例題 1.6】 実在溶液の活量係数 〈mta1_6.xls〉

図 1.17 および図 1.18 は実際のエタノール/水系の気-液平衡データ (x, y, T_b) である.（図 1.15 と比較せよ）.データから各成分の活量係数を求めよ.

（解） 図 1.18 のシートで A, B, C 列が気-液平衡データである.G, H 列で式(1.42)を計算することで,濃度毎の活量係数が得られる.エタノール,水の両成分の活量係数値を図 1.19 に示す.両成分とも活量係数は希薄濃度で大きく,濃度が1に近づくと活量係数も1になる.

気-液平衡の x-y 線図の形や活量係数には混合による異種分子の相互作用が特徴的に現れる.図 1.20 (a) は活量係数がほぼ1の理想溶液に近い系で,成分間の相互作用はみられない.一方,図 (b), (c) では中間組成で $x=y$ および露点曲線と沸点曲線が一致する組成が現れる.この点を共沸点(azeotropic point) という.共沸点が成分の沸点より低い,最低沸点を示す系が最低共沸混合物（図 (b)),逆に最高沸点を示す系が最高共沸混合物（図 (c)) である.最低共沸混合物では両成分の活量係数が1より大きく,成分分子間の反発作用が現れている.最高

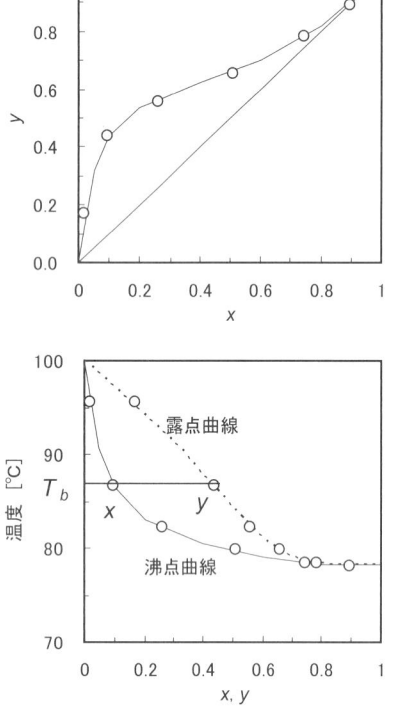

図 1.17 エタノール/水系の気-液平衡 〈mta1_8.xls〉

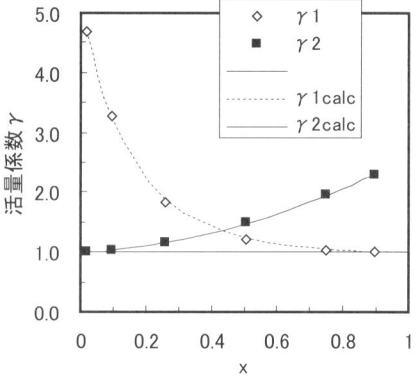

図 1.19 エタノール/水系の活量係数 〈mta1_7.xls〉

	A	B	C	D	E	F	G	H
1				Antoine定数			$\gamma_A = \pi y/(P_A x), \gamma_B = \pi(1-y)/(P_B(1-x))$	
2				エタノール	水			
3			A	23.8047	23.1964			
4			B	3803.98	3816.44			
5	エタノール/水系気液		C	-41.68	-46.13			
6	データ							
7	x	y	沸点tb	PA(EtOH蒸	PB(水蒸気	全圧π	γ1	γ2
8	エタノールモル分率		[℃]	[kPa]	[kPa]	[kPa]		
9	0	0	100	0.0	101.3			
10	0.019	0.17	95.5	193.4	86.3	101.3	4.69	0.99
11	0.0966	0.4375	86.7	140.2	61.9	101.3	3.27	1.02
12	0.2608	0.558	82.3	118.6	52.1	101.3	1.83	1.16
13	0.5079	0.6564	79.8	107.6	47.1	101.3	1.22	1.50
14	0.7472	0.7815	78.41	101.8	44.5	101.3	1.04	1.97
15	0.8943	0.8943	78.15	100.8	44.0	101.3	1.01	2.30
16	1	1	78.3	101.3	0.0			

図 1.18 エタノール/水系の活量係数の計算 〈mta1_6.xls〉

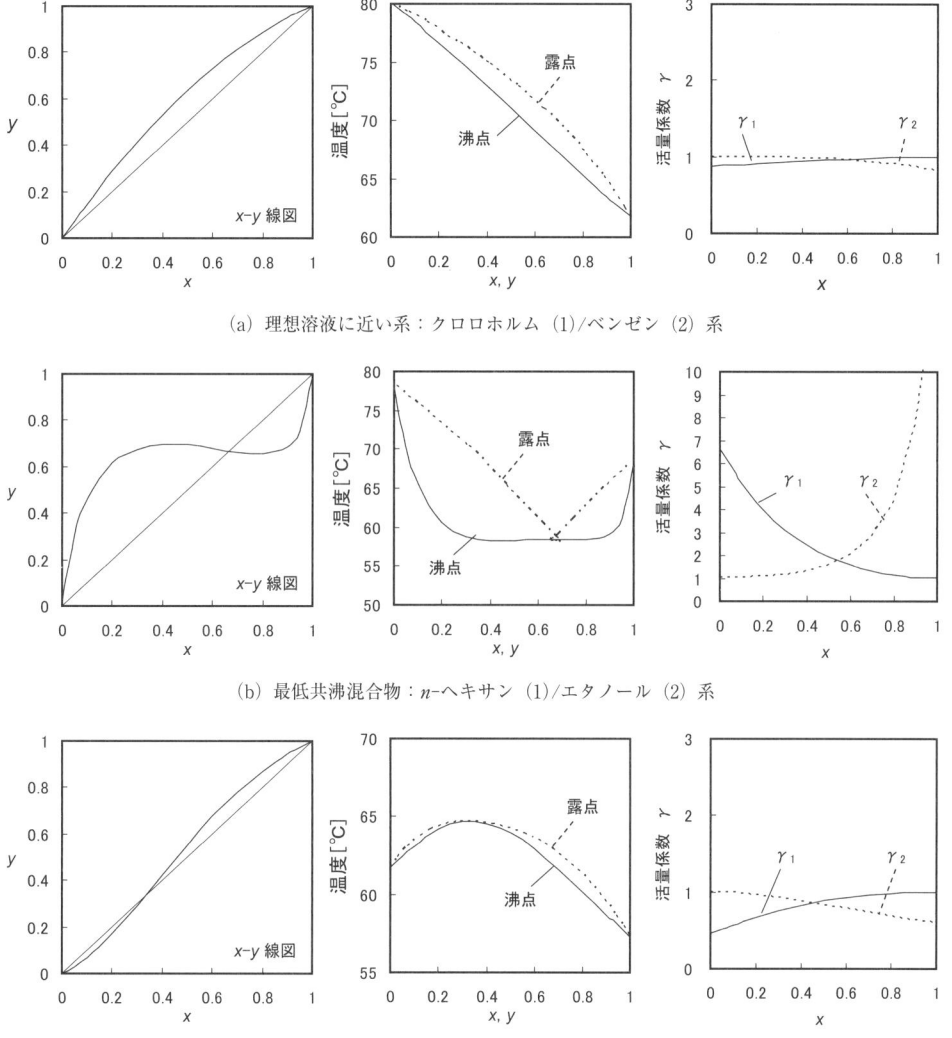

(a) 理想溶液に近い系：クロロホルム (1)/ベンゼン (2) 系

(b) 最低共沸混合物：n-ヘキサン (1)/エタノール (2) 系

(c) 最高共沸混合物：酢酸メチル (1)/クロロホルム (1) 系

図 1.20 2成分系気-液平衡の特徴と活量係数 〈mtal_a.xls〉

共沸混合物では活量係数が1より小さく，成分分子間の吸引作用が現れている．

蒸留プロセスの設計にあたっては任意の組成で気-液平衡が計算できなくてはならない．この気-液平衡推算のためには活量係数を定式化する必要がある．そのために熱力学的考察をもとに多くの活量係数式が提案されている．いくつかは後節で述べるが，ここでは次式の van Laar 式を挙げる．この式で2成分系ごとの2つのパラメーター A_{12}, A_{21} により活量係数が推算できる．

$$\log \gamma_1 = \frac{A_{12}}{\{1+(A_{12}/A_{21})(x_1/x_2)\}^2}$$

$$\log \gamma_2 = \frac{A_{21}}{\{1+(A_{21}/A_{12})(x_2/x_1)\}^2} \qquad (1.43)$$

【例題 1.7】 活量係数式のパラメーター推定 〈mtal_7.xls〉

エタノール/水系について，気-液平衡データ (x, y, T_b) から求めた活量係数 γ_1, γ_2 から，この系の van Laar 定数 A_{12}, A_{21} を求めよ．

（解）例題 1.6 の図 1.18 シートに，セル I1, I2 を仮のパラメーターとして，I, J 列にそれと x から γ を求める（図 1.21）．データから求められた活量係数 γ_1, γ_2 と van Laar 式との残差を K, L 列に作り，M16 にその残差2乗和を計算する．ソルバーによ

	A	BCDEF	G	H	I	J	K	L	M	N
1			Antoine定数	A12	0.7183					
2		ニ水		A21	0.4123					
3		A								
4		B								
5	エタノール/C									
6	データ									
7	x	y;FF≦	γ1	γ2	γ1calc	γ2calc	残差	残差		
8	エタノールモ	[[[[kPa]								
9	0									
10	0.019		4.69	0.99	4.70	1.00	−0.01	−0.01		
11	0.0966		3.27	1.02	3.24	1.02	0.03	0.00		
12	0.2608		1.83	1.16	1.89	1.15	−0.06	0.02		
13	0.5079		1.22	1.50	1.24	1.48	−0.02	0.02		
14	0.7472		1.04	1.97	1.04	1.95	0.00	0.02		
15	0.8943		1.01	2.30	1.01	2.30	0.00	0.00	残差2乗和	
16	1						0.005	0.0013	0.00631	
17										
18										

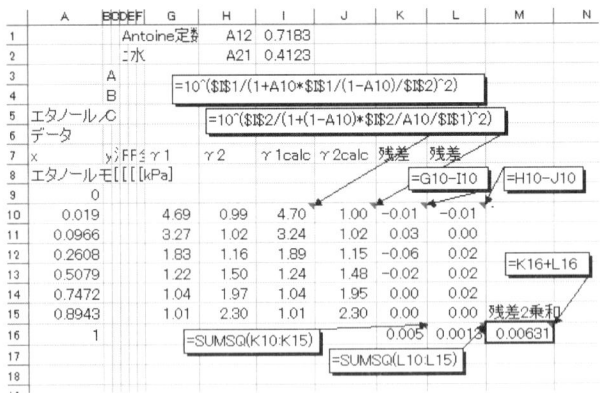

図 1.21　van Laar 式のパラメーター推定〈mta1_7. xls〉

	A	B	C	D	E	F	G	H
1			Antoine定数		van Laar定数			
2			エタノール	水	A12=	0.718		
3		A	23.8047	23.1964	A21=	0.412		
4		B	3803.98	3816.44				
5		C	−41.68	−46.13				
6								
7	x	沸点Tb	p*1(EtOH蒸気	p*2(水蒸気	γ1	γ2	全圧	y
8	モル分率	[℃]	[kPa]	[kPa]				
9	0	100.00	0.0	101.3			101.3	0
10	0.05	90.64	162.2	72.0	4.00	1.01	101.30	0.32
11	0.1	86.56	139.4	61.6	3.19	1.03	101.30	0.44
12	0.2	83.06	122.1	53.7	2.23	1.09	101.30	0.54
13	0.4	80.52	110.6	48.5	1.42	1.32	101.30	0.62
14	0.6	79.09	104.6	45.8	1.13	1.64	101.30	0.70
15	0.8	78.24	101.1	44.2	1.03	2.07	101.30	0.82
16	1	78.30	101.3	0.0			101.3	1

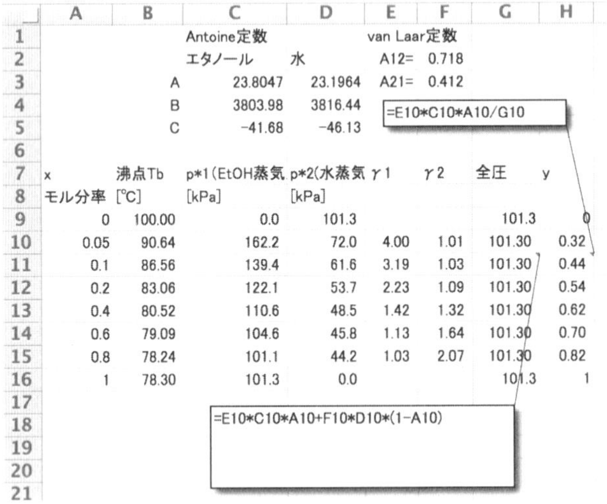

図 1.22　エタノール/水系の気-液平衡推算〈mta1_8. xls〉

り M16 を最小化する I1：I2 を求めることで van Laar 定数が得られる．これによる活量係数推算値とデータとの比較を図 1.19 に示す．

活量係数式を使うことで，組成 x の 2 成分系混合液の気-液平衡計算（沸点計算）は次式の平衡温度（沸点）T_b に関する非線形方程式：

$$\pi=\gamma_1 p_1^* x+\gamma_2 p_2^*(1-x) \tag{1.44}$$

$$\gamma_1=10^{\frac{A_{12}}{(1+xA_{12}/((1-x)A_{21}))^2}},\ \gamma_2=10^{\frac{A_{21}}{A_{21}/(1+(1-x)A_{21}/(xA_{12}))^2}},$$

$$p_1^*=e^{\left(A_1-\frac{B_1}{T_b+C_1}\right)},\ p_2^*=e^{\left(A_2-\frac{B_2}{T_b+C_2}\right)}$$

を解く問題となる．ここで，各成分の純成分蒸気圧 p^* は Antoine 式で，活量係数 γ は van Laar 式を用いた．

【例題 1.8】　気-液平衡推算法〈mta1_8. xls〉

例題 1.7 で得られた van Laar 定数 A_{12}, A_{21} からエタノール/水系の気-液平衡を計算せよ．

（解）　図 1.22 のシートで，仮の温度（B10）と指定の組成 x(A10）から両成分の蒸気圧をセル C10：D10 に計算し，式（1.44）の右辺をセル G10 に記述する．ゴールシークで，数式入力セルに G10，目標値に全圧の 101.3 kPa, 変化させるセルに B10（沸点）を指定して実行する．沸点が求められ，H10 に蒸気組成 y が得られる．x 毎に計算を繰り返してエタノール/水系の気-液平衡が推算できる．計算結果を図 1.17 中の実線，破線でデータと比較した．活量係数式により気-液平衡データが再現されている．

iii)　ガス・蒸気/液体間平衡－吸収平衡，Henry 定数－

ガス・蒸気成分（A）の気（B)-液（C）間の分配関係が吸収平衡である．この気-液間の分配は実際には気相成分(C)にかかわらず，気相側の成分(A)の濃度と液相側の成分（A）の溶解濃度の関係で示

1.2 相平衡

表 1.10 ガスの液体に対する溶解度[13, p.88] (25℃, $p=1$ atm に平衡な溶解度を, x [モル分率]$\times 10^4$ で示す)

溶媒 気体	H_2O 水	C_2H_5OH エタノール	CH_3OH メタノール	CH_3COCH_3 アセトン	C_6H_6 ベンゼン	$c\text{-}C_6H_{12}$ シクロヘキサン
He	0.068	0.769	0.595	1.081	8.862	1.625
Ne	0.082	1.081	0.814	1.577		2.306
Ar	0.254	6.231	4.491	9.067	53.22	18.41
Kr	0.432					57.28
Xe	0.771					227.1
H_2	0.142	2.067		2.996	14.03	
N_2	0.119	3.593	2.747	5.395	38.80	9.46
O_2	0.231	5.841	4.147	8.383	55.08	15.99
CO		4.843	3.761	7.719	38.75	12.41
CO_2	6.05	63.66	55.78	185.3	208.2	92.8
CH_4	0.248	12.8	8.695	18.35	82.56	39.6
C_2H_6	0.310	68.37	38.81	96.29	210.2	
CF_4	0.036					13.71
SF_6	0.44				222.6	70.51

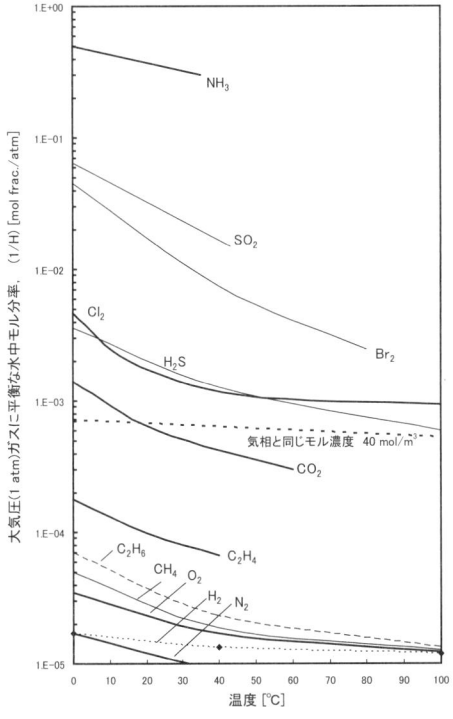

図 1.23 各種ガスの水への溶解度・Henry 定数 H と温度依存性[8, p.177]

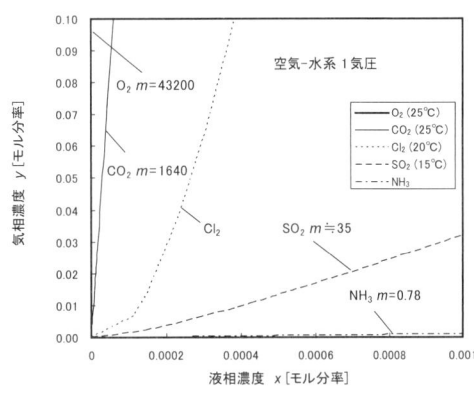

図 1.24 気液モル分率による吸収平衡の表示

$$p = Hx \qquad (1.45)$$

のように表すのが代表的である.この定義で H [atm/モル分率] が Henry 定数である.Henry の法則が成り立つ範囲では1点の溶解度のデータで H が決定できるので,表 1.10 のように,気体の分圧が 1 atm (101 kPa) の場合の平衡溶解度 x の値で示すことが多い.また,図 1.23 に (1 atm/$H=x$) で表示した水への各種ガスの溶解度の温度依存性を示す.一般にガスの溶解度は温度が上がると低下する.

なお,後述 (4.5節) の吸収プロセス計算では,吸収平衡を気相モル分率 y を使った

$$y = mx \qquad (1.46)$$

の形式で扱うのが便利である.m [-] はこの定義での Henry 定数である.図 1.24 に 1 気圧の空気-水

される.これが Henry の法則として,物理化学では最も重要な関係のひとつである.Henry の法則には種々の表示法があるが,気相中の成分 (A) の分圧 p [Pa または atm] とそれに平衡な液相中のモル分率 x の表示の濃度で,

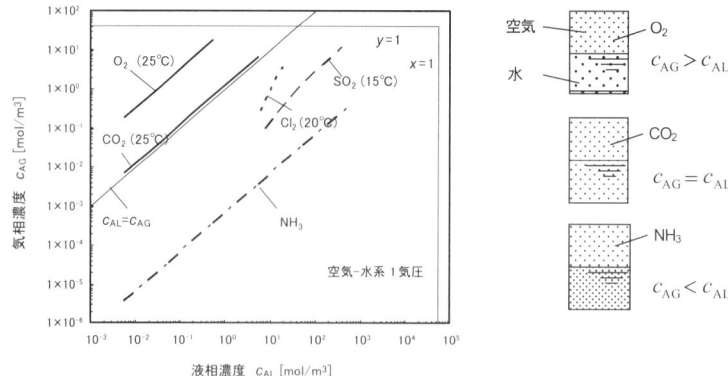

図 1.25 気液相モル濃度による吸収平衡の表示

系におけるガスの気-液平衡濃度を x-y で示した．この線の傾きが m である．図のように易溶性ガス (SO_2) は m が小 ($m=35$)，難溶性ガス (O_2) は m が大 ($m=43200$) の関係にある．

これらのガスの水に対する溶解度を，気相，液相とも同じモル濃度 c_A [mol/m³] 単位で示したものが図 1.25 である（この単位では 25℃，1 気圧の理想気体で，空気中組成 100% ($y=1$) で $c_{AG}=40.4$ mol/m³ である）．この表示法により CO_2 では気相濃度 c_{AG} と液相濃度 c_{AL} がほぼ等しくなり，CO_2 は気相空間と水相空間に等しいモル濃度で分配されることがわかる．一方，酸素 O_2 は $c_{AG}>c_{AL}$ であり水から排除され，NH_3 は $c_{AG}<c_{AL}$ であり水側に過剰に分配される．

溶解度の大きい蒸気成分の吸収平衡・Henry 定数については気-液平衡で用いた活量係数から概算することができる．吸収蒸気を (1) 成分，吸収液を (2) 成分とすると，吸収平衡の状態は 2 成分気液平衡で $x_1 \to 0$，$x_2 \to 1$ の極限と考えられる．このとき $x_1 \to 0$ における吸収蒸気の活量係数を無限希釈活量係数 γ_1^0 とする．たとえば図 1.26(a) にメタノール (1)/水 (2) 系の気-液平衡における活量係数を示す．メタノールの活量係数 γ_1 を $x_1 \to 0$ に外挿して無限希釈活量係数 γ_1^0 が求められる．するとこのメタノール希薄範囲での蒸気圧は次式に近似できる．

$$p_1 = \gamma_1^0 p_1^* x_1 \tag{1.47}$$

これと式 (1.45) の比較から，

$$H = \gamma_1^0 p_1^* \tag{1.48}$$

となり，Henry 定数は溶質の蒸気圧 p_1^* と無限希釈活量係数 γ_1^0 から求められる（なお，濃度の濃い

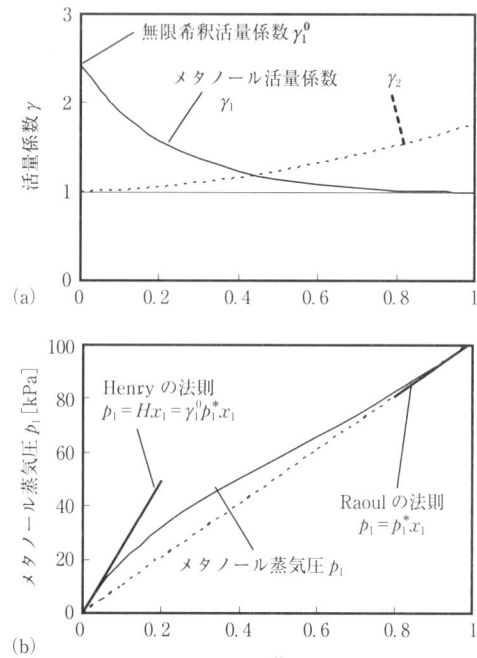

図 1.26 メタノール (1)/水 (2) 系気-液平衡（大気圧）における無限希釈活量係数，Henry の法則，Raoul の法則の関係

$x_1 \to 0$ の付近では Raoul の法則が成り立つ[1, p.150]．（図 1.26(b)））．表 1.11 にはアセトン蒸気 (30℃) およびメタノール蒸気 (20℃) の水への溶解平衡について，Henry 定数を無限希釈活量係数から推算した値およびデータを比較して示す．無限希釈活量係数は活量係数データの外挿や活量係数式から求められるが，厳密な値は求めにくい．そのため一般にはこの方法による推算は参考程度にとどまる．

水への溶解度がさらに大きい塩素ガス Cl_2，二酸

表 1.11 無限希釈活量係数と Henry 定数

溶解蒸気 (1) 溶媒 (2)	アセトン 水	メタノール 水
成分 (1) の無限希釈活量係数 γ_1^0	10.81	2.25[13, p.35]
温度 [℃]	30	20
純成分 (1) 蒸気圧 p_1^* [kPa]	30.43	8.01
Henry 定数推算値 H [kPa]	381.6	19.5
Henry 定数データ H [kPa]	275.5	19.2

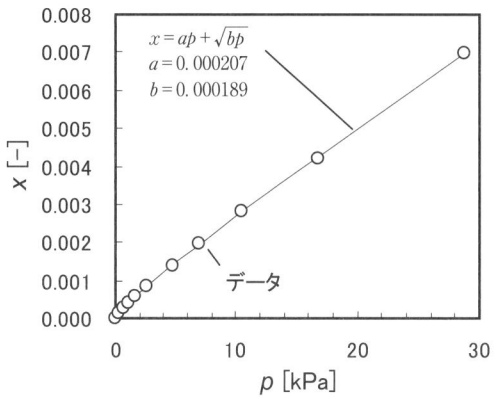

図 1.27 SO_2 吸収平衡データの相関 〈mta1_f.xls〉

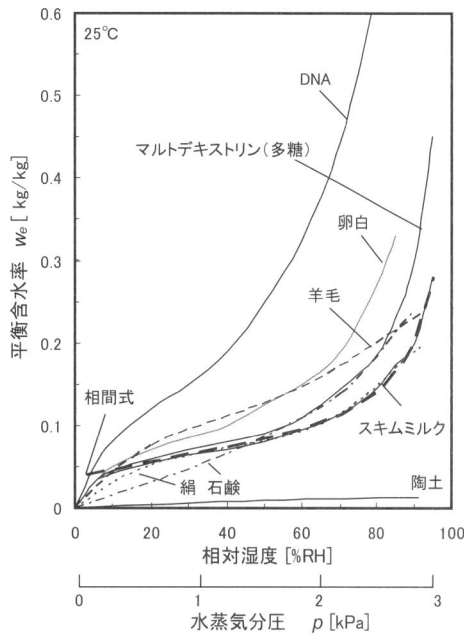

図 1.28 バイオ材料への水蒸気の収着

化イオウ SO_2, アンモニア NH_3 などは, 水中での溶解ガスの解離により吸収平衡が Henry の法則には従わない. たとえば水に溶解した SO_2 ガスの一部は次のように解離する.

$$H_2O + (SO_2)aq \rightleftharpoons (H^+) + (HSO_3^-) \quad (1.49)$$

この解離反応の平衡定数 K は $K = (x_{H^+} x_{HSO_3^-})/x_{SO_2}$ である (x はモル分率). 量論関係から $x_{H^+} = x_{HSO_3^-}$ である. 解離していない x_{SO_2} については物理吸収なので, Henry の法則

$$p = H x_{SO_2} \quad (1.50)$$

が成り立つ. したがって,

$$K = \frac{x_{H^+} x_{HSO_3^-}}{x_{SO_2}} = \frac{(x_{HSO_3^-})^2}{(p/H)}, \quad \text{すなわち}$$

$$(x_{HSO_3^-}) = \sqrt{(K/H)p} \quad (1.51)$$

である. 水中の全 SO_2 濃度 x は, $x = x_{SO_2} + x_{HSO_3^-}$ であるので次式となる.

$$x = (1/H)p + \sqrt{(K/H)p} \quad (1.52)$$

図 1.27 は SO_2 の水への吸収平衡データについて, この式による相関を行いパラメーターを示したものである.

iv) ガス・蒸気/固体間平衡―含水率, 収着平衡―

水蒸気を含む湿り空気中に置かれた材料は, 空気の温度・湿度 (水蒸気分圧 p) に対応した含水率を持つ. これを平衡含水率 (equilibrium moisture content; w_e) とよぶ. 含水率は湿り材料中の水分量であり, 乾燥操作の基礎物性値として, 乾燥材料基準 (dry basis) の含水率 w [kg-水/kg-乾燥材料] で表すのが普通である. 図 1.28 に各種バイオ材料の 25℃ における平衡含水率を相対湿度に対して示す. 得られた曲線を吸着にならい水分収着等温線ともいう. バイオ材料 (タンパク質, 糖, 油脂) では平衡含水率はおよそ 0.1～0.2 程度である. 平衡含水率は空気中の水蒸気分圧 p と比例関係にあるが, 詳しくは逆 S 字状の特徴的曲線になる材料が多い. これは材料中の水の存在形態の違いを反映している. つまり低水蒸気分圧範囲では水分が単分子吸着水として材料に強く結合されている一方, 中水蒸気分圧範囲ではその結合が弱く, さらに飽和水蒸気圧の近くでは材料との相互作用のない自由水となっている.

低含水率部分の水分収着等温線は多孔質固体表面の単分子層吸着についての BET 式

$$w_e = \frac{w_m k' p}{1 - k' p} \quad (1.53)$$

で表せる. 中・高湿度範囲では Hasley の式により

$$p = \exp(-A w_e^{-B}) \quad (1.54)$$

で相関される. 図 1.28 中のスキムミルクの場合は

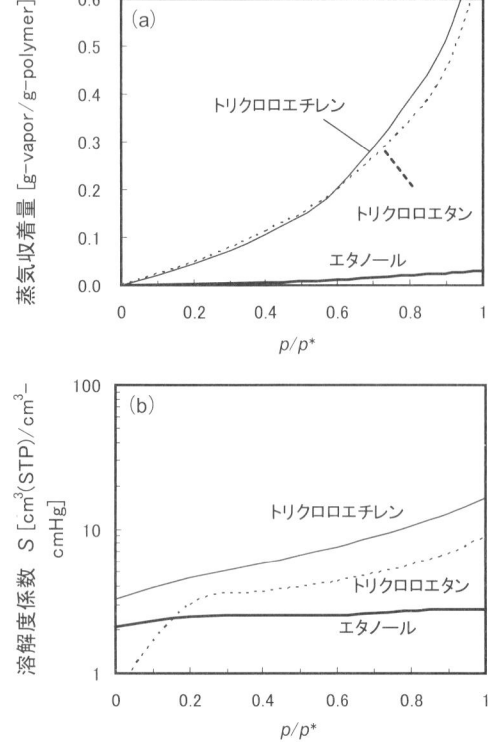

図1.29 シリコーンゴムへの蒸気の収着と溶解度係数

$A=3.1\times10^{-3}$, $B=-2.18$ である（図中の破線で示す）．

一般の高分子材料（ポリマー）への有機蒸気の収着平衡も乾燥や膜分離操作の基礎である．図1.29(a)に膜材料であるシリコーンゴムへの溶媒蒸気の収着平衡を示す．高分子の「膨潤現象」により，飽和蒸気に近づくと蒸気収着量が増加する．図(b)は蒸気分圧で規格化した溶解度係数Sで示したもので，溶解度係数は膜透過係数の基礎となる．

気相中の水蒸気分圧と材料の平衡含水率の関係は，材料中の水分の側からみると蒸気圧降下の現象である．図1.30(a)は図1.28のマルトデキストリン（多糖）の水分収着等温線の縦軸・横軸を入れ替えて，材料中の含水率wとその材料上の水蒸気圧pで示したものである．水分濃度が低い範囲で材料内水分の水蒸気圧が飽和水蒸気圧p^*から低下する．これは材料と水との結合相互作用が表れたものである．このような材料中の揮発成分の蒸気圧降下は一般的なものであり，図1.30(b)に高分子材料中の各種溶媒の蒸気圧降下を例示する．材料中の揮発成分の蒸気圧降下現象は，特に溶媒を含む高分子材料

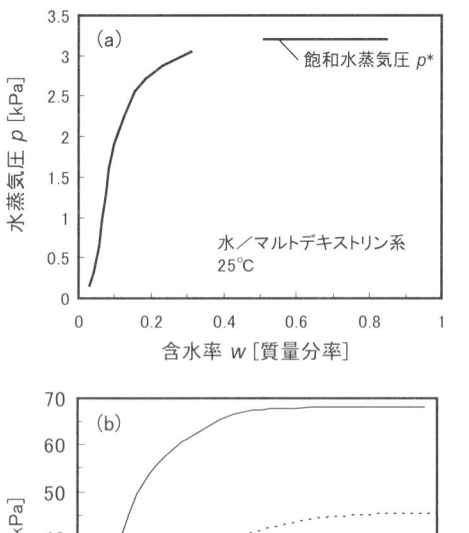

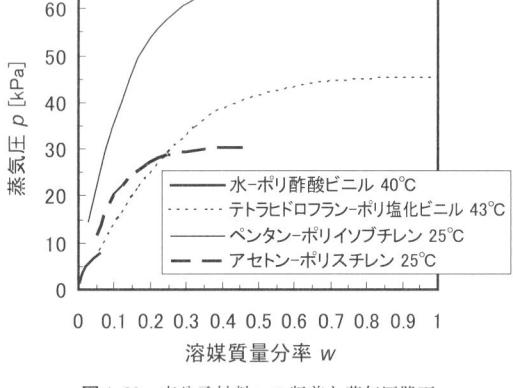

図1.30 高分子材料への収着と蒸気圧降下

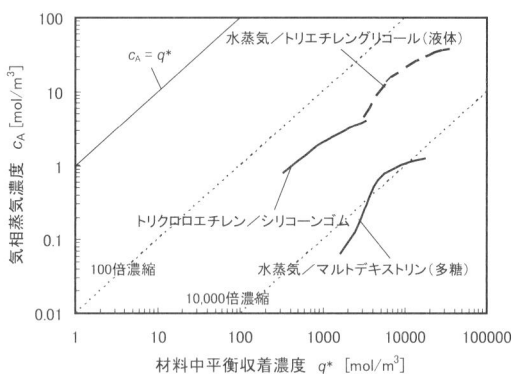

図1.31 蒸気収着平衡のモル濃度での比較

の乾燥操作において重要となる．

以上の高分子材料への蒸気の収着平衡を，本書で共通の取り扱いであるモル濃度c_A（気相），q^*（材料中）で示したのが図1.31である．収着平衡により気相中蒸気が材料中に100～10000倍濃縮される．

v）ガス・蒸気/固体間平衡－吸着平衡－

分離プロセスとして重要な吸着操作の基礎は，被吸着成分の流体中の濃度c_Aまたは分圧pとそれ

に平衡な吸着材中の吸着量 q^* との関係である．この吸着平衡関係は温度依存性が大きいので，温度一定の条件で測定され，吸着等温線（adsorption isotherm）とよばれる．

図 1.32 に活性炭吸着材における，水溶液中の有機物の吸着等温線の概略を示す（成分毎に文献から収集した値なので，活性炭は同一のものではない）．水中有機物の吸着等温線はべき乗の関係がみられる．図 1.33 は活性炭に対する有機蒸気の吸着量と気相分圧 p との関係である．この場合は，蒸気分圧が上がると吸着量が一定となる飽和吸着量が現れている．図 1.34 は水蒸気の各種吸着材への吸着等温線を湿度に対して示す．吸着材によりそれぞれ特徴のある吸着等温線が示されている．

一般に吸着等温線の表示で被吸着成分の濃度表示（横軸）は質量基準濃度，モル基準濃度，分圧など種々用いられる．そこで図 1.35 では流体中の濃度 c，吸着材中の濃度 q^* ともにモル濃度 [mol/m^3] に換算して，いくつかの吸着平衡を示した．ここで (q^*/c_A) は無次元となり，抽出における分配係数 K に相当する．気相・液相吸着ともに (q^*/c_A) は 100〜10000 以上あり，成分は吸着材中に高度に濃縮されることがわかる．これに対して吸収平衡では (c_{AG}/c_{AL}) が 100 程度（図 1.25），液-液平衡では K が 10〜100，気-液平衡では相対揮発度 α が最大 10 程度であるので，比較すると吸着分離の選択性の高さが際立っている．

吸着現象を固体表面での分子の吸着と脱離速度の平衡として考えたのが Langmuir の吸着等温式である．気相または液相において被吸着成分 A のモル濃度を c_A [mol/m^3] とする．吸着材の全表面が被吸着分子で覆われた場合の吸着材内濃度を q_∞ [mol/

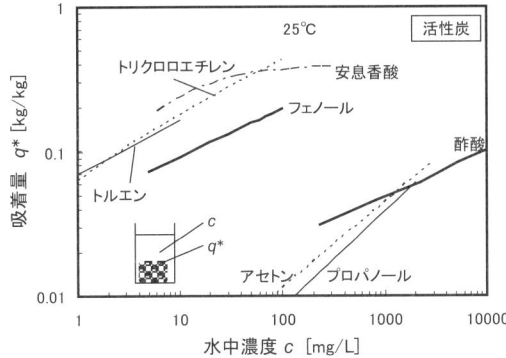

図 1.32 活性炭による水中の溶質に対する吸着等温線

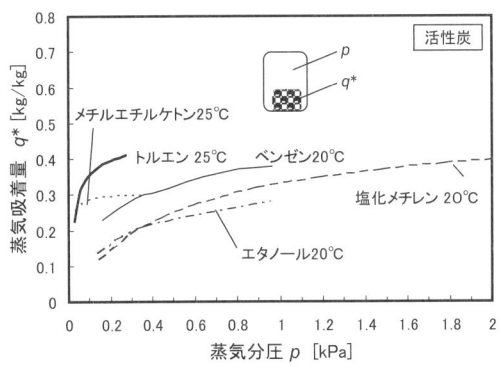

図 1.33 活性炭による有機蒸気に対する吸着等温線

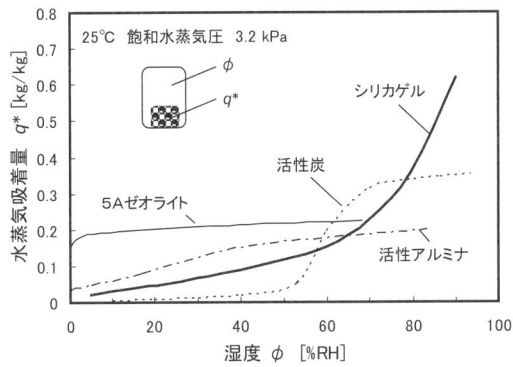

図 1.34 乾燥剤の水蒸気吸着等温線

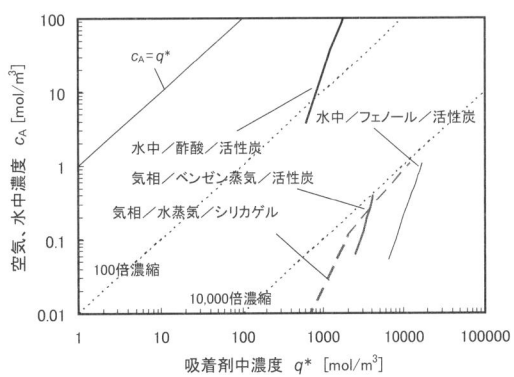

図 1.35 吸着平衡のモル濃度表示

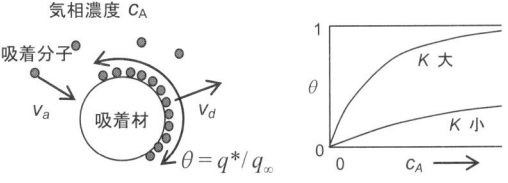

図 1.36 Langmuir 吸着式のモデル

m³-吸着材]とし，c_Aに平衡な実際の濃度をq^*とする（図1.36）．吸着剤全表面積中の被吸着分子による被覆率は$\theta=(q^*/q_\infty)$である．分子の吸着速度v_aは被覆されていない表面$(1-\theta)$とc_Aに比例するので式（1.55）で表せる．また，吸着材表面からの分子の脱離の速度v_dは被覆率のみに比例するので，式（1.56）となる．

(吸着速度式)　　$v_a = k_a c_A (1-\theta)$　　(1.55)

(脱離速度式)　　$v_d = k_d \theta$　　(1.56)

よって平衡状態では被覆率が以下の式となる．

$$\theta = \frac{K c_A}{1+K c_A} \quad \left(K=\frac{k_d}{k_a}\right) \quad (1.57)$$

左辺を吸着量q^*として，次式が吸着等温線のLangmuir式である．

$$q^* = \frac{K q_\infty c_A}{1+K c_A} \quad (1.58)$$

この式の形から，吸着量が低濃度でたちあがり高濃度で飽和吸着量q_∞に近づくような，典型的吸着等温線の形が表現できた．このモデルは応用範囲が広く，触媒反応の基礎式，酵素反応の基礎式（Michaelis-Menten式）としても用いられる．

【例題 1.9】 吸着平衡と Langmuir 式

活性炭に対する窒素ガスの$-183℃$における吸着平衡のデータ[12, p.122]を，気相濃度c_A対平衡吸着量q^*でともに[mol/m³]単位で示すと図1.37である．活性炭の比表面積を$660\,\text{m}^2/\text{g}$，窒素の分子断面積を$15.4 \times 10^{-20}\,\text{m}^2$，$K=0.262\,\text{m}^3/\text{mol}$として，Langmuir式と比較せよ．

(解) 活性炭の密度を$1800\,\text{kg/m}^3$として，比表面積は$1.19\times 10^9\,\text{m}^2/\text{m}^3$である．(比表面積)/(分子断面積)より飽和吸着量は$q_\infty = 12800\,\text{mol/m}^3$である．これらの$K, q_\infty$の値を用いたLangmuir式は図1.37中のようになり，データをよく表している．

vi) 2液相間の分離目的成分の分配—液-液平衡—

抽出操作は，ある成分（C）の溶液（A+C）に，それと混じり合わない抽剤（B）を混合して，抽剤中に成分（C）を溶解させて分離する操作である．原液と抽剤を混合・攪拌後に抽出相（extract）と抽残相（raffinate）に2相分離し，抽出相中に原液中の分離目的成分（抽質）を回収する．液-液抽出では分離目的成分（C）の（A），（B）2液相間の分配平衡（組成の違い）が分離の基礎となる．

具体的に酢酸（分離目的成分，抽質）（C）/水（B）/ベンゼン（A）系で分配平衡を考える．平衡後のベンゼン相（R）と水相（E）の各成分の組成を図1.38の記号で表す．これら平衡2相の組成を濃度を変えて測定した12組の液-液平衡データを直角三角図上に示したのが液-液平衡図1.39(a)である．この平衡図で，点を結んだ曲線を溶解度曲線，平衡な2点を結ぶ線を対応線（タイライン；tie line）という．また，抽質（酢酸）の濃度を増すと，対応線の両端が一致する点にいたる．この点をプレートポイント（plate point）とよび，この点以上の抽質濃度では3成分が1相となる（グラフのP点で示す）．

溶解度曲線で，タイライン上の原液相（I）と抽剤相（II）中の分離目的成分の組成をそれぞれx^I，x^IIとしてこれらを直交座標にプロットすると図1.39(b)のような曲線が得られる．これを分配曲線（distribution curve）という．また，x^I, x^IIの比：$K=(x^\text{II}/x^\text{I})$が分配係数（distribution coefficient, K）である．一般に抽質の濃度が小さい範囲では分配曲線が原点を通る直線で近似され，その傾きがKとなる．この関係を分配法則という．分配係数Kが抽剤の抽出力の指標となる．

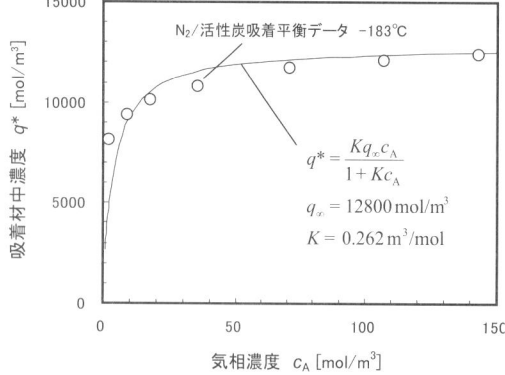

図1.37　吸着データのLangmuir式による相関

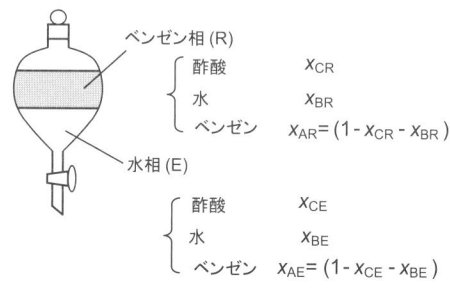

図1.38　液-液平衡の濃度表示

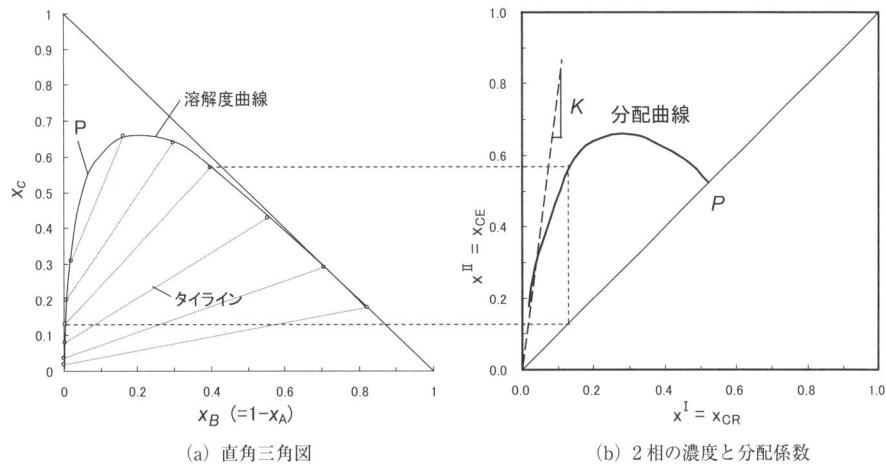

(a) 直角三角図 (b) 2相の濃度と分配係数

図 1.39 液-液平衡の表示〈mta1_10.xls〉

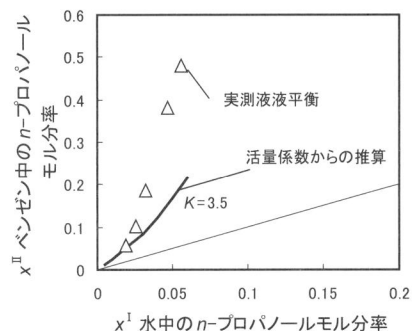

図 1.40 活量係数からの分配係数の推算〈mta1_10.xls〉

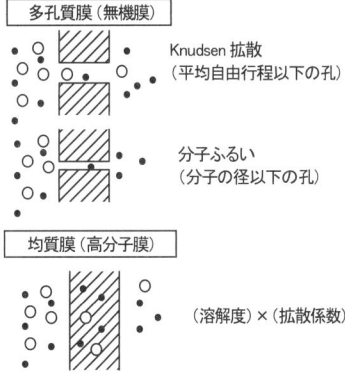

図 1.41 ガス・蒸気の膜透過係数の原理

液-液平衡は基礎的には両相の溶質の蒸気圧が等しいという条件 ($\gamma^{I} p^* x^{I} = \gamma^{II} p^* x^{II}$) で表せる(次項の式 (1.76))．すると分配係数は

$$K = \frac{x^{II}}{x^{I}} = \frac{\gamma^{I}}{\gamma^{II}} \tag{1.59}$$

である．すなわち分配係数は溶質の両溶媒中の活量係数の比に関係づけられる．

【例題 1.10】 活量係数と分配係数〈mta1_10.xls〉
水 (I) とベンゼン (II) 2相系における n-プロパノールの分配が図 1.40 のように測定されている．式 (1.59) を検討せよ．

(解) 2つの2成分系，n-プロパノール/水，ベンゼン/n-プロパノール系の活量係数を求め $\gamma_i^{I} x_i^{I} = \gamma_i^{II} x_i^{II}$ となるような両相の n-プロパノールの組成 x^{I}，x^{II} の関係を求める(付録の Excel ファイル〈mta1_g.xls〉を用いる)．結果を図中の実線で示す．実測値と比較すると，この分配係数の推算法は近似的なものである．しかし，各2成分系の気-液平衡が得られない場合でも溶解度パラメーターから活量係数が推定可能なので，分配係数の概略値の推定に使うことができる．

vii) 高分子膜のガス・蒸気透過係数

ほとんどの分離プロセスは平衡分離プロセスとよばれ，相平衡 (1.2節) で推進力を生み出し，物質移動の速度は拡散係数 (1.1節) に支配されるので，相平衡と拡散は独立している．これに対して膜分離プロセスの原理は，成分が膜を透過する際の成分ごとの速度差にある．よって膜分離は速度差分離とよばれる．膜透過で成分毎の透過速度差が生じる原因は膜構造により異なる (図 1.41)．孔のある多孔質膜 (多くは無機膜) の場合は，孔が分子オーダーなら分子ふるい機構，大きいと Knudsen 拡散原理で成分の透過速度差を生む．一方，孔のない均質膜 (高

分子膜）の場合はガス成分の溶解過程と拡散過程の相互作用で成分の透過速度差が生じる．いずれにしても各成分の透過速度は膜素材と成分の組み合わせで決まる透過係数という物性値で表す．膜分離では各成分の透過係数の比が分離係数となる．

ある膜透過成分について，その透過流束 N_A を膜厚み δ，膜を介した成分の分圧差 Δp で規格化した係数が透過係数 Q

$$Q = \frac{N_A \delta}{\Delta p} \quad (1.60)$$

である．孔のない高分子膜でのガス・蒸気の透過は，(1) 膜の高圧側面での成分の溶解（収着），(2) 高分子固体内での濃度拡散，(3) 膜の低圧側面での成分の脱離の3段階で起こる．普通は透過側が真空の理想的条件を考え，(3) の段階は無視する．すると透過係数は拡散係数 D と溶解度係数 S の積

$$Q = D_{AB} S \quad (1.61)$$

で表せる．

図1.42にガラス状高分子のポリビニルトリメチルシランと，ゴム状高分子のポリイソプレンにおける各種ガスの透過係数，拡散係数，溶解度係数を比較した[20]．溶解度係数 S はガスの分子容に比例して増加する．これは大きい分子ほど凝縮性が高く，膜への収着・溶解が大きいためである．拡散係数 D_{AB} はガラス状高分子では分子容に反比例する．これは高分子中のミクロな自由体積の部分を分子が透過するため，分子ふるい的効果で小さい分子が速く通るものと考えられる．一方，ゴム状高分子では透過成分毎の拡散係数の違いは小さい．これはゴム状高分子では高分子鎖の振動で自由体積が周期的に発生するという原理のため，拡散が透過成分分子の大きさによらないものと考えられる．その結果，溶解度係数と拡散係数の積である透過係数は，ガラス状高分子では分子容（分子量）の小さいガスで大きく，ゴム状高分子では分子容の大きいガスで大きくなる．

1.2.3 相平衡の基礎

前項では分離プロセスの基礎としての各種相平衡のデータを示し，簡単な推算法について述べた．本項ではそれら相平衡の熱力学的な基礎について整理しておく．

i) 相平衡の条件

相平衡一般の基本的条件は Gibbs 自由エネルギー G を用いて表せる．簡単のため成分 A, B からなる2成分混合系について考える．温度，圧力が一定のとき，2つの相が平衡状態にある熱力学条件は次式で与えられる．

$$(dG)_{T,p} = (dG^{\mathrm{I}})_{T,p} + (dG^{\mathrm{II}})_{T,p} = 0 \quad (1.62)$$

ここで，上付き I, II はそれぞれ相 I，相 II を表す．温度，圧力が一定の場合，Gibbs 自由エネルギーと，混合系に含まれる成分 i の化学ポテンシャル μ_i には次式の関係が成り立つ．

$$dG = \sum_i \mu_i dn_i \quad (1.63)$$

ここで，n_i は成分 i の物質量を示す．相 I, II に関してこの関係を式 (1.62) へ導入すると次式が得られる．

$$(\mu_A^{\mathrm{I}} dn_A^{\mathrm{I}} + \mu_B^{\mathrm{I}} dn_B^{\mathrm{I}})_{T,p} + (\mu_A^{\mathrm{II}} dn_A^{\mathrm{II}} + \mu_B^{\mathrm{II}} dn_B^{\mathrm{II}})_{T,p} \quad (1.64)$$

ここで，下付き A, B はそれぞれ成分 A, B を表す．

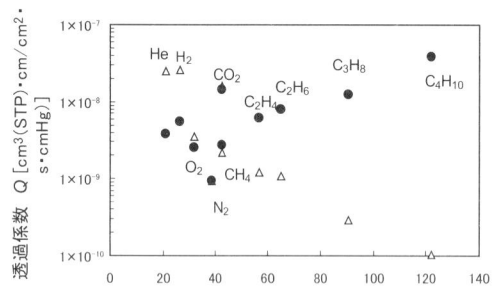
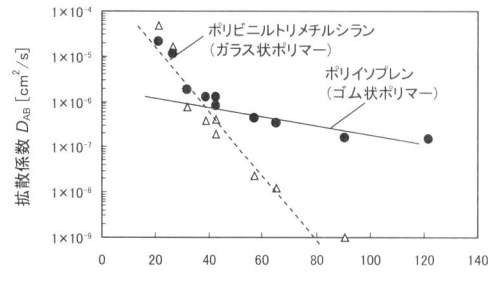
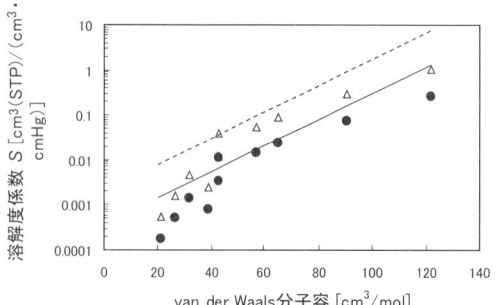

図1.42 溶解-拡散モデルによる膜透過係数 〈mta1_k.xls〉

さらに，相 I, II からなる系全体において，成分 A, B に関する物質量の変化量について，次式が成り立つ．

$$dn_A^I + dn_A^{II} = 0 \tag{1.65}$$
$$dn_B^I + dn_B^{II} = 0 \tag{1.66}$$

これらの関係を，式（1.64）へ導入することで次式が得られる．

$$(\mu_A^I - \mu_A^{II})dn_A^I + (\mu_B^I - \mu_B^{II})dn_B^I = 0 \tag{1.67}$$

温度，圧力一定下において，式（1.67）が成立するための条件は，次式で与えられる．

$$[\mu_A^I = \mu_A^{II},\ \mu_B^I = \mu_B^{II}]_{T,p} \tag{1.68}$$

このように，相 I, II における成分 A, B の化学ポテンシャルが等しいことが，相平衡の条件となる．また，化学ポテンシャルは，フガシティ f_i と次式の関係にある．

$$[d\mu_i = RT \ln f_i]_{T,p} \tag{1.69}$$

ここで，R は気体定数である．したがって，式（1.68）で表される相平衡条件は，次式のようにフガシティを用いた関係式でも与えられる．

$$[f_A^I = f_A^{II},\ f_B^I = f_B^{II}]_{T,p} \tag{1.70}$$

よって，温度，圧力一定下における相平衡の条件は，式（1.68），(1.70) で示されるように，各成分の化学ポテンシャルもしくはフガシティが等しい場合に成り立つ．以下に各成分の気，液，固相のフガシティについて述べ，気-液，液-液，固-液平衡の基礎関係式を示す．

気-液平衡：気相における成分 i のフガシティは次式で与えられる．

$$f_i^V = \varphi_i p y_i \tag{1.71}$$

ここで，p は圧力，y_i は気相における成分 i のモル分率，φ_i は成分 i のフガシティ係数である．フガシティ係数は，状態方程式により求められる．また，圧力条件が大気圧付近であるとき，液相における成分 i のフガシティは次式で表される．

$$f_i^L = \gamma_i x_i f_i^{ref} \tag{1.72}$$

ここで，x_i は液相における成分 i のモル分率，γ_i は成分 i の活量係数，f_i^{ref} は，基準状態における成分 i のフガシティであり，低圧力の範囲では，目的とする温度における純成分 i の飽和蒸気圧 p_i^o で近似される．

大気圧付近では，フガシティ係数が 1 と近似できる．式（1.70）で与えられる相平衡の条件より，大気圧付近における気-液平衡の関係式は次式となる．

$$p y_i = \gamma_i x_i p_i^o \tag{1.73}$$

液-液平衡：液-液平衡における液相 I と液相 II における成分 i のフガシティは，式（1.72）より次式で与えられる．

$$f_i^I = \gamma_i^I x_i^I f_i^{ref, L} \tag{1.74}$$
$$f_i^{II} = \gamma_i^{II} x_i^{II} f_i^{ref, L} \tag{1.75}$$

式（1.70）で与えられる相平衡の条件より，液-液平衡の関係式は次式となる．

$$\gamma_i^I x_i^I = \gamma_i^{II} x_i^{II} \tag{1.76}$$

固-液平衡：固相におけるフガシティは，液相のフガシティと同様に次式で与えられる．

$$f_i^S = \gamma_i^S x_i^S f_i^{ref, S} \tag{1.77}$$

式（1.70）で与えられる相平衡の条件より，固-液平衡の関係式は次式となる．

$$\gamma_i^I x_i^I f_i^{ref, L} = \gamma_i^S x_i^S f_i^{ref, S} \tag{1.78}$$

ここで，基準状態における液相，固相のフガシティは次式で与えられる場合が多い．

$$\frac{f_i^{ref, S}}{f_i^{ref, L}} = \left(\frac{T}{T_i^m}\right)^{\frac{C_{p,i}^L - C_{p,i}^S}{R}} \exp\left[\left(\frac{T - T_i^m}{RT}\right)\left\{\frac{\Delta H_i^m}{T_i^m} - (C_{p,i}^L - C_{p,i}^S)\right\}\right] \tag{1.79}$$

ここで，T_i^m，ΔH_i^m は，それぞれ成分 i の融点，融解熱を，$C_{p,i}^L$，$C_{p,i}^S$ は，それぞれ成分 i の液相，固相における定圧熱容量を表す．

ii) 活量係数モデル

式（1.73），(1.76)，(1.78) に表されるように，気-液，液-液，固-液平衡の関係を表すには，液相における成分の活量係数を与える必要がある．一般的に，液相における成分の活量係数は，温度ならびに組成（モル分率）の関数である活量係数モデルを用いて与えられる．ここでは，これまでに提案されてきた活量係数モデルについて，代表的なモデルを紹介する．

正則溶液論：混合系におけるモル過剰 Gibbs 自由エネルギー G_m^E は，モル過剰エンタルピー H_m^E，およびモル過剰エントロピー S_m^E を用いて与えられる[12]．

$$G_m^E = H_m^E - T S_m^E \tag{1.80}$$

Hildebrand ら[14] は，混合に伴うエントロピー変化が，理想溶液のエントロピー変化に等しく，モル過剰エントロピー $S_m^E = 0$ と近似できる混合溶液を，正則溶液[12, p.90] と定義した．正則溶液について，2 成分系のモル過剰 Gibbs 自由エネルギーは次式で表される．

$$G_\mathrm{m}^\mathrm{E} = \phi_\mathrm{A}\phi_\mathrm{B}(x_\mathrm{A}V_{\mathrm{m,A}} + x_\mathrm{B}V_{\mathrm{m,B}})(\delta_\mathrm{A} - \delta_\mathrm{B})^2 \quad (1.81)$$

ここで，$V_{\mathrm{m,A}}, V_{\mathrm{m,B}}$ はそれぞれ成分 A, B の純成分の液体モル体積である．成分 A, B の体積分率 $\phi_\mathrm{A}, \phi_\mathrm{B}$ は次式で与えられる．

$$\phi_\mathrm{A} = \frac{x_\mathrm{A}V_{\mathrm{m,A}}}{x_\mathrm{A}V_{\mathrm{m,A}} + x_\mathrm{B}V_{\mathrm{m,A}}} \quad (1.82)$$

$$\phi_\mathrm{B} = \frac{x_\mathrm{B}V_{\mathrm{m,B}}}{x_\mathrm{A}V_{\mathrm{m,A}} + x_\mathrm{B}V_{\mathrm{m,B}}} \quad (1.83)$$

式 (1.81) における $\delta_\mathrm{A}, \delta_\mathrm{B}$ は溶解度パラメーターといい，次式で定義される．

$$\delta_\mathrm{A} = \sqrt{\frac{\Delta U_{\mathrm{m,A}}^\mathrm{vap}}{V_{\mathrm{m,A}}}} = \sqrt{\frac{\Delta H_{\mathrm{m,A}}^\mathrm{vap} - RT}{V_{\mathrm{m,A}}}} \quad (1.84)$$

$$\delta_\mathrm{B} = \sqrt{\frac{\Delta U_{\mathrm{m,B}}^\mathrm{vap}}{V_{\mathrm{m,B}}}} = \sqrt{\frac{\Delta H_{\mathrm{m,B}}^\mathrm{vap} - RT}{V_{\mathrm{m,B}}}} \quad (1.85)$$

ここで，$\Delta U_{\mathrm{m},i}^\mathrm{vap}$ は成分 i の蒸発に伴うモル内部エネルギー変化であり，蒸発熱 $\Delta H_{\mathrm{m},i}^\mathrm{vap}$ により求められる．また，混合溶液における成分 A, B の活量係数 $\gamma_\mathrm{A}, \gamma_\mathrm{B}$ は，モル過剰 Gibbs 自由エネルギーと次式のような関係がある．

$$RT\ln\gamma_\mathrm{A} = G_\mathrm{m}^\mathrm{E} + \frac{\partial G_\mathrm{m}^\mathrm{E}}{\partial x_\mathrm{A}} - x_\mathrm{A}\frac{\partial G_\mathrm{m}^\mathrm{E}}{\partial x_\mathrm{A}} - x_\mathrm{B}\frac{\partial G_\mathrm{m}^\mathrm{E}}{\partial x_\mathrm{B}} \quad (1.86)$$

$$RT\ln\gamma_\mathrm{B} = G_\mathrm{m}^\mathrm{E} + \frac{\partial G_\mathrm{m}^\mathrm{E}}{\partial x_\mathrm{B}} - x_\mathrm{A}\frac{\partial G_\mathrm{m}^\mathrm{E}}{\partial x_\mathrm{A}} - x_\mathrm{B}\frac{\partial G_\mathrm{m}^\mathrm{E}}{\partial x_\mathrm{B}} \quad (1.87)$$

この式中における $\partial G_\mathrm{m}^\mathrm{E}/x_i$ に関しては，成分 i 以外の成分のモル分率を一定とし，偏微分を行う．正則溶液における成分 A, B の活量係数 $\gamma_\mathrm{A}, \gamma_\mathrm{B}$ はこの式に式 (1.81) を代入し，次式で表される．

$$\ln\gamma_\mathrm{A} = \left(\frac{V_{\mathrm{m,A}}}{RT}\right)(\delta_\mathrm{A} - \delta_\mathrm{B})^2\phi_\mathrm{B}^2 \quad (1.88)$$

$$\ln\gamma_\mathrm{B} = \left(\frac{V_{\mathrm{m,B}}}{RT}\right)(\delta_\mathrm{A} - \delta_\mathrm{B})^2\phi_\mathrm{A}^2 \quad (1.89)$$

ここで $V_{\mathrm{m},i}$ は成分 1, 2 の純液体のモル体積である．この式で，溶解度パラメーターの差すなわち極性の差が大きい混合液は，活量係数が 1 より大きくなることが示される．

この正則溶液論による活量係数式の推算精度は高くない．しかし推算に必要な溶解度パラメーター δ は一種の物性値として，ほとんどの物質で値が得られる．このため，気-液平衡，液-液平衡（抽出）の簡便な推算[8, p.56, 370]に便利である．

【例題 1.11】 正則溶液論による気液平衡推算
n-ヘキサン (A)/ベンゼン (B) 系の気-液平衡を式 (1.88), (1.89) により計算せよ．

(解) 必要な成分のモル容積 V_m, 溶解度パラメーターの値[12, p.91]を図 1.43 中に示す．E, F 列に液組成 x 毎の活量係数式を書き，沸点計算を行う．結果を活量係数，露点・沸点曲線，x-y 線図で図 1.44 に図示する．比較のため実測データをよく表す van Laar 式 (1.43) による値も示した．

Wilson 式： 無熱溶液[12, p.90]では，式 (1.80) において，モル過剰エンタルピーが無視され，Flory

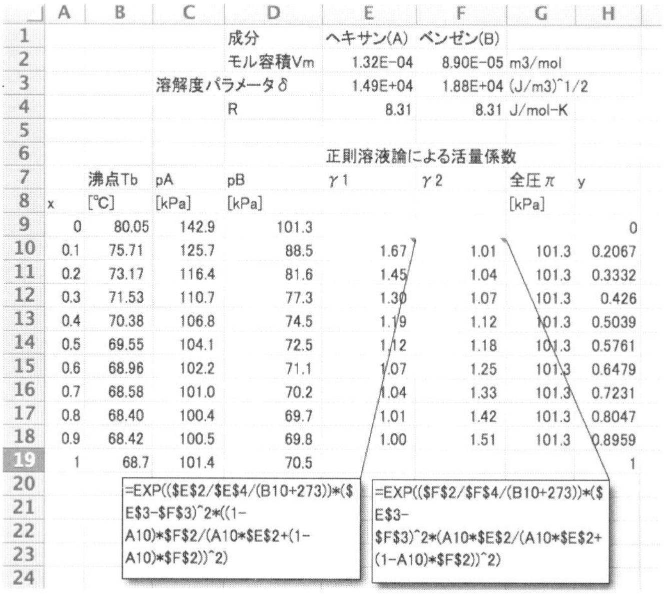

	A	B	C	D	E	F	G	H
1				成分	ヘキサン(A)	ベンゼン(B)		
2				モル容積 Vm	1.32E-04	8.90E-05	m3/mol	
3				溶解度パラメータ δ	1.49E+04	1.88E+04	(J/m3)^1/2	
4				R	8.31	8.31	J/mol-K	
5								
6					正則溶液論による活量係数			
7		沸点Tb	pA	pB	γ1	γ2		全圧π	y
8	x	[℃]	[kPa]	[kPa]			[kPa]	
9	0	80.05	142.9	101.3				0
10	0.1	75.71	125.7	88.5	1.67	1.01	101.3	0.2067
11	0.2	73.17	116.4	81.6	1.45	1.04	101.3	0.3332
12	0.3	71.53	110.7	77.3	1.30	1.07	101.3	0.426
13	0.4	70.38	106.8	74.5	1.19	1.12	101.3	0.5039
14	0.5	69.55	104.1	72.5	1.12	1.18	101.3	0.5761
15	0.6	68.96	102.2	71.1	1.07	1.25	101.3	0.6479
16	0.7	68.58	101.0	70.1	1.04	1.33	101.3	0.7231
17	0.8	68.40	100.4	69.7	1.01	1.42	101.3	0.8047
18	0.9	68.42	100.5	69.8	1.00	1.51	101.3	0.8959
19	1	68.7	101.4	70.5				1

セル E10: `=EXP(($E$2/$E$4/(B10+273))*($E$3-$F$3)^2*((1-A10)*$F$2/(A10*$E$2+(1-A10)*$F$2))^2)`

セル F10: `=EXP(($F$2/$F$4/(B10+273))*($E$3-$F$3)^2*(A10*$E$2/(A10*$E$2+(1-A10)*$F$2))^2)`

図 1.43 ヘキサン (A)/ベンゼン (B) 系気-液平衡計算 〈mta1_11.xls〉

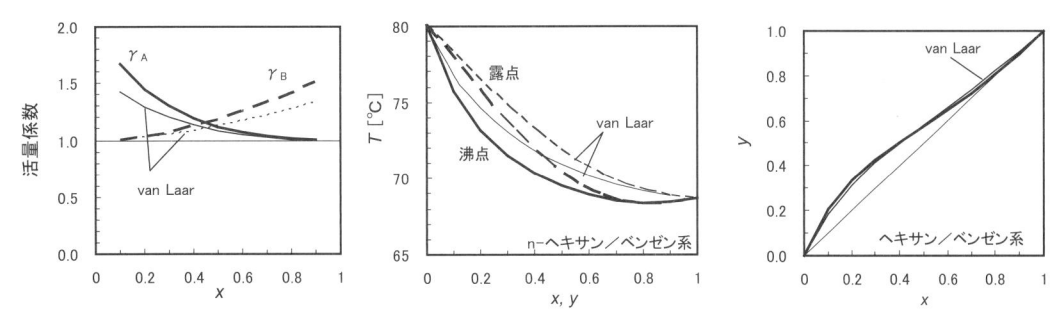

図 1.44 正則溶液論によるヘキサン (A)/ベンゼン (B) 系気-液平衡計算 〈mta1_11.xls〉

と Huggins による格子モデルを適用すると，モル過剰 Gibbs 自由エネルギーは次式となる[12, p.91]．

$$G_{\mathrm{m}}^{\mathrm{E}} = -TS_{\mathrm{m}}^{\mathrm{E}} = RT\sum_i x_i \ln \frac{\phi_i}{x_i} \quad (1.90)$$

混合溶液において，各分子の分布は，分子間相互作用の差により，ランダムな分布から偏倚することが考えられる．Wilson は，分子間相互作用エネルギーから得られる局所モル分率を取り入れた活量係数モデルを提案した．分子 A, B からなる 2 成分混合系について，分子 A 周りの分子 A と分子 B が存在する確率 x_{AA}, x_{AB} の比は，次式で与えられる．

$$\frac{x_{\mathrm{AB}}}{x_{\mathrm{AA}}} = \frac{x_{\mathrm{B}} \exp \dfrac{-\lambda_{\mathrm{AB}}}{RT}}{x_{\mathrm{A}} \exp \dfrac{-\lambda_{\mathrm{AA}}}{RT}} \quad (1.91)$$

ここで，λ_{AB}, λ_{AA} は，それぞれ分子 A 周りの分子対 A-B, A-A の分子間相互作用エネルギーを表す．同様に，分子 B 周りの分子 A と分子 B が存在する確率 x_{BA}, x_{BB} の比は，分子 B 周りの分子対 B-A, B-B の分子間相互作用エネルギー λ_{BA}, λ_{BB} を用いて，次式で与えられる．

$$\frac{x_{\mathrm{BA}}}{x_{\mathrm{BB}}} = \frac{x_{\mathrm{A}} \exp \dfrac{-\lambda_{\mathrm{BA}}}{RT}}{x_{\mathrm{B}} \exp \dfrac{-\lambda_{\mathrm{BB}}}{RT}} \quad (1.92)$$

式 (1.91)，(1.92) で与えられる局所モル分率を用いて，分子 A と分子 B の局所体積分率が次式で表される．

$$\phi_{\mathrm{A}}^{\mathrm{loc}} = \frac{V_{\mathrm{m,A}} x_{\mathrm{AA}}}{V_{\mathrm{m,A}} x_{\mathrm{AA}} + V_{\mathrm{m,A}} x_{\mathrm{AB}}}$$

$$= \frac{1}{1 + \left(\dfrac{V_{\mathrm{m,B}}}{V_{\mathrm{m,A}}}\right)\left(\dfrac{x_{\mathrm{B}}}{x_{\mathrm{A}}}\right) \exp\left[\dfrac{-(\lambda_{\mathrm{AB}} - \lambda_{\mathrm{AA}})}{RT}\right]} \quad (1.93)$$

$$\phi_{\mathrm{B}}^{\mathrm{loc}} = \frac{V_{\mathrm{m,B}} x_{\mathrm{BB}}}{V_{\mathrm{m,B}} x_{\mathrm{BA}} + V_{\mathrm{m,B}} x_{\mathrm{BB}}}$$

$$= \frac{1}{1 + \left(\dfrac{V_{\mathrm{m,A}}}{V_{\mathrm{m,B}}}\right)\left(\dfrac{x_{\mathrm{A}}}{x_{\mathrm{B}}}\right) \exp\left[\dfrac{-(\lambda_{\mathrm{BA}} - \lambda_{\mathrm{BB}})}{RT}\right]} \quad (1.94)$$

式 (1.90) 中の体積分率へ，式 (1.93)，(1.94) で表される局所体積分率を導入すると，モル過剰 Gibbs 自由エネルギーは次式で与えられる．

$$\frac{G_{\mathrm{m}}^{\mathrm{E}}}{RT} = -x_{\mathrm{A}} \ln(x_{\mathrm{A}} + \Lambda_{\mathrm{AB}} x_{\mathrm{B}}) - x_{\mathrm{B}} \ln(\Lambda_{\mathrm{BA}} x_{\mathrm{A}} + x_{\mathrm{B}}) \quad (1.95)$$

$$\Lambda_{\mathrm{AB}} = \frac{V_{\mathrm{m,B}}}{V_{\mathrm{m,A}}} \exp\left[\frac{-(\lambda_{\mathrm{AB}} - \lambda_{\mathrm{AA}})}{RT}\right] \quad (1.96)$$

$$\Lambda_{\mathrm{BA}} = \frac{V_{\mathrm{m,A}}}{V_{\mathrm{m,B}}} \exp\left[\frac{-(\lambda_{\mathrm{BA}} - \lambda_{\mathrm{BB}})}{RT}\right] \quad (1.97)$$

式 (1.95) で与えられるモル過剰 Gibbs 自由エネルギーを，式 (1.86)，(1.87) へ導入することで，次式のように成分 A, B の活量係数が与えられる．これが Wilson 式である．

$$\ln \gamma_{\mathrm{A}} = -\ln(x_{\mathrm{A}} + \Lambda_{\mathrm{AB}} x_{\mathrm{B}})$$
$$+ x_{\mathrm{B}}\left(\frac{\Lambda_{\mathrm{AB}}}{x_{\mathrm{A}} + \Lambda_{\mathrm{AB}} x_{\mathrm{B}}} - \frac{\Lambda_{\mathrm{BA}}}{\Lambda_{\mathrm{BA}} x_{\mathrm{A}} + x_{\mathrm{B}}}\right) \quad (1.98)$$

$$\ln \gamma_{\mathrm{B}} = -\ln(\Lambda_{\mathrm{BA}} x_{\mathrm{A}} + x_{\mathrm{B}})$$
$$- x_{\mathrm{A}}\left(\frac{\Lambda_{\mathrm{AB}}}{x_{\mathrm{A}} + \Lambda_{\mathrm{AB}} x_{\mathrm{B}}} - \frac{\Lambda_{\mathrm{BA}}}{\Lambda_{\mathrm{BA}} x_{\mathrm{A}} + x_{\mathrm{B}}}\right) \quad (1.99)$$

Wilson 式に含まれる Λ_{AB}, Λ_{BA}, もしくは $(\lambda_{\mathrm{AB}} - \lambda_{\mathrm{AA}})$, $(\lambda_{\mathrm{BA}} - \lambda_{\mathrm{BB}})$ がその 2 成分系の Wilson パラメーターであり，一般的に相平衡データへのフィッティングにより，求められる場合が多い．

NRTL (nonrandom two liquid) 式：2 流体モデル[15]に基づけば，成分 A, B で構成される混合系のモル Gibbs 自由エネルギーは，混合系中の成分 A を中心とするセルと，成分 B を中心とするセルのモル Gibbs 自由エネルギー $G_{\mathrm{m}}^{(\mathrm{A})}$, $G_{\mathrm{m}}^{(\mathrm{B})}$ を用いて次式で求められる．

$$G_{\mathrm{m}} = x_{\mathrm{A}} G_{\mathrm{m}}^{(\mathrm{A})} + x_{\mathrm{B}} G_{\mathrm{m}}^{(\mathrm{B})} \quad (1.100)$$

混合系中の成分 A を中心とするセルと，成分 B を中心とするセルのモル Gibbs 自由エネルギーは，分子対（A-A），(A-B), (B-B) の Gibbs 自由エネルギー G_{AA}, G_{AB}, G_{BA}, G_{BB} と，各セル中における分子対の割合から求められる．成分 A を中心とするセルと，成分 B を中心とするセル中における各分子対の割合を求める方法として，Renon と Prausnitz[16] は Wilson 式と同様に局所モル分率を用いた．Renon と Prausnitz の局所モル分率の表し方では，Wilson 式中に含まれる分子間相互作用エネルギーを表すパラメーター λ_{AA}, λ_{AB}, λ_{BA}, λ_{BB} の代わりとして，分子対の Gibbs 自由エネルギー G_{AA}, G_{AB}, G_{BA}, G_{BB} を用いた．

$$\frac{x_{BA}}{x_{AA}} = \frac{x_B \exp \dfrac{-\alpha_{BA} G_{BA}}{RT}}{x_A \exp \dfrac{-\alpha_{BA} G_{AA}}{RT}} \quad (1.101)$$

$$\frac{x_{AB}}{x_{BB}} = \frac{x_A \exp \dfrac{-\alpha_{AB} G_{AB}}{RT}}{x_B \exp \dfrac{-\alpha_{AB} G_{BB}}{RT}} \quad (1.102)$$

ここで，成分 A を中心とするセル中の局所モル分率 x_{AA}, x_{BA} と，成分 B を中心とするセル中の局所モル分率 x_{AB}, x_{BB} に関する以下の条件が成り立つ．

$$x_{AA} + x_{BA} = 1 \quad (1.103)$$
$$x_{AB} + x_{BB} = 1 \quad (1.104)$$

これらの条件を式 (1.101), (1.102) に導入することで，成分 A を中心とするセル中における成分 B の局所モル分率 x_{BA} と，成分 B を中心とするセル中における成分 A の局所モル分率 x_{AB} は，次式で表される．

$$x_{BA} = \frac{x_B \eta_{BA}}{x_A + x_B \eta_{BA}} \quad (1.105)$$

$$x_{AB} = \frac{x_A \eta_{AB}}{x_B + x_A \eta_{AB}} \quad (1.106)$$

$$\eta_{BA} = \exp(-\alpha_{BA} \tau_{BA}), \quad \tau_{BA} = \frac{G_{BA} - G_{AA}}{RT} \quad (1.107)$$

$$\eta_{AB} = \exp(-\alpha_{AB} \tau_{AB}), \quad \tau_{AB} = \frac{G_{AB} - G_{BB}}{RT} \quad (1.108)$$

この局所モル分率を用いて，混合系中の成分 A を中心とするセルと，成分 B を中心とするセルのモル Gibbs 自由エネルギー $G_m^{(A)}$, $G_m^{(B)}$ は，次式で与えられる．

$$G_m^{(A)} = x_{AA} G_{AA} + x_{BA} G_{BA} \quad (1.109)$$
$$G_m^{(B)} = x_{AB} G_{AB} + x_{BB} G_{BB} \quad (1.110)$$

分子 A と分子 B の各純物質系におけるモル Gibbs 自由エネルギーは，それぞれ分子対（A-A），(B-B) の Gibbs 自由エネルギー G_{AA}, G_{BB} で表されることから，モル過剰 Gibbs 自由エネルギーは次式で与えられる．

$$G_m = x_A G_m^{(A)} + x_B G_m^{(B)} - x_A G_{AA} - x_B G_{BB} \quad (1.111)$$

この式で表されるモル過剰 Gibbs 自由エネルギーを，式 (1.86), (1.87) の関係式へ導入することで，次式のように成分 A, B の活量係数が与えられる．これが NRTL 式である．

$$\ln \gamma_A = x_B^2 \left[\tau_{BA} \left(\frac{\eta_{BA}}{x_A + x_B \eta_{BA}} \right)^2 + \frac{\tau_{AB} \eta_{AB}}{(x_B + x_A \eta_{AB})^2} \right] \quad (1.112)$$

$$\ln \gamma_B = x_A^2 \left[\tau_{AB} \left(\frac{\eta_{AB}}{x_B + x_A \eta_{AB}} \right)^2 + \frac{\tau_{BA} \eta_{BA}}{(x_A + x_B \eta_{BA})^2} \right] \quad (1.113)$$

NRTL 式に含まれる 3 つのパラメーター，$\alpha_{BA}(=\alpha_{AB})$ ならびに τ_{BA}, τ_{AB} は，一般的に相平衡データへのフィッティングにより決定される．

iii) 状態方程式

対象とする相平衡の条件が高圧条件である場合，式 (1.71) 中のフガシティを算出する際，フガシティ係数を 1 とすることはできない．一般に混合系中の成分 i のフガシティ係数は，次式のように表現される．

$$\ln \varphi_i = \int_V^\infty \left[\left(\frac{\partial p}{\partial n_i} \right)_{T, V, n_{j \neq i}} - \frac{RT}{V} \right] dV - RT \ln Z \quad (1.114)$$

ここで，p, V, Z はそれぞれ圧力，体積，圧縮因子を示す．圧縮因子 Z は，次式で与えられる．

$$Z = \frac{pV}{nRT} \quad (1.115)$$

式 (1.114) 中に，圧力-体積-温度の関係（pVT 関係）を表す状態方程式を導入することで，混合系中の成分 i のフガシティ係数は算出される．以下にフガシティ係数の算出に用いられる状態方程式について，代表的なモデルを紹介する．

実在気体における分子サイズと分子間相互作用を考慮し，実在気体の pVT 関係を，初めて定性的に表現した状態方程式は，次式で与えられる van der Waals 式である．

$$p = \frac{RT}{V_m - b} - \frac{a}{V_m^2}, \quad V_m = \frac{V}{n} \quad (1.116)$$

式中のパラメーター a, b はそれぞれ分子間相互作

パラメーター，分子サイズパラメーターである．この van der Waals 式は，高密度領域における計算精度が低いことが知られている．よって，分子間相互作用パラメーター，分子サイズパラメーター，もしくは式（1.116）の右辺第2項の分子間相互作用を表す引力項を修正した状態方程式が提案されている．

Redlich と Kwong は，分子間相互作用を表す引力項に温度依存性を加え，分子間相互作用パラメーター，分子サイズパラメーターを成分の臨界定数より決定するよう修正した，次式で表される RK（Redlich-Kwong）状態方程式を提案した[17]．

$$p = \frac{RT}{V_m - b} - \frac{a}{T^{1/2} V_m (V_m + b)} \quad (1.117)$$

$$a = 0.42747 \frac{R^2 T_c^{2.5}}{p_c} \quad (1.118)$$

$$b = 0.08664 \frac{RT_c}{p_c} \quad (1.119)$$

ここで，T_c，p_c は臨界温度，臨界圧力である．また，Soave は，RK 状態方程式における分子間相互作用パラメーターを温度の関数として表現した SRK（Soave-Redlich-Kwong）式を提案した[18]．

$$p = \frac{RT}{V_m - b} - \frac{a(T)}{V_m(V_m + b)} \quad (1.120)$$

$$a(T) = \beta \times 0.42747 \frac{R^2 T_c^{2.5}}{p_c} \quad (1.121)$$

$$\beta = \left[1 + m\left\{1 - \left(\frac{T}{T_c}\right)^{0.5}\right\}\right]^2 \quad (1.122)$$

$$m = 0.480 + 1.574\omega - 0.176\omega^2 \quad (1.123)$$

$$b = 0.08664 \frac{RT_c}{p_c} \quad (1.124)$$

Peng と Robinson は，分子間相互作用を表す引力項における体積の関数と，分子間相互作用パラメーターに温度依存性を修正した，次式で示す PR（Peng-Robinson）状態方程式を提案した．

$$p = \frac{RT}{V_m - b} - \frac{a(T)}{V_m(V_m + b) + b(V_m - b)} \quad (1.125)$$

$$a(T) = \beta \times 0.45724 \frac{R^2 T_c^{2.5}}{p_c} \quad (1.126)$$

$$\beta = \left[1 + m\left\{1 - \left(\frac{T}{T_c}\right)^{0.5}\right\}\right]^2 \quad (1.127)$$

$$m = 0.37464 + 1.54226\omega - 0.26992\omega^2 \quad (1.128)$$

$$b = 0.07780 \frac{RT_c}{p_c} \quad (1.129)$$

SRK 状態方程式，PR 状態方程式における，分子間相互作用パラメーターの温度依存性を表す式（1.121），（1.122），（1.126），（1.127）のパラメーターは，純物質の飽和蒸気圧を再現するように決定されている．また，式（1.123），（1.128）に含まれる ω は，分子の形状において，球形からの偏倚を表す偏心因子であり，Pitzer が提案した次式[19]で表される．

$$\omega_i = -\log\left(\frac{p_i^0}{p_c}\right)_{T_r = 0.7} - 1.000 \quad (1.130)$$

このように，偏心因子は対臨界温度 $T_r (= T/T_c)$ における飽和蒸気圧より算出される．

文　献

1) Atkins, P. and Paula, J.（千原秀昭・中村恒男訳）:「アトキンス物理化学第8版（上）」，東京化学同人（2009）．
2) Cussler, E. L.: Diffusion, 3rd ed., Cambridge University Press (2009).
3) 小宮敦樹，円山重直: 熱物性, **15**, 244-249 (2001).
4) Marrero, T. R. and Mason, E. A.: *J. Phys. Chem. Ref. Data*, **1**, 3-118 (1972).
5) 蒋田　薫: 粘度と熱伝導率，培風館（1975）．
6) Fuller, E. N., Schettler, P. D. and Giddings, J. C.: *Ind. Eng. Chem.*, **58** (5), 18-27 (1996).
7) Poling, B. E., Prausnitz, J. M. and O'Connell, J. P.: The Properties of Gases and Liquids, 5th ed., McGraw-Hill (2001).
8) Henley, E. J., Seader, J. D. and Roper, D. K.: Separation Process Principles, 3rd ed., John Wiley & Sons, Inc. (2011).
9) Baker, R. W.: Membrane Technology and Applications, 2nd ed., John Wiley & Sons, Ltd (2004).
10) Zielinski, J. M. and Duda, J. L.: *AIChE Journal*, **38**, 405-415 (1992).
11) Paul, D. R.: *Separation and Purification Methods*, **5**, 33-50 (1976).
12) 荒井靖彦他: 工学のための物理化学，朝倉書店（1991）．
13) 小島和夫: プロセス設計のための相平衡，培風館（1977）．
14) Hildebrand, J. H., Prausnitz, J. M. and Scott, R. L.: "Regular and Related Solutions", van Nostrand Reinhold (1970).
15) Scott, R. L.: *J. Chem. Phys.*, **25**, 193 (1956).
16) Renon, H. and Prausnitz, J. M.: *AIChE J.*, **14**, 135 (1968).
17) Redlich, O. and Kwong, J. N. S.: *Chem. Rev.*, **44**, 233 (1949).
18) Soave, G.: *Chem. Eng. Sci.*, **27**, 1197 (1972).
19) Pitzer, K. S.: *J. Amer. Chem. Soc.*, **77**, 3427 (1955).
20) Teplyakov, V. and Meares, P.: *Gas Sep. Purif.*, **4**, 66 (1990).

2 拡散方程式解析

2.1 拡散の基礎式

物質拡散を支配する基礎式すなわち拡散方程式は微小領域における成分収支とFickの拡散法則から導かれる[1,p.117]. 3つの座標系について2次元での拡散方程式を表2.1に示す.

各基礎式の左辺第1項は時間変化項（非定常項，蓄積項），第2項が対流項，右辺第1項が拡散項，第2項が生成・消失項である．対流項には拡散媒体（流体）の速度（u, vなど）が入っている．そのため拡散方程式を解くためには，媒体の速度（分布）が運動方程式（Navier-Stokesの式）によりあらかじめ解かれていなければならない．つまり対流項のある拡散方程式の解（成分c_Aの濃度分布）は，流れの場に従属している．

物質移動解析の理想は，適用する場と境界条件で表2.1の基礎式をそのまま解くことである．現在は計算機による差分解法（computational fluid dynamics；CFD）により，Navier-Stokesの式を含むこれら基礎式をその形式のままで数値解を求めることも可能である．しかし物質移動の原理を理解し，基礎式を現実の現象のモデルとして応用するためには，基礎式中の各項の意味・働きの理解が必要

である．このため物質移動解析は，拡散項のみの単純な式から出発し，順次蓄積項，対流項を加えた基礎式について順を追って解析法を示す構成となっている．表2.2は本章で述べる拡散方程式解析モデル式を一覧にしたものである．

2.2 定常拡散（定常濃度分布）

2.2.1 静止媒体中の定常拡散（1次元）ー拡散係数が変化する場合ー

静止媒体中の1次元拡散では基礎式中の左辺の項は省略され，基礎式は拡散項のみとなる．

1次元拡散

$$0 = \frac{d}{dy}\left(D_{AB}\frac{dc_A}{dy}\right) \quad (2.4)$$

これを積分すると，物質の流束（拡散流束）J_Aが拡散係数と濃度勾配の積で表せるというFickの拡散法則

$$J_A = -D_{AB}\frac{dc_A}{dy} \quad (2.5)$$

となる．これらの式は，拡散係数が一定の場合には直線濃度勾配を表すが,拡散係数が位置y(例題2.1)

表 2.1 物質移動の基礎式（拡散方程式）

	(蓄積項)	+ (対流項)	=	(拡散項)	+ (消失項)	
直交座標系（x, y 2次元）	$\frac{\partial c_A}{\partial t}$	$+u\frac{\partial c_A}{\partial x}+v\frac{\partial c_A}{\partial y}$	$=$	$D_{AB}\left(\frac{\partial^2 c_A}{\partial x^2}+\frac{\partial^2 c_A}{\partial y^2}\right)$	$+r_A$	(2.1)
円筒座標系（r, z 2次元）	$\frac{\partial c_A}{\partial t}$	$+v_r\frac{\partial c_A}{\partial r}+v_z\frac{\partial c_A}{\partial z}$	$=$	$D_{AB}\left\{\frac{1}{r}\frac{\partial}{\partial r}\left(r\frac{\partial c_A}{\partial r}\right)+\frac{\partial^2 c_A}{\partial z^2}\right\}$	$+r_A$	(2.2)
球座標系（r 1次元）	$\frac{\partial c_A}{\partial t}$	$+v_r\frac{\partial c_A}{\partial r}$	$=$	$D_{AB}\left\{\frac{1}{r^2}\frac{\partial}{\partial r}\left(r^2\frac{\partial c_A}{\partial r}\right)\right\}$	$+r_A$	(2.3)

表2.2 拡散方程式解析モデル一覧

	(蓄積項)	+(対流項)	=	(拡散項)	+(消失項)		関連用語・モデル
定常拡散							
1次元			0 =	$\dfrac{d}{dy^2}\left(D_{AB}\dfrac{dc_A}{dy}\right)$		(2.4)	
球座標			0 =	$D_{AB}\dfrac{d}{dr}\left(r^2\dfrac{dc_A}{dr}\right)$		(2.8)	球外側への拡散：$Sh=2$
2次元直交座標			0 =	$D_{AB}\left(\dfrac{\partial^2 c_A}{\partial x^2}+\dfrac{\partial^2 c_A}{\partial y^2}\right)$		(2.12)	
2次元円筒座標			0 =	$D_{AB}\left\{\dfrac{1}{r}\dfrac{\partial}{\partial r}\left(r\dfrac{\partial c_A}{\partial r}\right)+\dfrac{\partial^2 c_A}{\partial z^2}\right\}$		(2.15)	
非定常拡散							
1次元	$\dfrac{\partial c_A}{\partial t}$		=	$D_{AB}\dfrac{\partial c_A}{\partial y^2}$		(2.25)	擬定常状態モデル，浸透説
円筒座標1次元	$\dfrac{\partial c_A}{\partial t}$		=	$\dfrac{D_{AB}}{r}\dfrac{\partial}{\partial r}\left(r\dfrac{\partial c_A}{\partial r}\right)$		(2.37)	
球座標1次元	$\dfrac{\partial c_A}{\partial t}$		=	$\dfrac{D_{AB}}{r^2}\dfrac{\partial}{\partial r}\left(r^2\dfrac{\partial c_A}{\partial r}\right)$		(2.40)	LDFモデル（4章）
対流を伴う拡散							
1次元		$v\dfrac{dc_A}{dy}$	=	$D_{AB}\dfrac{d^2 c_A}{dy^2}$		(2.50)	一方拡散
非定常1次元	$\dfrac{\partial c_A}{\partial t}$	$+v\dfrac{\partial c_A}{\partial y}$	=	$D_y\dfrac{\partial^2 c_A}{\partial y^2}$		(2.64)	移流拡散，混合拡散モデル，槽列モデル，ステップ・インパルス応答
直交流れへの拡散		$u\dfrac{\partial c_A}{\partial x}$	=	$D_{AB}\dfrac{\partial c_A}{\partial y^2}$		(2.73)	流下液膜への吸収，浸透説
直交流れへの拡散（円筒座標）		$u\dfrac{\partial c_A}{\partial z}$	=	$\dfrac{D_{AB}}{r}\dfrac{\partial}{\partial r}\left(r\dfrac{\partial c_A}{\partial r}\right)$		(2.84)	円管内物質移動：$Sh=3.66$，点源からの拡散
反応を伴う拡散（1次元）							
0次反応			0 =	$D_{AB}\dfrac{d^2 c_A}{dy^2}$	$-k_0$	(2.98)	
1次反応			0 =	$D_{AB}\dfrac{d^2 c_A}{dy^2}$	$-k_1 c_A$	(2.101)	反応係数（境膜説）
非定常1次反応	$\dfrac{\partial c_A}{\partial t}$		=	$D_{AB}\dfrac{\partial^2 c_A}{\partial y^2}$	$-k_1 c_A$	(2.106)	反応係数（浸透説）
移流拡散		$v\dfrac{dc_A}{dy}$	=	$D_y\dfrac{d^2 c_A}{dy^2}$	$-k_1 c_A$	(2.108)	管型反応器モデル
球座標0次反応			0 =	$\dfrac{D_{AB}}{r^2}\dfrac{d}{dr}\left(r^2\dfrac{dc_A}{dr}\right)$	$-k_0$	(2.114)	細胞の大きさ
球座標1次反応			0 =	$\dfrac{D_{AB}}{r^2}\dfrac{d}{dr}\left(r^2\dfrac{dc_A}{dr}\right)$	$-k_1 c_A$	(2.115)	触媒有効係数
濃度境界層方程式（3章）		$u\dfrac{\partial c_A}{\partial x}+v\dfrac{\partial c_A}{\partial y}$	=	$D_{AB}\dfrac{\partial^2 c_A}{\partial y^2}$		(3.19)	層流物質移動：$Sh=0.664Re^{1/2}Sc^{1/3}$
吸着を伴う非定常1次元移流拡散（4章）	$\dfrac{\partial c_A}{\partial t}$	$+u\dfrac{\partial c_A}{\partial z}$	=	$D_z\dfrac{\partial^2 c_A}{\partial z^2}$	$-\dfrac{1-\varepsilon_b}{\varepsilon_b}\dfrac{\partial \bar{q}}{\partial t}$	(4.38)	固定層吸着，クロマト

や濃度 c_A（例題2.2）で変化する場合は以下のように常微分方程式解法の問題となる．

【例題2.1】 2層膜を通しての拡散 〈mta2_1.xls〉

非対称多孔質膜の成分透過では，膜表面は緻密で拡散係数が小さく，膜本体は多孔質のため拡散係数が大きい．厚さ $\delta = 1$ mm のゼオライト多孔質ガス分離膜で，0.1 mm の表面層の拡散係数が 1.2×10^{-8} m²/s，支持層の拡散係数が 3×10^{-7} m²/s で，膜の供給側濃度が $c_A = 50$ mol/m³，透過側濃度が $c_A = 0$ として，透過流束と膜内濃度分布を求めよ（図2.1）．

（解） 拡散係数 D_{AB} が位置 y で変化するものとして，常微分方程式（境界条件：$y = 0 : c_A = 50$, $y = \delta : c_A = 0$）

$$\frac{dc_A}{dy} = -\frac{J_A}{D_{AB}(y)} \tag{2.6}$$

を解く．境界条件を満足する透過流束 J_A を試行する問題となる．

図2.2の「微分方程式解法シート」で定数をセルG2：G3に書く．ここで流束 J_A は仮の値とする．また，G3 の D_{AB} は位置 y(A3) で値が異なるものとする．微分方程式をB5に記述し，c_A の初期値（50 mol/m³）を入れて，積分する．積分の結果 $y = \delta$ での c_A が問題の条件，$c_A = 0$ となるよう J_A の値を試行する．計算結果を図2.2に，膜中の濃度分布を図2.3に示す．$J_A = 0.0044$ mol/(m²·s) となる．

【例題2.2】 拡散係数に濃度依存性がある場合 〈mta2_2.xls〉

たとえば膨潤性の高分子膜では膜内の透過成分の濃度で拡散係数が変化する．拡散係数が $D_{AB} = 1 \times 10^{-11}\{1 + \exp(3c_A)\}$ の濃度依存性[2, p.162]があるとき，

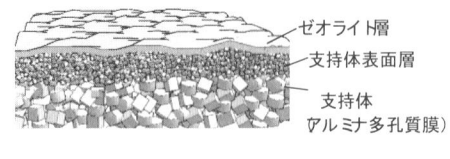

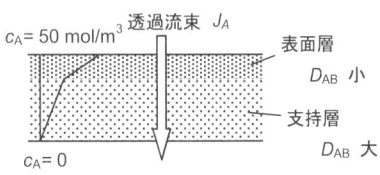

図2.1 ゼオライト膜の構造と2層膜を通した拡散

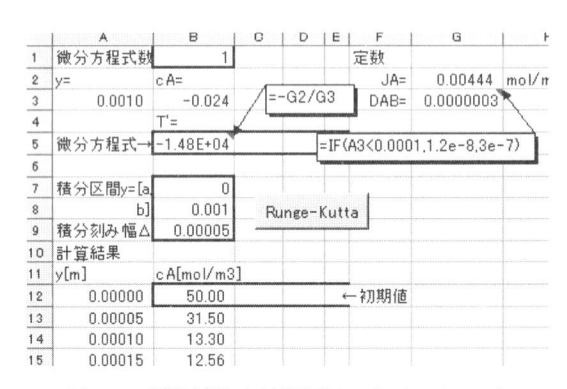

図2.2 2層膜を通した拡散計算シート 〈mta2_1.xls〉

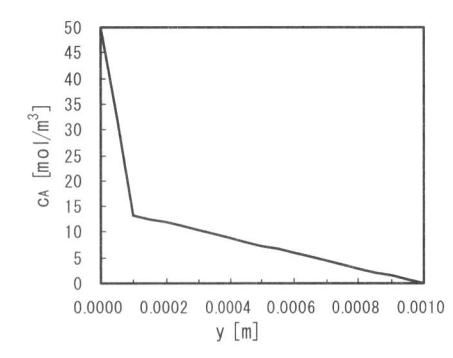

図2.3 2層膜を通した拡散（濃度分布）

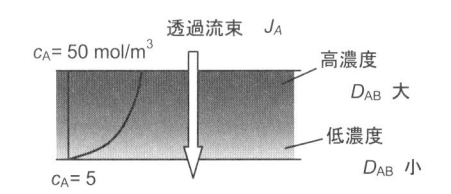

図2.4 拡散係数に濃度依存性がある場合の膜内濃度分布

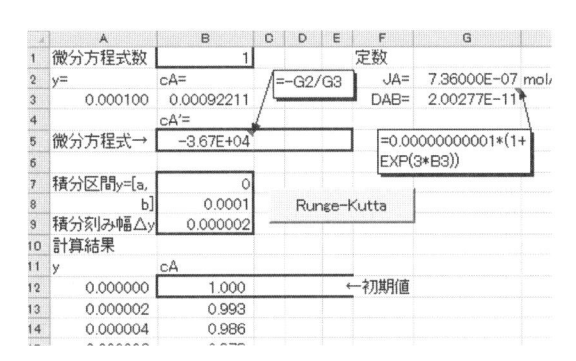

図 2.5 濃度依存性拡散計算シート 〈mta2_2.xls〉

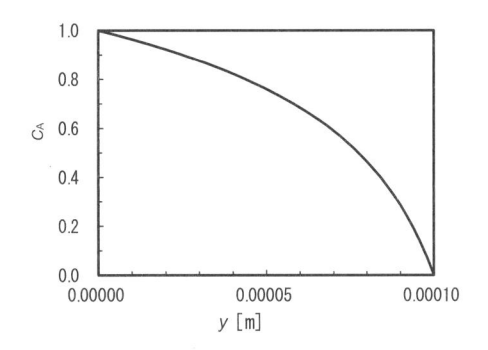

図 2.6 濃度依存性拡散係数（濃度分布）

厚さ $100\,\mu\mathrm{m}\,(\delta=0.0001\,\mathrm{m})$ の高分子膜で膜面の供給側濃度 $c_{A1}=1.0$，透過側 $c_{A2}=0$ の条件における膜内濃度分布と透過流束を求めよ（図 2.4）．

（解） 常微分方程式（境界条件：$y=0$：$c_A=1$, $y=\delta$：$c_A=0$）

$$\frac{dc_A}{dy}=-\frac{J_A}{D_{AB}(c_A)} \qquad (2.7)$$

を解く問題である．境界条件を満足する定数 J_A を試行する問題となる．

図 2.5 の「微分方程式解法シート」でセル G2 に流束 J_A の仮の値を書く．拡散係数の濃度依存性を含めた微分方程式を B5 に記述し，c_A の初期値を入れて積分する．積分の結果 $y=\delta$ での c_A が問題の条件 $c_A=0$ となるよう J_A の値を試行する．計算結果を図 2.5 に，膜中の濃度分布を図 2.6 に示す．解は $J_A=7.36\times 10^{-7}$ である．

2.2.2 静止媒体中の定常拡散（球座標）

球座標の拡散方程式において，半径 r 方向のみの拡散では次式のように 1 項だけの常微分方程式となる．

1 次元拡散（球座標）

$$0=\frac{d}{dr}\left(r^2 D_{AB}\frac{dc_A}{dr}\right) \qquad (2.8)$$

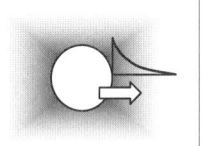

球表面から外側媒体中への拡散を考える（図 2.7）．境界条件は $r=R$：$c_A=c_{As}$, $r=\infty$：$c_A=c_{A\infty}$ である．基礎式を積分して，

$$r^2 D_{AB}\left(\frac{dc_A}{dr}\right)=C_1 \qquad (2.9)$$

であり（C_1 は定数），これを両境界条件間で積分して，

$$C_1=RD_{AB}(c_{A\infty}-c_{As}) \qquad (2.10)$$

となる．よって球外側の濃度分布が次式となる．

$$\frac{R}{r}=\frac{(c_A-c_{A\infty})}{(c_{As}-c_{A\infty})} \qquad (2.11)$$

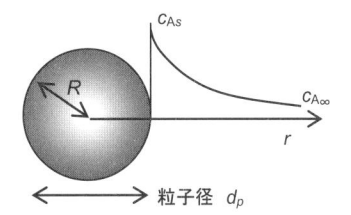

図 2.7 球表面から外側への定常拡散

2.2.3 静止媒体中の定常 2 次元拡散（x-y 座標，円筒座標）

拡散係数 D_{AB} が媒体内で一定として，静止媒体中での直交座標 2 次元拡散の基礎式は次式となる．

2 次元定常拡散（直交座標）

$$0=\frac{\partial^2 c_A}{\partial x^2}+\frac{\partial^2 c_A}{\partial y^2} \qquad (2.12)$$

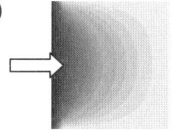

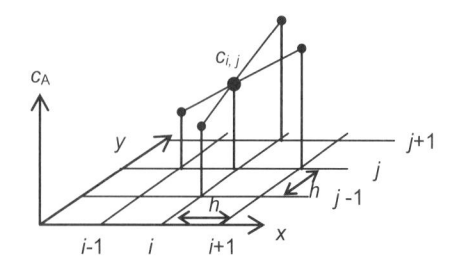

図 2.8 差分解法における節点

この式は Laplace の式とよばれ，伝熱，電場など多くの物理現象の基礎式である．

Laplace の式を差分法で解く．差分法（finite difference method；FDM）は解析領域を等間隔メッシュに分割し，基礎式を差分方程式に変換して解く方法である．領域を区間幅 h で格子状に区切り（図2.8），各格子点での濃度 $c_A(x, y)$ の値を $c_{i,j}$ で表すと，x および y 各方向の 2 次微分は，

$$\left(\frac{\partial^2 c}{\partial x^2}\right)_{i,j} = \frac{1}{h}\left(\frac{c_{i+1,j} - c_{i,j}}{h} - \frac{c_{i,j} - c_{i-1,j}}{h}\right)$$

$$= \frac{c_{i+1,j} + c_{i-1,j} - 2c_{i,j}}{h^2}$$

$$\left(\frac{\partial^2 c}{\partial y^2}\right)_{i,j} = \frac{c_{i,j+1} + c_{i,j-1} - 2c_{i,j}}{h^2} \quad (2.13)$$

のように差分化される．これを式(2.12)に代入して，

$$c_{i,j} = \frac{1}{4}(c_{i+1,j} + c_{i-1,j} + c_{i,j+1} + c_{i,j-1}) \quad (2.14)$$

が得られる．すなわち差分方程式で書くと「ある点の濃度はその周囲の 4 点の濃度の平均値」という簡単な関係となる．この関係を全格子点について解く．すなわち基本的には各格子点での c 値に関する連立方程式となる．計算上はこのような大規模な連立方程式を直接・同時に解くことは困難なので，仮の初期値から出発して近似計算を行い，収束した値を解とする．

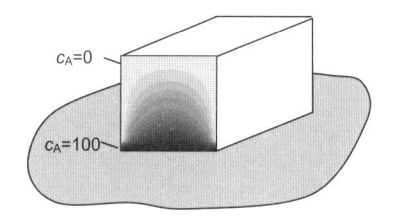

図 2.9 片面水に接した木材中の水分濃度分布

【例題 2.3】 2 次元定常拡散〈mta2_3.xls〉

10 cm 角の木材が水の上に置かれ，底面の水分の濃度が $c_A = 100$，空気に接した他の面は $c_A = 0$ における木材内部の水分濃度分布を求めよ．

（解） 材料断面を x-y 方向 10 分割し，11×11 の節点を作り，これらを表のセルとする．周辺のセルに境界の値を入れる．セル B2 に式 (2.14) を書き，これを領域内すべてのセルにコピーする（図2.10）．この際「循環参照」の警告がでるがキャンセルする．ツール-オプション-計算方法で反復計算にチェックを入れて再計算実行を行う（Excel 2010 ではファイル-オプション-数式-☑反復計算）．自動的に収束解が得られる．得られた濃度分布を図2.11に示す．

次に円筒座標系での拡散を考える．拡散係数 D_{AB} 一定での円筒座標 2 次元拡散の基礎式は次式である．

2 次元拡散－円筒座標－

$$0 = \frac{\partial^2 c_A}{\partial r^2} + \frac{1}{r}\frac{\partial c_A}{\partial r} + \frac{\partial^2 c_A}{\partial z^2} \quad (2.15)$$

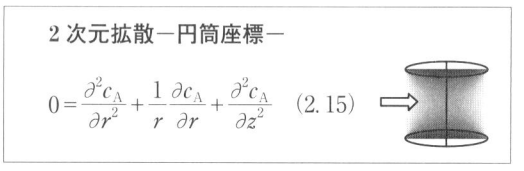

この基礎式を r 方向を $r = (n\Delta r)$，z 方向を $z = (m\Delta z)$ で等分割し，濃度を $c_A(r, z) = c_{n,m}$ の節点値で差分化する．左辺 1, 2 項は，

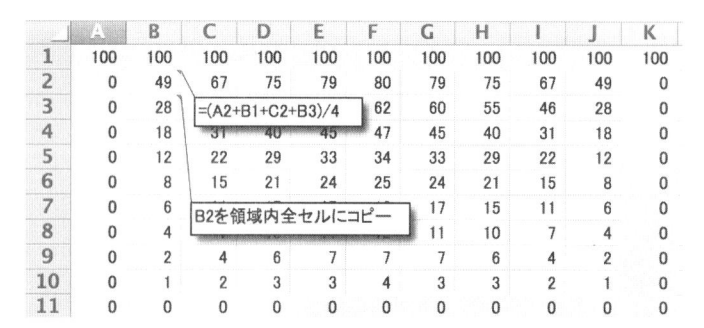

	A	B	C	D	E	F	G	H	I	J	K
1	100	100	100	100	100	100	100	100	100	100	100
2	0	49	67	75	79	80	79	75	67	49	0
3	0	28	=(A2+B1+C2+B3)/4			62	60	55	46	28	0
4	0	18	31	40	45	47	45	40	31	18	0
5	0	12	22	29	33	34	33	29	22	12	0
6	0	8	15	21	24	25	24	21	15	8	0
7	0	6	B2を領域内全セルにコピー			17	15	11	6	0
8	0	4				11	10	7	4	0
9	0	2	4	6	7	7	6	4	2	0
10	0	1	2	3	4	3	2	1	0
11	0	0	0	0	0	0	0	0	0	0	0

図 2.10 直交座標での差分解法〈mta2_3.xls〉

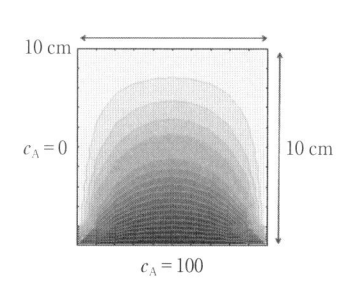

図 2.11 木材中の水分濃度分布

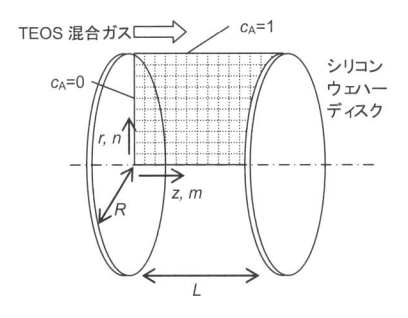

図 2.12 シリコンウェハーの表面処理：円筒座標による問題設定と差分格子

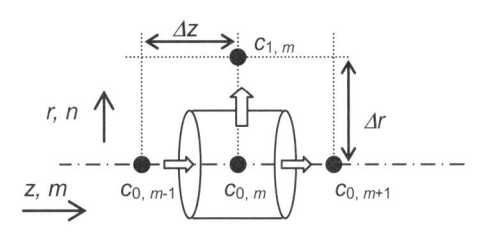

図 2.13 中心軸上の節点

図 2.14 円筒座標での差分解法シート〈mta2_4.xls〉

$$\frac{1}{(\Delta r)^2}\left[\left(1+\frac{1}{2n}\right)c_{n+1,m}+\left(1-\frac{1}{2n}\right)c_{n-1,m}-2c_{n,m}\right] \quad (2.16)$$

第3項は，

$$\frac{1}{(\Delta z)^2}(c_{n,m+1}+c_{n,m-1}-2c_{n,m}) \quad (2.17)$$

なので，$\Delta z = \Delta r$ として各節点の値は次式の差分式となる．

$$c_{n,m}=\frac{1}{4}\left[\left(1+\frac{1}{2n}\right)c_{n+1,m}+\left(1-\frac{1}{2n}\right)c_{n-1,m}\right.$$
$$\left. +c_{n,m+1}+c_{n,m-1}\right] \quad (2.18)$$

また，中心（$r=0$）の節点値は次式である．

$$c_{0,m}=\frac{2}{3}\left[\frac{1}{4}(c_{0,m+1}+c_{0,m-1})+c_{1,m}\right] \quad (2.19)$$

これは中心節点の円筒において，（z方向からの流入）＝（z方向への流出）＋（r方向への流出）の関係から，

$$\frac{\pi(\Delta r)^2}{4}\frac{(c_{0,m}-c_{0,m-1})}{\Delta z}$$
$$=\frac{\pi(\Delta r)^2}{4}\frac{(c_{0,m+1}-c_{0,m})}{\Delta z}+\pi\Delta r\Delta z\frac{(c_{1,m}-c_{0,m})}{\Delta r} \quad (2.20)$$

より導かれる（図2.13）．

【例題 2.4】 シリコンウェハーの表面処理[3, p.477]〈mta2_4.xls〉

シリコンウェハーは高温下でSiO_2の堆積による表面処理がなされる．SiO_2の原料はTEOS（$Si(OC_2H_5)_4$）であり，これが不活ガス中を拡散係数D_{AB}で拡散し，ウェハー表面で

$Si(OC_2H_5)_4(g) \rightarrow 4C_2H_4(g)+2H_2O(g)+SiO_2(s)$

の反応によりSiO_2となり，消失する．2枚のウェハー内の拡散場は円筒座標の軸対象であり，半径$R=60$ mm，軸方向に$L=105$ mmとする．TEOS濃度の条件はウェハー周辺が$c_A=1$，ウェハー面で$c_A=0$である．

（**解**）図2.12のように領域をr方向12分割，z方向21分割し，図2.14のシートで行方向をr座標，列方向をz座標として，各セルが対応する濃度の節点値とする．周辺に濃度条件を設定し，領域内のセルは式（2.18）を，中心軸上のセルは式（2.19）を書く．Excelのツール-オプション-反復計算をonにしておくことで，収束計算がなされる．図2.15に得られた領域内の濃度分布を示す．なお，ウェハー

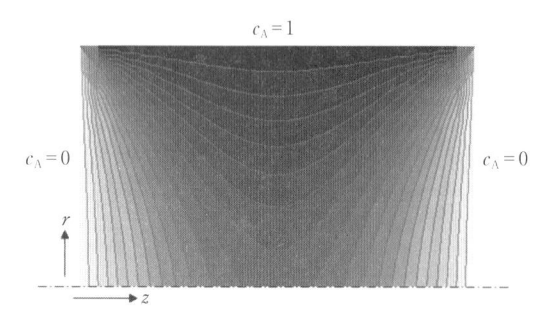

図 2.15 円筒座標領域内の拡散成分濃度分布

表面でのSiO_2堆積速度は界面の濃度勾配から得られる．

2.3 非定常拡散

2.3.1 非定常1次元拡散（x-y座標）

非定常の拡散を考える．一般に非定常拡散では濃度が時間変化するので，時間変化項（蓄積項）$(\partial c_A/\partial t)$が拡散の基礎式の左辺に加わり1次元での基礎式は次項の式（2.25）である．しかし，拡散成分の浸透速度が遅い場合にはさらに簡単化した「擬定常状態モデル」が適用される（図2.16）．このモデルでは，ある拡散成分濃度c_{AL}となる浸透位置Lまでを定常拡散と同じ直線濃度分布とし，その濃度分布を保ったまま浸透位置Lが時間変化すると考える．たとえば浸透位置を液面として，後述の一方拡散の状況もこれにあたる．浸透位置Lでの拡散成分の流束と浸透位置変化が，

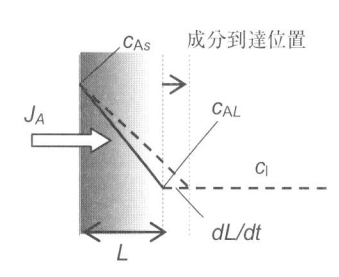

図 2.16 1次元非定常拡散―擬定常状態モデル―

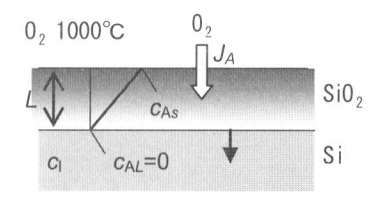

図 2.17 シリコンウェハー内のO_2拡散

$$\frac{dL}{dt} = \frac{J_A}{c_l} \quad (2.21)$$

で表せるとする（c_lは浸透位置以上での拡散成分モル密度（相変化や反応後の密度））．拡散成分の流束の式（直線濃度分布）

$$J_A = \frac{D_{AB}}{L}(c_{As} - c_{AL}) \quad (2.22)$$

と式（2.21）より，

$$\frac{dL}{dt} = \frac{D_{AB}}{c_l L}(c_{As} - c_{AL}) \quad (2.23)$$

である．このLに関する微分方程式を積分することで，t時間後の浸透距離Lが次式となる．

$$L = \left[\frac{2D_{AB}}{c_l}(c_{As} - c_{AL})t\right]^{1/2} \quad (2.24)$$

【例題 2.5】 シリコンウェハー内の拡散〈mta2_5.xls〉

半導体製造プロセスで，シリコン（Si）ウェハー面上に大気圧，1000℃の酸素（O_2）を供給して固体Si内で

$$Si(s) + O_2(g) \longrightarrow SiO_2(g)$$

によりSiO_2の層を形成する．表面から厚さLのSiO_2層をO_2が拡散して，Si面で反応により消失するものとして，O_2の浸透距離Lの時間変化を求めよ（図2.17）．SiO_2中のO_2の拡散係数$D_{AB} = 2.7 \times 10^{-13}$ m^2/s，表面濃度（O_2のSiO_2への溶解度（1000℃））$c_{As} = 0.096$ mol/m^3，反応面濃度$c_{AL} = 0$，反応後のSiO_2密度$c_l = 37770$ mol/m^{3}とする．

（解） 式（2.23）から時間tにおけるLが直接求められる．図2.18に擬定常状態モデルと実際のデータ[3, p.461]を比較する．

1次元拡散の基礎式は拡散成分濃度c_A[mol/m^3]の時間tと位置yに関する偏微分方程式となる．

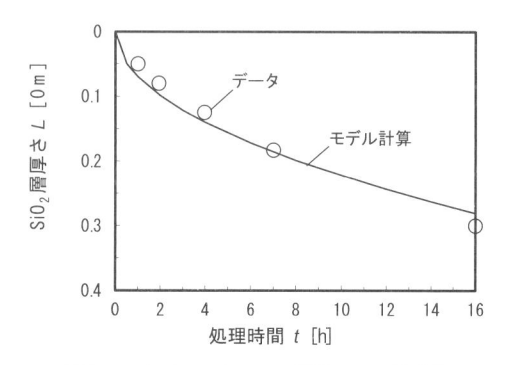

図 2.18 シリコンウェハー表面のSiO_2層形成

2.3 非定常拡散

1次元非定常拡散

$$\frac{\partial c_A}{\partial t} = D_{AB}\frac{\partial^2 c_A}{\partial y^2} \quad (2.25)$$

この1次元非定常拡散の基礎式は，境界条件に応じて多くの物質移動現象の基本モデルとなる．

この偏微分方程式の差分法による解法を行う．整数 p, n により時間を $t = p\Delta t$，位置を $y = n\Delta y$ で区切り，c_n^p を数値解における濃度（節点値）とする．これより式（2.25）の各項は以下のように差分化される．

$$\frac{\partial^2 c_A}{\partial y^2} \approx \frac{\left.\frac{\partial c_A}{\partial y}\right|_{y+\Delta y} - \left.\frac{\partial c_A}{\partial y}\right|_y}{\Delta y}$$

$$\approx \frac{(c_{n+1}^p - c_n^p) - (c_n^p - c_{n-1}^p)}{(\Delta y)^2} = \frac{c_{n+1}^p + c_{n-1}^p - 2c_n^p}{(\Delta y)^2}$$

$$\frac{\partial c_A}{\partial t} \approx \frac{c_n^{p+1} - c_n^p}{\Delta t}$$

これらより差分化された基礎式が次式となる．

$$c_n^{p+1} = \Theta(c_{n+1}^p + c_{n-1}^p) + (1 - 2\Theta)c_n^p \quad (2.26)$$

$$\left(\Theta = \frac{D_{AB}\Delta t}{(\Delta y)^2}\right)$$

である．なお，数値解が発散しないための条件は，$\Theta < 1/2$ とされている．

また材料中心（節点 $n = 0$）では，$(\Delta y/2)$ 幅，単位面積の材料体積における物質収支

（体積）×（濃度変化）＝（表面積）×（0-1間の流束）

すなわち，

$$\left(\frac{\Delta y}{2}\right)\frac{(c_0^{p+1} - c_0^p)}{\Delta t} = 1 \times D_{AB}\frac{(c_1^p - c_0^p)}{\Delta y}$$

から，次式である．

$$c_0^{p+1} = 2\Theta c_1^p + (1 - 2\Theta)c_0^p \quad (2.27)$$

【例題 2.6】 板状材料の乾燥 〈mta2_6.xls〉

厚さ $D = 2L = 0.02$ m の板状材料の水分の乾燥を考える．材料中の水分初期濃度 $c_{A0} = 1000$ mol/m^3（= 2.2%），材料表面の濃度 $c_{As} = 0$，材料中の水分拡散係数 $D_{AB} = 3.0 \times 10^{-10}$ m^2/s として材料内濃度分布と平均濃度の経時変化を求めよ．

（**解**）図 2.19 のように材料中心から片側のみ考え，節点の位置を $n = 0$ が材料の中心，$n = 10$ が表面として差分法で解く．図 2.20 のシートで 1, 2 行が n と節点座標，セル O1：O4 が式（2.26）中の定数である．A 列が時間 t で，下行方向に経時変化を表す．5 行が初期値で，$n = 10$（表面）（L5）が $c = 0$，材料内部は $c = 1000$ である．B6 に式（2.27）を，C6：K6 の各セルに式（2.26）を記述し，L6 は "= L5" としてこの行を下にコピーする．これで濃度の経時変化が求められる．図 2.21 のグラフで材料

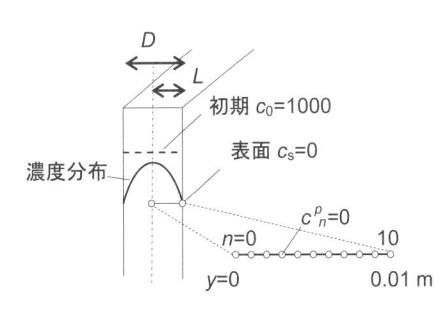

図 2.19 1次元非定常拡散（例題 2.6）

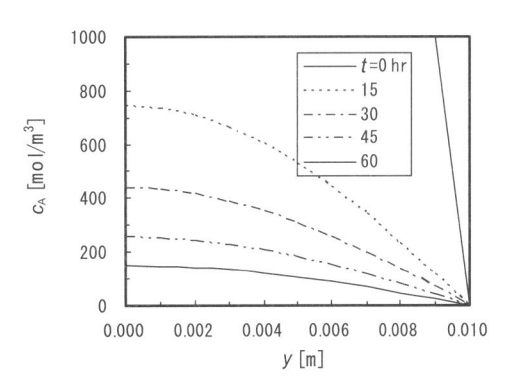

図 2.21 材料内濃度分布の変化

図 2.20 1次元非定常拡散差分解法シート〈mta2_6.xls〉

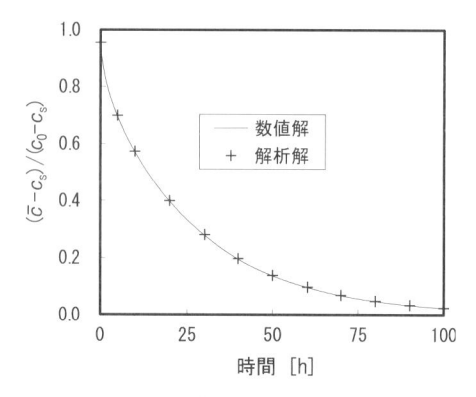

図 2.22 材料平均濃度の変化

内部の濃度変化を示す．図 2.22 に数値解における平均濃度 $\bar{c}_A$ の変化を示す．

なお，この境界条件における解析解は，材料内平均濃度 $\bar{c}_A$ に関して次式である[4, p.88]．

$$\frac{\bar{c}_A - c_{As}}{c_{A0} - c_{As}} = \frac{8}{\pi^2} \sum_{n=1}^{\infty} \frac{1}{(2n+1)^2} \exp\left[-\frac{D_{AB}(2n+1)^2\pi^2 t}{4L^2}\right] \quad (2.28)$$

図 2.22 に数値解と比較したが，数値解は解析解と一致している．

【例題 2.7】 半無限深さへの非定常拡散〈mta2_7.xls〉

空気中酸素の水への溶解（物理吸収）を考える．前の例題と異なり，半無限媒体中への拡散の状況であり，一方の境界条件が $y = \infty$ で $c_{A\infty} = 0$ となる．液面濃度 $c_{As} = 0.25$ mol/m^3，拡散係数 $D_{AB} = 2.0 \times 10^{-9}$ m^2/s とする．

（解） 計算シート（図 2.23）は例題 2.6 と基本的に同じであるが，$n = 0$ が液面，$n = 50$ を液本体とした．節点数は拡散がおよばない深さまで設定する必要がある．計算結果より，濃度分布の進行を図 2.24 に示す．

また，界面での流束（ガス吸収速度，浸透速度）

$$N_A|_{y=0} = -D_{AB}\frac{\partial c_A}{\partial y}\bigg|_{y=0} \quad (2.29)$$

を求めて経時変化として図 2.25 に示す．この際，界面濃度勾配は 1 次微分差分式の右に片寄った公式により

$$\frac{\partial c_A}{\partial y}\bigg|_{y=0} = \frac{-3c_0^p + 4c_1^p - c_2^p}{2\Delta y} \quad (2.30)$$

として計算する．

この半無限深さへの 1 次元拡散問題の解析解は

図 2.23 半無限媒体への拡散計算シート〈mta2_7.xls〉

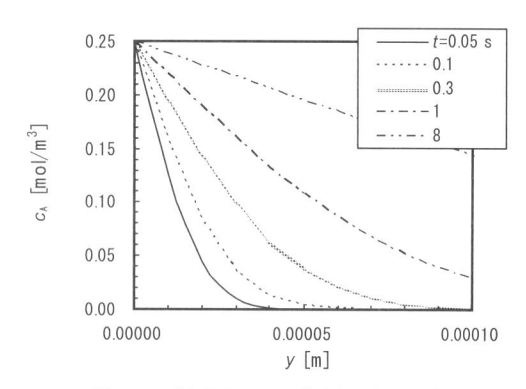

図 2.24 半無限深さへの非定常 1 次元拡散

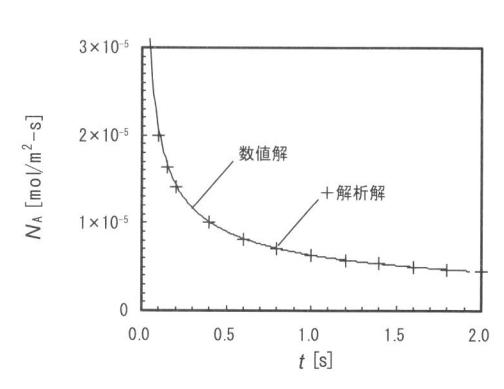

図 2.25 界面での流束（吸収速度）

2.3 非定常拡散

	A	B	C	D	T	U	V	W	X	Y	Z
1	$D_{AB}=$	9.30E-06	$\Delta y=$	0.1							
2	$\Delta t=$	200	$\Theta=$	0.186							
3	N=	0	1	2	18	19	20	21	22	23	24
4	y=	-2.0	-1.9	-1.8	-0.2	-0.1	0.0	0.1	0.2	0.3	0.4
5		1000									
6	t [s]	cA [mol/m3]									
7	0	0.00	0.00	0.00	0.00	0.00	1.00	0.00	0.00	0.00	0.00
8	200	0.00	0.00	0.00	0.00	0.19	0.63	0.19	0.00	0.00	0.00
9	400	0.00	0.00	0.00	0.03	0.23	0.46	0.23	0.03	0.00	0.00
10	600	0.00	0.00	0.00	0.07	0.24	0.38	0.24	0.07	0.01	0.00
11	800	0.00	0.00	0.00	0.09	0.22	0.32	0.22	0.09	0.02	0.00
12	1000	0.00	0.00	0.00	0.10	0.22	0.29	0.22	0.10	0.03	0.00
13	1200	0.00	0.00	0.00	0.11	0.21	0.27	0.21	0.11	0.04	0.01

セル式: `=$D$2*(V7+T7)+(1-2*$D$2)*U7`

図 2.26 点源からの拡散（1次元）解法シート〈mta2_8.xls〉

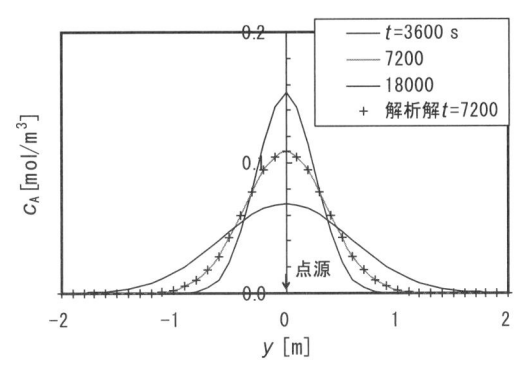

図 2.27 点源からの拡散（1次元）〈diff24.xls〉

	A	B	C	D	T	U	V	W	X
1	$D_{AB}=$	1.20E-09	$\Delta y=$	0.00025					
2	$\Delta t=$	20	$\Theta=$	0.384					
3	N=	0	1	2	18	19	20	21	22
4	y=	0.00000	0.00025	0.00050	0.00450	0.00475	0.00500	0.00525	0.00550
5									
6	t [s]	cA [mol/m3]							
7	0	100	100	100	100	75	50	25	0
8	20	100	100	100	90	75	50	25	10
9	40	100	100	100	88	71	50	29	12
10	60	100	100	100	85	70	50	30	15
11	80	100	100	100	83	68	50	32	17
12	100	100	100	100	81	67	50	33	19
13	120	100	100	100	79	66	50	34	21
14	140	100	100	100	78	65	50	35	22
15	160	100	100	100	77	64	50	36	23

セル式: `=$D$2*(D7+B7)+(1-2*$D$2)*C7`

図 2.28 ステップ状濃度分布からの拡散解法シート〈mta2_9.xls〉

$$\frac{c_A - c_{A\infty}}{c_{As} - c_{A\infty}} = 1 - \mathrm{erf}\left(\frac{y}{2\sqrt{D_{AB}t}}\right) \quad (2.31)$$

である[3, p.499, 10, p.69]．これを y で微分して，界面濃度勾配 $(\partial c_A/\partial y)|_{y=0}$ を求めると，誤差関数の微分公式 $\left(\dfrac{d\,\mathrm{erf}(z)}{dz} = \dfrac{2}{\sqrt{\pi}} e^{-z^2}\right)$ と $z \to 0$ で $e^{-z^2} \to 1$ を考慮して次式である．

$$\left.\frac{\partial c_A}{\partial y}\right|_{y=0} = -(c_{As} - c_{A\infty})\frac{1}{\sqrt{D_{AB}\pi t}} \quad (2.32)$$

すると界面流束の解析解は，

$$N_A|_{y=0} = -D_{AB}\left.\frac{\partial c_A}{\partial y}\right|_{y=0} = \sqrt{\frac{D_{AB}}{\pi t}}(c_{As} - c_{A\infty}) \quad (2.33)$$

となる．この解析解を数値解と図2.25中で比較した．

【例題 2.8】 点源からの拡散（1次元）〈mta2_8.xls〉

空気中のベンゼン蒸気の拡散を想定して，A成分が点源（$y=0$）から両側に媒体内を拡散する問題を差分法で解け．拡散場の断面積を $A=1\,\mathrm{m}^2$，拡散成分全量を $M=0.1\,\mathrm{mol}$，拡散係数 $D_{AB}=0.93\times 10^{-5}\,\mathrm{m}^2/\mathrm{s}$ とする．

（解）図 2.26 が解法シートで，差分式などは前例題と同じである．$\Delta y = 0.1$ m とし，点源を $y = 0$ m の位置として，この節点に初期濃度 $c_A = 1.0$ mol/m^3 を設定する．両端の節点は $c_A = 0$ とする．式を書いた 8 行を下にコピーすることで拡散の様子が示される．

解析解は次式のガウス分布（正規分布）曲線である[5, p.34]．

$$c_A = \frac{(M/A)}{\sqrt{4\pi D_{AB} t}} \exp\left(-\frac{y^2}{4 D_{AB} t}\right) \quad (2.34)$$

ここで，c_A [mol/m^3] は成分濃度，y [m] は点源からの距離である．図 2.27 に計算結果と比較した．

【例題 2.9】 ステップ状濃度分布からの拡散 〈mta2_9.xls〉

水中での NaCl 塩の拡散を考える．1 次元で，初期に位置 $y = 0$ で拡散成分（NaCl）濃度が $c_{A1} = 0$ と $c_{A2} = 100$ mol/m^3 にステップ状に変化している条件からの濃度変化を求めよ．$D_{AB} = 1.2 \times 10^{-9}$ m^2/s とする．

（解）図 2.28 が解法シートで，式などは前例題と同じである．セル U7：W7 の初期値によりステップ状濃度変化を近似設定した．この問題の解析解は次式である[5, p.28]．

$$\frac{c_A - c_{A1}}{c_{A2} - c_{A1}} = \frac{1}{2}\left[1 + \mathrm{erf}\left(\frac{y}{2\sqrt{D_{AB} t}}\right)\right] \quad (2.35)$$

ここで，erf は誤差関数．図 2.29 に計算結果と解析解を比較した．液相の拡散係数は実際にこのような条件で測定される．

【例題 2.10】 液面からのガスの吸収 〈mta2_10.xls〉

静止液体表面からのガス吸収を考える（図 2.30）．容器底の深さ 0.00207 m の吸収液（アミン液体）に空気中の CO_2 が吸収される．この過程を差分法で数値解析せよ．液体内の CO_2 初期濃度 $c_{A0} = 0$，液面の濃度 $c_{As} = 900$ mol/m^3，液体中の CO_2 拡散係数 $D_{AB} = 2.0 \times 10^{-11}$ m^2/s とする．

（解）液が静止しているとすると，1 次元非定常拡散の問題であり，液表面から液底面間を差分化することで例題 2.6 と同じ方法，シートで数値解が得られる．図 2.31 に計算シート，図 2.32 に計算結果，図 2.33 に液中平均濃度すなわちガス吸収量の経時変化を示す．図中に実際のデータと比較した．この方法でアミン液体中の CO_2 の拡散係数が推定される．

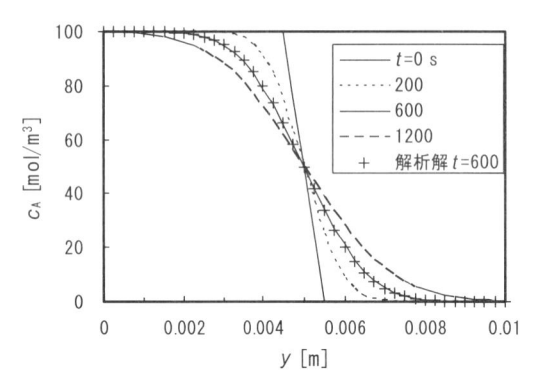

図 2.29 ステップ状濃度分布からの拡散（1 次元）

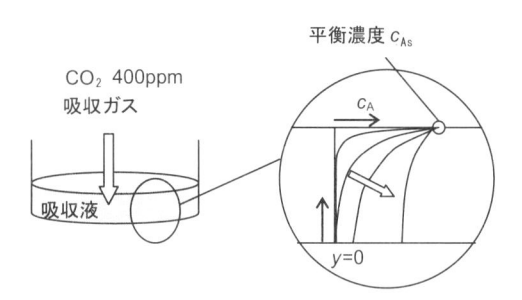

図 2.30 液面からのガス吸収

	A	B	I	J	K	L	M	N	O	
1	N=	0	7	8	9	10		D_{AB}=	2.00E-11	m2/s
2	y[m]=	0.00000	0.00145	0.00166	0.00186	0.00207		Δt=	500	s
3								Δy=	0.00021	m
4	t [s]	c[mol/m3]						Θ=	0.233	
5	0	0	0	0	0	900				
6	500	0	0	0	210	900				
7	1000	0	0	49	322	900				
8	1500	0	=$O$4*(L5+J5)+(1-2*$O$4)*K5		393	900				
9	2000	0			443	900				
10	2500	0	51	190	481	900				
11	3000	0	73	225	511	900				
12	3500	0	96	256	535	900				
13	4000	0	117	284	555	900				
14	4500	0	137	308	572	900				
15	5000	0	157	330	587	900				

図 2.31 ガス吸収計算シート 〈mta2_10.xls〉

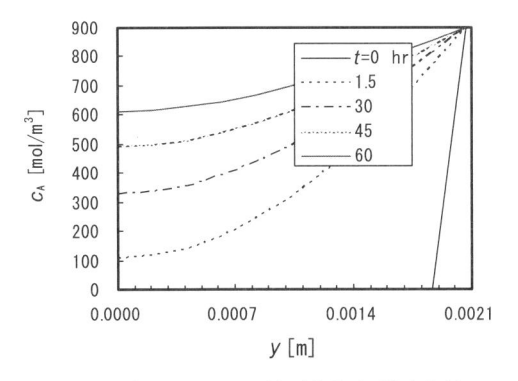

2.3 非定常拡散

図2.32 液面からのガス吸収計算結果（濃度分布）

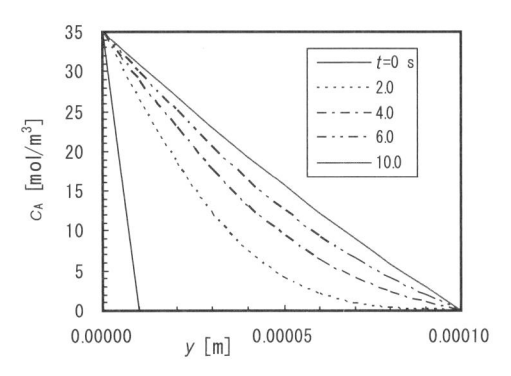

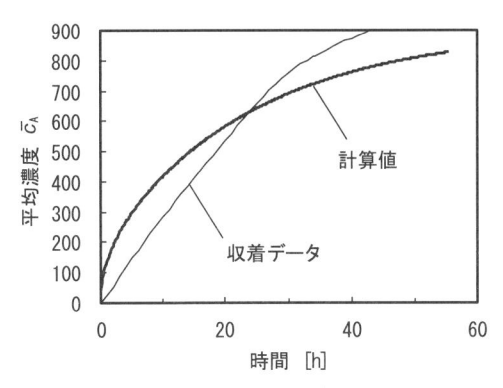

図2.33 液面からのガス吸収計算結果（吸収速度）

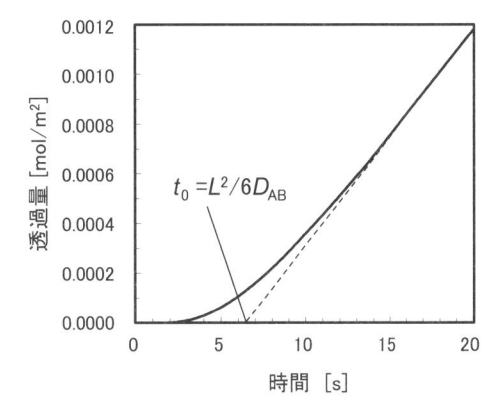

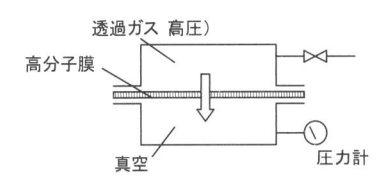

図2.34 高分子膜のガス透過（真空法）

【例題2.11】 膜透過の遅れ時間〈mta2_11.xls〉
高分子膜を通してのガスの透過では「遅れ時間法」による解析で高分子内の拡散係数が求められる．膜セルにおいて，時間 $t=0$ で膜の透過側を高真空に設定し，ガスの積算透過量の直線部分と時間軸との交点から遅れ時間 t_0 を得る（図2.34, 2.36）．基礎式の解析解によると積算透過量の遅れ時間 t_0 は厚さ L の膜で拡散係数と次式の関係にある[5, p.85]．

$$t_0 = L^2/(6D_{AB}) \quad (2.36)$$

厚さ 100 μm の高分子膜において，高圧側膜内ガス濃度 $c_A = 35$ mol/m³，透過側濃度 0，拡散係数 $D_{AB} = 2.5 \times 10^{-10}$ m²/s として，膜内濃度の経時変化とガス透過量を計算せよ．

（解）上の例題と同様の差分法シートで解が得られる．計算シートは省略するが，図2.35に膜内の濃度変化を示す．この濃度分布の透過側面（$y = 0.001$ m）での傾きからガス透過流束が得られ，それを積算して図2.36のようにガス透過量が得られる．透過量の直線部分を横軸に外挿して遅れ時間 t_0 が求められる．理論的な遅れ時間は $t_0 = 6.7$ s であるが，計算結果はこれと一致している．

図2.35 高分子膜内非定常濃度変化〈mta2_11.xls〉

図2.36 遅れ時間と膜内拡散係数

2.3.2 1次元非定常拡散（円筒座標と球座標）
円筒状固体内の非定常拡散では，1次元での局所濃度 $c_A(r, t)$ [mol/m³] の時間 t [s] による変化を表す基礎式が次式である．

1次元非定常拡散（円筒座標）

$$\frac{\partial c_A}{\partial t} = \frac{D_{AB}}{r}\frac{\partial}{\partial r}\left(r\frac{\partial c_A}{\partial r}\right) \quad (2.37)$$

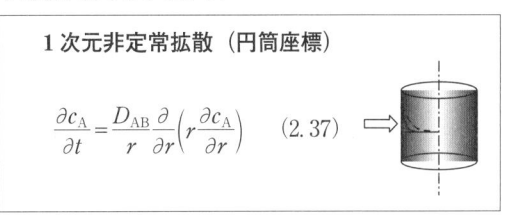

整数 p, n により時間を $t = p\Delta t$，位置を $r = n\Delta r$ で区切り，c_n^p を数値解における濃度（節点値）とする．

これより式 (2.37) の右辺を
$$D_{AB}\left(\frac{\partial^2 c_A}{\partial r^2}+\frac{1}{r}\frac{\partial c_A}{\partial r}\right)$$
として，差分化した式が次式となる．

$$c_n^{p+1}=\Theta_r\left(1+\frac{1}{2n}\right)c_{n+1}^p+\Theta_r\left(1-\frac{1}{2n}\right)c_{n-1}^p$$
$$+(1-2\Theta_r)c_n^p \quad \left(\Theta_r=\frac{D_{AB}\Delta t}{(\Delta r)^2}\right) \quad (2.38)$$

また，円筒中心では直径 Δr，単位高さの円筒につき，(体積)×(濃度変化)=(側面積)×(0-1 間の流束) より，

$$\frac{\pi(\Delta r)^2}{4}\frac{(c_0^{p+1}-c_0^p)}{\Delta t}=\pi(\Delta r)D_{AB}\frac{(c_1^p-c_0^p)}{(\Delta r)}$$

となるので，中心節点値は次式である．

$$c_0^{p+1}=4\Theta_r c_1^p+(1-4\Theta_r)c_0^p \quad (2.39)$$

【例題 2.12】円柱状材料の乾燥（1次元非定常拡散）〈mta2_12.xls〉

直径 0.02 m の円柱状材料の水分の乾燥を考える．材料中水分初期濃度 c_{A0}=1000 mol/m^3，材料表面の濃度 c_{As}=0 のとき，材料内濃度と平均濃度の経時変化を計算せよ．材料中の水分拡散係数 D_{AB}=4.0×10^{-10} m^2/s，Δr=0.001 m，Δt=500 s とする．

（解）図 2.38 が差分解法を行った Excel シートである．A 列が時間，B 列が中心位置，L 列が円柱表面位置である．初期値を 5 行に，6 行に差分式 (2.38)，(2.39) を入れて下行にコピーすることで濃度の経時変化が計算される．図 2.39 に材料内部の濃度変化を示す．

次に球座標を考える．球座標での半径方向 r への 1 方向非定常拡散の基礎式は次式である（吸着における物質移動を考えて，拡散成分濃度を q で表す）．

1次元非定常拡散（球座標）
$$\frac{\partial q}{\partial t}=\frac{D_{AB}}{r^2}\frac{\partial}{\partial r}\left(r^2\frac{\partial q}{\partial r}\right) \quad (2.40)$$

ここで，q[kg/kg-材料] は拡散成分濃度，t[s] は時間，r[m] は半径方向距離，D_{AB}[m^2/s] は拡散係数である．

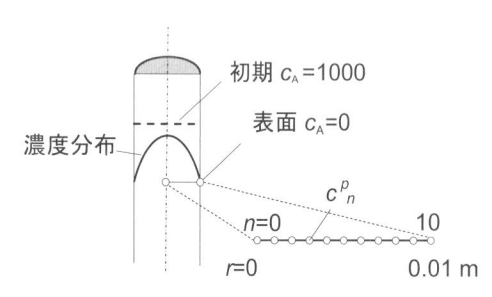

図 2.37 非定常拡散と差分解法（円筒座標）

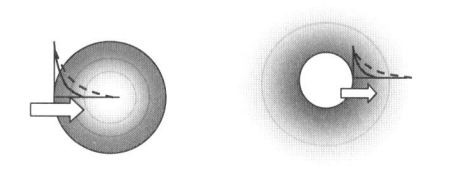

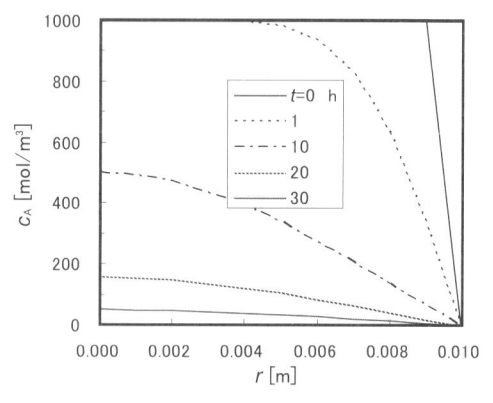

図 2.39 材料内部の濃度変化

図 2.38 差分解法シート〈mta2_12.xls〉

半径 R の球状吸着材における表面から内部への拡散過程を考える．初期に内部の拡散成分濃度は $q=q_0=0$ で一様であり，時間 $t=0$ で吸着剤表面濃度が q^* になり，以降成分が表面から内部に拡散する．

この基礎式を差分法で解く．整数 p, n により時間を $t=p\Delta t$，球の中心からの位置を $r=n\Delta r$ で区切り，q_n^p を数値解における濃度（節点値）とする（図2.40）．式（2.40）で，

$$\frac{D_{AB}}{r^2}\frac{\partial}{\partial r}\left(r^2\frac{\partial q}{\partial r}\right)=D_{AB}\left(\frac{\partial^2 q}{\partial r^2}+\frac{2}{r}\frac{\partial q}{\partial r}\right)$$

を考慮して，各項を次のように差分化する．

$$\frac{q_n^{p+1}-q_n^p}{\Delta t}=D_{AB}\left(\frac{q_{n+1}^p-2q_n^p+q_{n-1}^p}{(\Delta r)^2}+\frac{2}{n(\Delta r)}\frac{(q_{n+1}^p-q_{n-1}^p)}{2(\Delta r)}\right) \quad (2.41)$$

よって，時間 $p\Delta t$ の濃度から，次の時間 $(p+1)\Delta t$ の濃度を求める式が次式となる．

$$q_n^{p+1}=\Theta_r\left(1+\frac{1}{n}\right)q_{n+1}^p+\Theta_r\left(1-\frac{1}{n}\right)q_{n-1}^p+(1-2\Theta_r)q_n^p$$

$$\left(\Theta_r=\frac{D_{AB}\Delta t}{(\Delta r)^2}\right) \quad (2.42)$$

また，球中心区間（$n=0$）では径（Δr）の球についての物質収支

（体積）×（濃度変化）=（表面積）×（拡散流束）
より，

$$\frac{\pi(\Delta r)^3}{6}\frac{(q_0^{p+1}-q_0^p)}{\Delta t}=\pi(\Delta r)^2 D_{AB}\frac{(q_1^p-q_0^p)}{(\Delta r)} \quad (2.43)$$

すなわち次式である．

$$q_0^{p+1}=6\Theta_r q_1^p+(1-6\Theta_r)q_0^p \quad (2.44)$$

【例題 2.13】 吸着剤内部の非定常拡散（表面濃度一定）〈mta2_13.xls〉

半径 $R=1.5$ mm のゲル粒子で水溶液中のフェノールを吸着する．粒子表面濃度 $q^*=0.1$ kg/kg として，粒子内のフェノール濃度および全吸着量の経時変化を求めよ．ゲル内のフェノール拡散係数は $D_{AB}=3.0\times 10^{-10}$ m^2/s とする．

（解）図 2.41 が差分法でこの問題を解いた Excel シートである．B 列が球中心（式（2.44）），C〜K 列に材料内部の式（2.42）を書く．L 列が球表面で，$q^*=0.1$ で一定値である．時間刻み $\Delta t=10$ s ごとに下の行で節点の濃度変化を計算する．6 行を下にコピーすることで，差分解が得られる．図

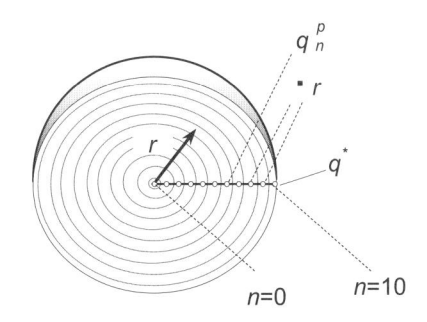

図 2.40 球状材料内部濃度 q の差分化

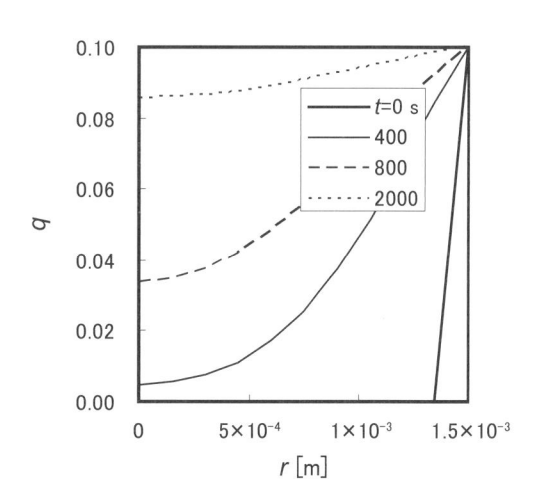

図 2.42 球状材料内部濃度 q の変化

図 2.41 球表面からの拡散—差分解法—〈mta2_13.xls〉

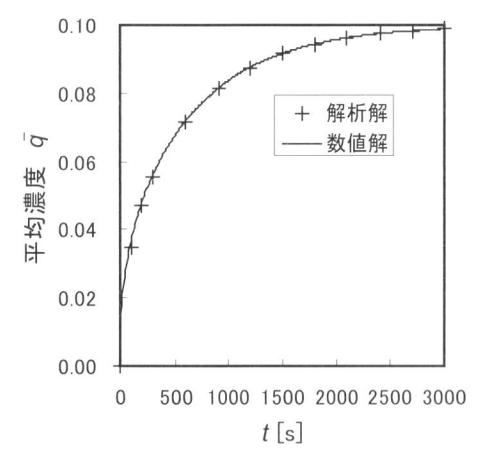

図 2.43 平均濃度（吸着量）の経時変化と解析解

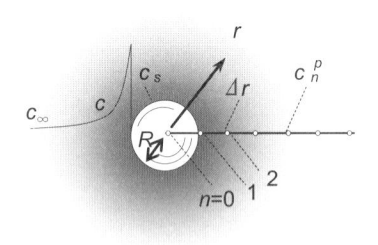

図 2.44 無限媒体中への非定常 1 次元拡散（球座標）の差分化

図 2.45 無限媒体中への非定常 1 次元拡散（球座標）の差分化 〈mta2_14.xls〉

2.42 に内部濃度分布の変化を示す．

図 2.43 が濃度分布を積分して得られる平均濃度の変化である．吸着では吸着量を示す．この基礎式，境界条件の解析解は粒子内平均濃度 $\bar{q}$ により次式である[2,p.91]．

$$\frac{\bar{q}-q_s}{q_0-q_s}=\frac{6}{\pi^2}\sum_{n=1}^{\infty}\frac{1}{n^2}\exp\left[-(n\pi)^2\frac{D_{AB}t}{R^2}\right] \quad (2.45)$$

図中に数値解と比較した．

次にこれとは逆に，表面濃度一定の球状物体から，無限媒体中への濃度拡散を考える（図 2.44）．濃度表示を $c_A\,[\mathrm{mol/m^3}]$ にした上で基礎式，差分式は上と同じである．初期条件は媒体全体で $c_A=c_{A\infty}$，境界条件が $r=R:c_A=c_{As}$ および $r=\infty:c_A=c_{A\infty}$ である．なお，定常（$t=\infty$）での解は，

$$\frac{c_A-c_{A\infty}}{c_{As}-c_{A\infty}}=\frac{R}{r} \quad (2.46)$$

である．

【例題 2.14】 球状物体からの拡散 〈mta2_14.xls〉

濃度 $c_{A\infty}=0.0$ の静止水中に半径 $R=0.005\,\mathrm{m}$ の砂糖の球状結晶を置いた．球周り水中濃度の経時変化を差分法で計算せよ．$c_{As}=2600$，拡散係数 $D_{AB}=8\times10^{-10}\,\mathrm{m^2/s}$ とする．

（解） 図 2.45 がこれを解いた Excel シートである．差分式は球内部への拡散の問題と同じ式 (2.42) である．$n=1$ の B 列を球表面として，C 列以降の各列が R 間隔で差分化した水中各位置の濃度である．

計算結果を図 2.46 に示す．グラフ中の太線が $c_{A\infty}=0.0$ での定常解析解である．数値解は定常解にいたらず，水中の拡散は非常に遅い過程であるこ

2.3 非定常拡散

図 2.46 無限媒体中への非定常 1 次元拡散（球座標）

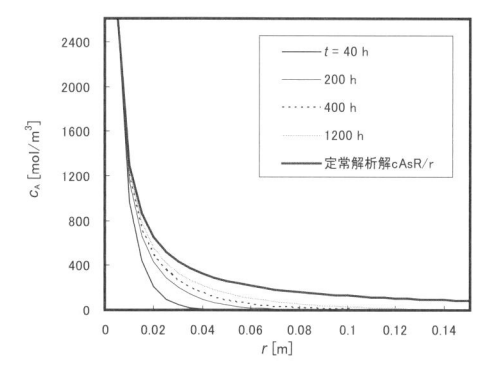

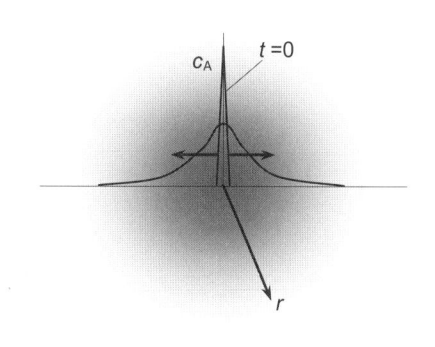

図 2.47 点源からの拡散（球座標 1 次元）

図 2.48 点源からの拡散計算シート〈mta2_15.xls〉

とが示される.

さらに物質放出源を球座標の中心の点源とした, 点源からの拡散の問題を考える（図 2.47）. 非定常 1 次元球座標の基礎式（2.40）で, $t=0$ において M [mol] の物質の放出を考え, 以降の拡散の進行を求める. この問題の解析解は

$$c_A = \frac{M}{(4\pi D_{AB} t)^{3/2}} \exp\left(-\frac{r^2}{4 D_{AB} t}\right) \quad (2.47)$$

である[12, p.650].

【例題 2.15】 点源からの拡散（球座標）〈mta2_15.xls〉

上記モデルにより室内空気中に $0.1\,\mathrm{mol}\,(2.4\,\mathrm{L})$ の CO_2 が放出されたときの拡散の様子を示せ. CO_2-空気拡散係数は $D_{AB} = 1.64 \times 10^{-5}\,\mathrm{m^2/s}$ である.

(解) 図 2.48 が数値解法を行ったシートで, 例題 2.14 のシートと同じである. $t=0$（5 行）に点源からの放出として中心部に濃度を設定する. 差分式の都合上, 中心ではなく外側のセルに $M=0.1\,\mathrm{mol}$

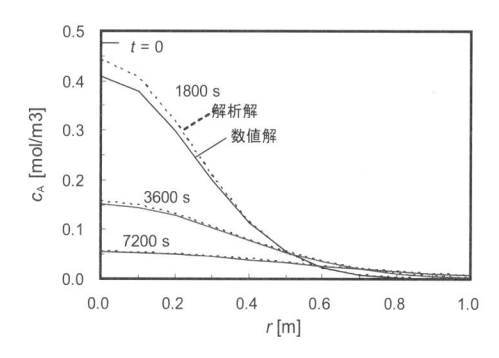

図 2.49 空気中のガスの広がり（球座標 1 次元）

となる濃度を設定した. 計算結果を図 2.49 に解析解と比較して示す. 静止空気中のガスの拡散ついても, スケールが大きいと理論的には実際よりかなり遅く予測されることがわかる.

2.4 対流を伴う拡散

2.4.1 物質移動流束と拡散流束

一般に物質移動流束 N_A [mol/(m²·s)] は Fick の法則に由来する拡散流束 J_A [mol/(m²·s)] と，媒体（流体）自身の流速 v [m/s] (bulk flow) により運ばれる流束（対流項）との和である．この関係は1次元の場合は次式となる（図2.50）．

拡散流束 J_A と物質移動流束 N_A の関係
$$N_A = J_A + c_A v = -D_{AB} \frac{dc_A}{dy} + c_A v \qquad (2.48)$$

物質移動現象は基本的には濃度拡散が主体であるが，流体中の物質移動ではそれに対流項 $c_A v$ が加わる．濃度拡散と対流による拡散を合わせ，一般的な物質移動を対流物質移動という．ここで媒体の速度 v は各成分のモル流束の和であり，A, B 2成分系では，

$$cv = (c_A + c_B)v = N_A + N_B \qquad (2.49)$$

である（c は流体の全モル密度 [mol/m³]）．この定義より v [m/s] はモル平均速度である．一方，流れ場で実際に測定できる流速 v^* [m/s] は質量基準の速度である．多成分系におけるモル基準平均速度 v と質量基準平均速度 v^* は各成分の分子量が等しくない限り厳密には異なる．しかし対流物質移動の取り扱いでは近似的に両者を区別しないのが普通である．この節でも流れの速度 v^* をモル基準平均速度と見なして濃度拡散式中で v として用いる．

物質移動流束を表す1次元物質移動の基礎式 (2.28) を距離で微分した形式が次式である．これが厳密な拡散方程式 (2.1) の原型である．この式は物質移動流束（モル流束）を距離で除した，[mol/(m³·s)] の次元・単位となる．左辺が（微分形式の）対流項，右辺が濃度拡散項である．

対流項つき1次元拡散（定常）
$$v \frac{dc_A}{dy} = D_{AB} \frac{d^2 c_A}{dy^2} \qquad (2.50)$$

さらにこれを2次元に拡張すると次式である（u は x 方向，v は y 方向の流体速度）．

$$u \frac{\partial c_A}{\partial x} + v \frac{\partial c_A}{\partial y} = D_{AB} \left(\frac{\partial^2 c_A}{\partial x^2} + \frac{\partial^2 c_A}{\partial y^2} \right) \qquad (2.51)$$

これにより濃度拡散の方向と対流による物質移動の方向（ベクトル）が異なる場合も含め記述される（図2.51）．この2次元の拡散方程式が濃度境界層方程式（3.2節）の基礎となる．

モル平均速度 v と各種流束間の関係を2成分系蒸留について例示する．図2.52は平板型濡れ壁塔によるメタノール（A）/水（B）系の蒸留実験における気-液界面の各流束を示したものである[11]．濡れ

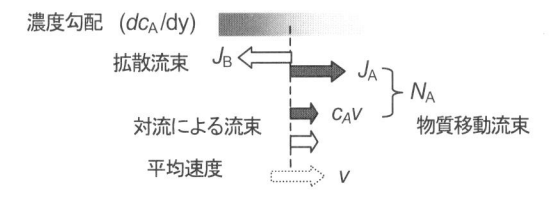

図2.50　1次元対流物質移動

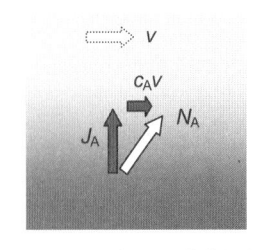

図2.51　2次元対流物質移動

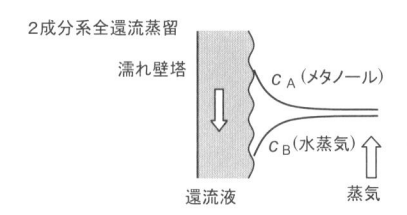

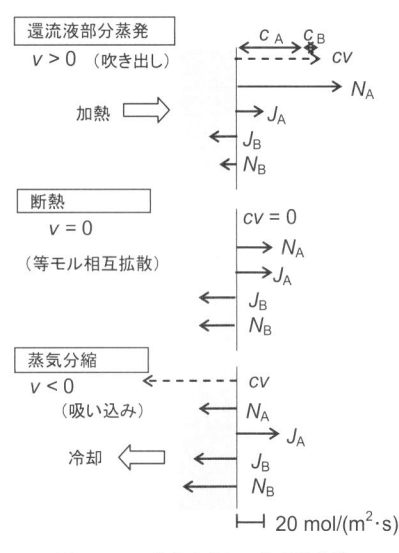

図2.52　2成分系蒸留の物質移動[11]

壁塔壁の加熱/断熱/冷却の各条件で気-液界面のモル平均速度 v の方向が逆転する．

断熱条件では $v=0$ であり，この状態が等モル相互拡散（equimolar counter diffusion）である．このとき両成分のモル流束は等しく，

$$0 = J_A + J_B = \left(-D_{AB}\frac{dc_A}{dy}\right) + \left(-D_{BA}\frac{dc_B}{dy}\right) \quad (2.52)$$

である．2成分系なので $(dc_A/dy) = -(dc_B/dy)$ であり，これより，$D_{AB} = D_{BA}$ であることがわかるが，これは2成分系の拡散で一般的取り扱いである．このため D_{AB} を相互拡散係数とよび，ある2成分系で定数（物性値）である．

濡れ壁の加熱条件では液から蒸気相への吹き出し速度（$v>0$）が生じる．このとき対流物質移動の効果で N_A が増加する．一方，濡れ壁の冷却条件では $v<0$ であり，対流物質移動が負となる．このため N_A が負であり，拡散流束 J_A と実質の物質移動の方向が異なるという現象が生じる．また $v>0$ 条件から $v<0$ 条件へ拡散流束 J_A の値が増加していることが見られる．このことは境界層物質移動における高物質流束効果（3.2節）が現れたものである．

2.4.2 一方拡散（定常1次元の対流・拡散）

物質移動で流体本体の速度 v が関与する代表例は一方拡散（unimolecular diffusion）である．これは水面から空気中への水の蒸発のように，自然界での代表的物質移動の状況である．

液面からの蒸発現象では揮発成分Aが静止している空気B中を拡散し，このとき混合気体は液面で蒸発速度 v を生じている（図2.53）．この状況で，2成分系のモル平均速度 v と物質移動流束との関係（式（2.48））において，B成分（空気）が静止（$N_B = 0$）しているので，

$$N_A = (c_A + c_B)v \quad (2.53)$$

である．拡散成分（蒸発成分）Aのモル分率を

$$y_A = \frac{c_A}{c_A + c_B} \quad (2.54)$$

とすると，

$$c_A v = y_A N_A \quad (2.55)$$

である．これと物質移動流束と拡散流束の関係

$$N_A = -cD_{AB}\frac{dy_A}{dy} + c_A v \quad (2.56)$$

から，一方拡散での物質移動流束は次式となる．

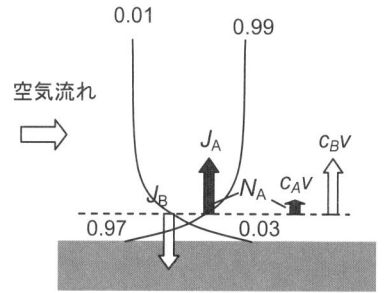

図2.53 水の蒸発における一方拡散

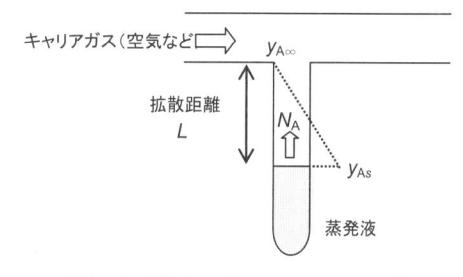

図2.54 拡散セル（Arnold diffusion cell）

$$N_A = -\frac{cD_{AB}}{1-y_A}\frac{dy_A}{dy} \left(= \frac{1}{1-y_A}J_A\right) \quad (2.57)$$

すなわち一方拡散では拡散流束 J_A が $(1/(1-y_A))$ 倍されて物質移動流束 N_A になる．

以上は蒸発液面上の一般的状況であるが，一方拡散現象を1次元で考えるモデルとして，図2.54のような拡散セル内からのA成分の蒸発現象として考える．拡散セルでは液面からセル口方向のみ濃度分布を考え，セルの口で蒸発成分濃度 $y_{A\infty} = 0$ とする．

近似的にセル管内に直線濃度勾配を仮定すれば，式（2.57）は次式である．

$$N_A = \frac{cD_{AB}}{1-\bar{y}_A}\frac{y_{As} - y_{A\infty}}{L} \quad (2.58)$$

しかし，より厳密には，管内で蒸発成分Aの物質移動流束が一定である（$dN_A/dy = 0$）ことから，式（2.57）より，

$$-\frac{1}{1-y_A}\frac{dy_A}{dy} = \frac{N_A}{cD_{AB}} = \text{const.} \quad (2.59)$$

（境界条件：$y=0: y_A = y_{As}, \ y=L: y_A = y_{A\infty}$）
を解く．

変数分離して積分すると，

$$-\int_{y_{As}}^{y_{A\infty}}\frac{dy_A}{1-y_A} = \frac{N_A}{cD_{AB}}\int_0^L dy$$

より
$$\ln \frac{1-y_{A\infty}}{1-y_{As}} = \frac{N_A L}{cD_{AB}}$$
なので，この解は次式である．
$$N_A = \frac{cD_{AB}}{L} \ln \frac{1-y_{A\infty}}{1-y_{As}} \tag{2.60}$$
また，位置 y での組成 y_A は同様に，
$$\ln \frac{1-y_A}{1-y_{As}} = \frac{N_A y}{cD_{AB}}$$
なので，これと式（2.60）から蒸発成分のモル分率 y_A の分布が次式となる．
$$\frac{1-y_A}{1-y_{As}} = \left(\frac{1-y_{A\infty}}{1-y_{As}}\right)^{y/L} \tag{2.61}$$
B 成分の対数平均濃度を次式で定義する．
$$y_{B,lm} \equiv \frac{y_{B\infty}-y_{Bs}}{\ln(y_{B\infty}-y_{Bs})}\left(=\frac{y_{As}-y_{A\infty}}{\ln[(1-y_{A\infty})/(1-y_{As})]}\right) \tag{2.62}$$
これで式（2.60）は
$$N_A = \frac{cD_{AB}}{L}\frac{(y_{As}-y_{A\infty})}{y_{B,lm}} \tag{2.63}$$
と簡潔に表せる．

以上の一方拡散の解析は，1次元でセル出口の濃度境界条件を $y_{A\infty}=0$ と設定しているため，この出口で成分濃度分布が不連続となっている．実際の状況は2次元で濃度分布は図2.53のように連続的に変化する（つまり $y\to\infty$ で $(dc_A/dy)=0$ ）．このような2次元での解析は境界層理論（3.2節）で厳密に解析される．

【例題2.16】 拡散セルによる蒸発実験

気温30℃で内径10 mm の試験管内から拡散距離 $L=45$ mm でアセトン（$M=58.1$ g/mol）を蒸発させる（図2.54）．液面低下が15分で 0.18 mm であった．拡散係数を求めよ．

（解） アセトン（液）の密度は 787 kg/m³ なので，蒸発のモル流束は，
$$N_A = \frac{0.00018}{15\times 60}\times 787 = 0.000157 \text{ kg/m}^2\cdot\text{s}$$
$$= 0.00271 \text{ mol/m}^2\cdot\text{s}$$
となる．アセトンの飽和蒸気圧が 21.65 kPa よりモル分率で $y_{As}=0.214$．また，媒体のモル密度は理想気体として $c=40.2$ mol/m³ である．これらより拡散係数を近似式（2.58）で求めると，$D_{AB}=1.26\times 10^{-5}$ m²/s，式（2.63）で求めると $D_{AB}=1.26\times 10^{-5}$ m²/s である．

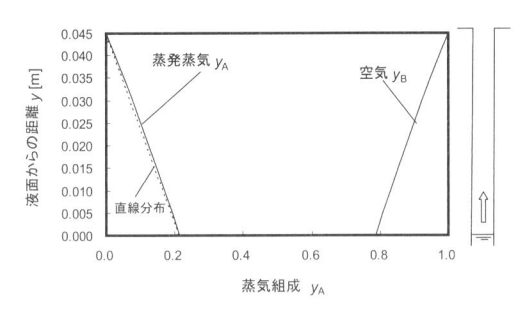

図2.55 一方拡散の濃度分布

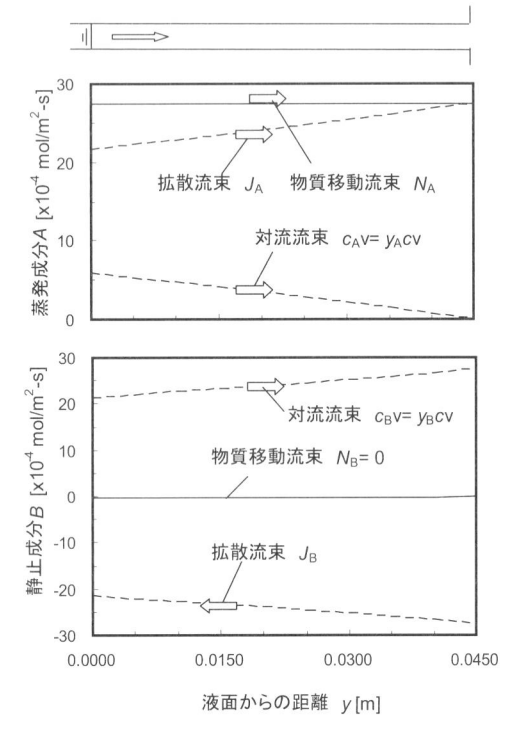

図2.56 一方拡散の流束分布

また，このとき管内の蒸気濃度分布は図2.55のようになる．濃度分布は直線状ではなく曲線状である．また，この条件での拡散セル内の A, B 両成分の各流束分布を図2.56に示す．特に静止成分Bは拡散流束 J_B と対流流束 $c_B v$ が打ち消し合って $N_B=0$ となっていることに注意する．

【例題2.17】 一方拡散を拡散方程式から解析する〈mta2_17.xls〉

一方拡散の問題は，上記のように物質移動流束と拡散流束の関係（式（2.48））から解くのが普通である．しかしこれを微分した拡散方程式（式（2.50）で濃度を組成 y_A で表した）

2.4 対流を伴う拡散

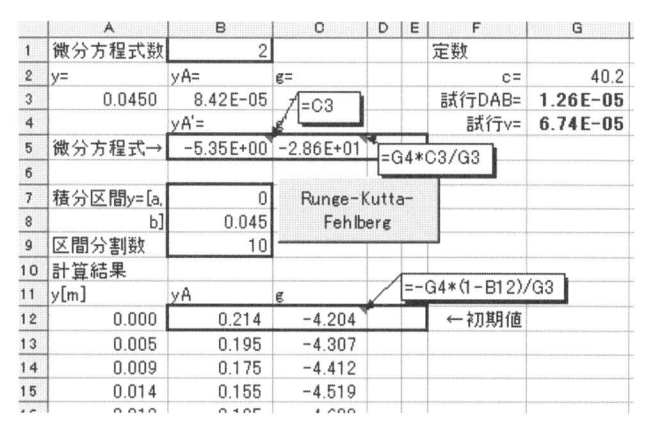

図 2.57 一方拡散を拡散方程式から解く計算シート〈mta2_17.xls〉

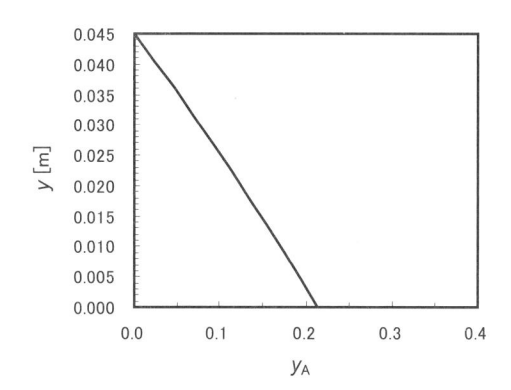

図 2.58 一方拡散の組成分布

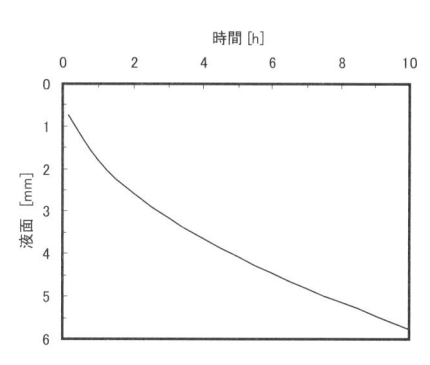

図 2.59 拡散セルの液面低下

$$v\frac{dy_A}{dy} = D_{AB}\frac{d^2 y_A}{dy^2}$$

で解いてみよ．条件は例題 2.16 と同じとし，基礎式の境界条件は，

$$y = 0 ; y_A = y_{As}, \quad y = L ; y_A = 0$$

および式（2.57）から，

$$y = 0 ; \frac{dy_A}{dy} = -\frac{v(1-y_{As})}{D_{AB}}$$

である．

（解） 拡散方程式を，1 階の連立常微分方程式

$$\begin{cases} \dfrac{dy_A}{dy} = g \\ \dfrac{dg}{dy} = \dfrac{vg}{D_{AB}} \end{cases}$$

として数値解法で解く．図 2.57 が常微分解法シートで，B5，C5 に式を記述し，g の初期値（C12）の式を書き，出口（$y = 0.045$）で $y_A = 0$ となる D_{AB} (G3) および v (G4) を試行する問題となる．解は $v = 6.74 \times 10^{-5}$ m/s となる．y_A の分布を図 2.58 に示す．これは図 2.55 と一致している．

【例題 2.18】 水蒸発面の低下

実際の拡散セルの実験では，蒸発により液面が低下する．拡散セルで水が蒸発する場合について口端から液面までの距離 L の時間変化を求めよ．温度 21℃として，$c = 40.9$，$c_l = 55494$ mol/m^3，$D_{AB} = 2.56 \times 10^{-5}$ m^2/s，$y_{As} = 0.0244$，$y_{A\infty} = 0$，液のモル密度 $c_l = 55494$ mol/m^3 である．

（解） 液面低下速度と物質移動流束の関係は次式である．

$$\frac{dL}{dt} = \frac{N_A}{c_l}$$

すると式（2.62）は，

$$\frac{dL}{dt} = \frac{cD_{AB}}{c_l L}\Delta y_A \left(\Delta y_A = \frac{y_{As} - y_{A\infty}}{y_{B,lm}} \right)$$

となり，これを $t = 0 ; L = 0$ から積分して次式である．

$$L^2 = \frac{2cD_{AB}}{c_l}\Delta y_A t$$

すなわち液面の時間変化が

$$L = \left(\frac{2cD_{AB}}{c_l}\Delta y_A t\right)^{0.5}$$

である．この式で液面低下を計算したのが図2.59である．

2.4.3 非定常1次元対流物質移動－移流拡散－

対流項のある1次元拡散に非定常項を考慮すると時間tと距離yに関する次式の偏微分方程式である．

対流を伴う1次元非定常拡散（移流拡散）

$$\frac{\partial c_A}{\partial t} + v\frac{\partial c_A}{\partial y} = D_y\frac{\partial^2 c_A}{\partial y^2} \quad (2.64)$$

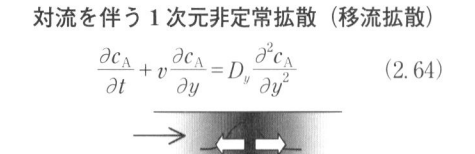

この式は，移流拡散方程式（advection-diffusion equation）や混合拡散モデル，分散モデル（dispersion model）ともよばれ，化学装置内や環境中の流れにおける拡散・混合を表す基礎モデルである（図2.60）．モデルを一般化するために，ここでの拡散係数は分子拡散係数と異なり，流れ方向の流体の混合効果を含む混合拡散係数D_yとする．

この偏微分方程式(2.64)を差分化する．時間をΔt，距離をΔyで区切ると基礎式の各項の差分式は次のようである．

$$\frac{\partial c_A}{\partial t} = \frac{c_n^{p+1} - c_n^p}{\Delta t}, \quad \frac{\partial c_A}{\partial y} = \frac{c_{n+1}^p - c_{n-1}^p}{2\Delta y},$$

$$\frac{\partial^2 c_A}{\partial y^2} = \frac{(c_{n+1}^p + c_{n-1}^p - 2c_n^p)}{(\Delta y)^2}$$

これより差分化された式が次式となる．

$$c_n^{p+1} = c_n^p - (a/2)(c_{n+1}^p - c_{n-1}^p) + b(c_{n+1}^p + c_{n-1}^p - 2c_n^p)$$

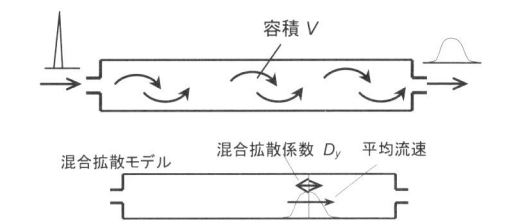

図2.60 移流拡散（混合拡散モデル）

$$\left(a = \frac{v\Delta t}{\Delta y}, \quad b = \frac{D_y\Delta t}{(\Delta y)^2}\right) \quad (2.65)$$

以下の例題でこの式のインパルス入力とステップ入力条件について数値解法を行う．

【例題2.19】 移流拡散・インパルス入力〈mta2_19.xls〉

$L = 0.2$ m，$V = 0.2$ m^{3}の装置内を流体が平均速度$v = 3.2 \times 10^{-3}$ m/sで流入・流出している．平均滞留時間は62.5 sである．装置内の成分濃度c_A[mol/m^3]が均一濃度$c_{A0} = 0.05$ mol/m^{3}となるトレーサー量は$c_{A0}V = 0.01$ molとなる．この量のトレーサーを入口（$y=0$）でインパルス入力したときの出口（$y = 0.2$ m）での濃度変化を求めよ．拡散係数を$D_y = 2.0 \times 10^{-5}$ m^2/sとする．

（解） 図2.61のシートの列方向が位置yで，$\Delta y = 0.01$として$y = -0.10 \sim 0.46$ mの範囲で計算する（装置前後も同じ混合状態とするopen vesselの取り扱いである）．初期値は$y = 0$位置，$t = 0$の節点にのみ濃度$c_0^0 = 1.0$を設定することで上の条件となる．9行から各セルに差分式(2.65)を設定する．なお上流側端節点（$n = 0$または$y = -0.10$）は拡散の及ばない位置のため$c_n^p = 0$，下流側端節点（$n = 56$または$y = 0.46$）は微係数の左に偏った公式を用

	A	B	C	D	E	F	G	H	I	J	K
1	Δt=	0.25	s							D$_y$=	2.0E-
2	Δy=	0.01	m							v=	3.2E-
3	L=	0.2	m								
4	N=	0	1	2	3	4	5	6	7	8	
5	y=	-0.10	-0.09	-0.08	-0.07	-0.06	-0.05	-0.04	-0.03	-0.02	-0.0
6												
7	t			=L8-$N$1*(M8-K8)/2+$N$2*(M8-2*L8+K8)							
8	0.00	0.00	0.00					0.00			0.0
9	0.25										
10	0.50										
11	0.75										
12	1.00										
13	1.25										
14	1.50										
15	1.75										

図2.61 移流拡散問題計算シート〈mta2_19.xls〉

2.4 対流を伴う拡散

いて次式とした.

$$c_n^{p+1} = b(2c_n^p - 5c_{n-1}^p + 4c_{n-2}^p - c_{n-3}^p)$$
$$- \frac{a}{2}(3c_n^p - 4c_{n-1}^p + c_{n-2}^p) + c_n^p$$

9行を下にコピーすることで数値解となる.

図2.62が装置内濃度分布変化であり,トレーサーが広がりながら下流へ移動する様子が示されている.

解析解によると装置内平均濃度 c_{A0} となる量のトレーサーを装置入口でインパルス入力した場合,出口濃度 c_A の時間変化は次式である[6, p.301](式 (2.34))で y を $(L-tv)$ に置き換える).

$$\frac{c_A}{c_{A0}} = \frac{1}{\sqrt{4\pi(D_y/vL)\theta}} \exp\left[-\frac{(1-\theta)^2}{4\theta(D_y/vL)}\right] \quad \left(\theta = \frac{tv}{L}\right) \tag{2.66}$$

図2.63に装置出口濃度(インパルス入力に対する応答)について数値解と解析解を比較した.

【例題 2.20】 移流拡散・ステップ入力〈mta2_20.xls〉

例題 2.19 と同じ装置・条件で,入り口濃度が $t \geq 0$ で $c_{A0} = 1.0 \text{ mol/m}^3$ の一定値にステップ変化させた場合の装置内濃度変化と出口濃度を求めよ.

(解) 計算シートを図2.64に示す.式などは前の例題と同じであり,$y = 0$ の節点値を 1.0 の一定値とする.装置内濃度変化を図2.65に,装置出口濃度変化(ステップ応答)を図2.66に示す.なお,同条件の解析解は,

$$c_A = \frac{c_{A0}}{2}\left[\text{erfc}\left(\frac{L-vt}{2\sqrt{D_y t}}\right) + \exp\left(\frac{vL}{D_y}\right)\text{erfc}\left(\frac{L+vt}{2\sqrt{D_y t}}\right)\right] \tag{2.67}$$

である[7].erfc( ) は相補誤差関数である.図2.66中に比較した.

拡散モデルに対比して,装置内の混合を取り扱う簡便なモデルとして槽列モデルがよく用いられる(図2.67).槽列モデルでは装置容積 V を等分割し,N 個の完全混合槽の連結であると仮定する.

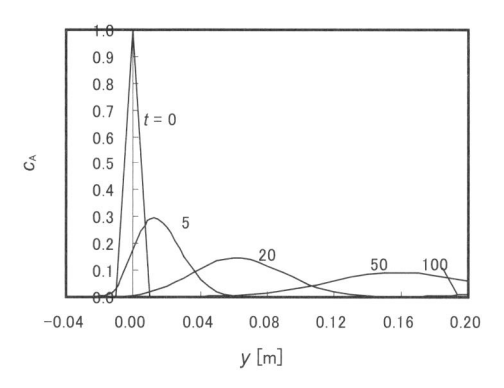

図 2.62 装置内濃度の経時変化

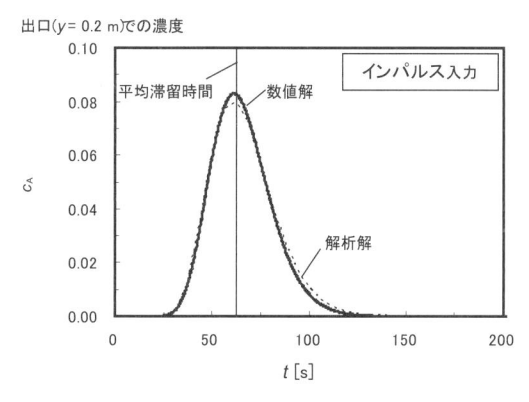

図 2.63 装置出口濃度変化(インパルス応答)

	A	B	C	D	E	F	G	H	I	J
1		Δt=	0.25	s		D_y=	1.2E-04	m2/s	a=	0.081
2		Δy=	0.01	m		v=	3.2E-03	m/s	b=	0.300
3		L=	0.2	m						
4	N=	0	1	2	3	4	5	6	7	8
5	y=	0.00	0.01	0.02	0.03	0.04	0.05	0.06	0.07	0.08
6										
7	t									
8	0.00	1.00	0.00	0.00	0.00	0.00	0.00	0.00	0.00	0.00
9	0.25	1.00	0.34	0.00	0.00	0.00	0.00	0.00	0.00	0.00
10	0.50	1.00	0.48	0.12	0.00	0.00	0.00	0.00	0.00	0.00
11	0.75	1.00	0.56	0.21	0.04	0.00	0.00	0.00	0.00	0.00
12	1.00	1.00	=C8-$J$1*(D8-B8)/2+$J$2*(D8-2*C8+B8)							0.00
13	1.25	1.00	0.66	0.35	0.14	0.03	0.00	0.00	0.00	0.00
14	1.50	1.00	0.70	0.40	0.18	0.06	0.01	0.00	0.00	0.00
15	1.75	1.00	0.72	0.44	0.22	0.09	0.03	0.00	0.00	0.00
16	2.00	1.00	0.74	0.48	0.26	0.12	0.04	0.01	0.00	0.00
17	2.25	1.00	0.76	0.51	0.30	0.15	0.06	0.02	0.00	0.00

図 2.64 移流拡散(ステップ入力)〈mta2_20.xls〉

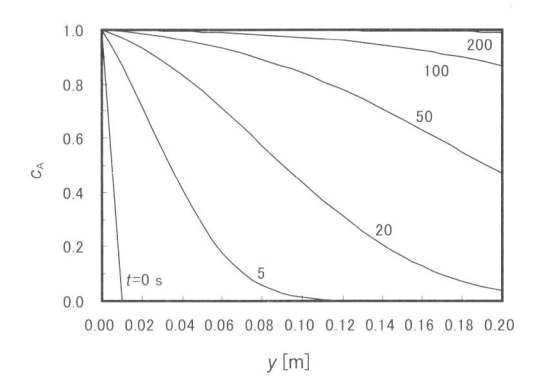

図 2.65　装置内濃度変化（ステップ入力）

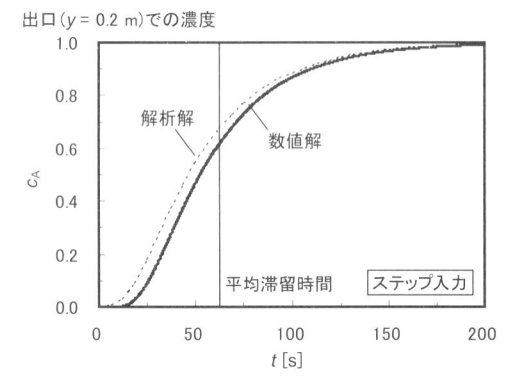

図 2.66　装置出口濃度変化（ステップ応答）

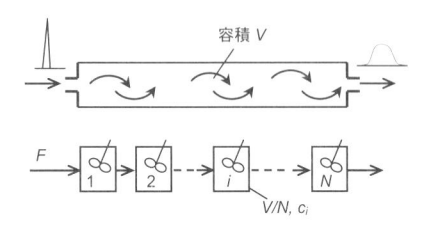

図 2.67　装置内混合の槽列モデル

容積 V の流通装置に溶媒が体積流量 $F[\mathrm{m^3/s}]$ で流通している．時間 $t=0$ で $M[\mathrm{mol}]$ の溶質（トレーサー）が入口から瞬間的に供給されたとする．溶質濃度を $c_A[\mathrm{mol/m^3}]$ として，i 番目の槽における溶質の物質収支は，

$$\frac{dc_{A,i}}{dt} = (FN/V)(c_{A,i-1} - c_{A,i}) \quad (i=1, 2, \cdots, N) \tag{2.68}$$

である．この基礎式を時間を $\theta = (F/V)t$，濃度を $E_i = (V/M)c_{A,i}$ で無次元化すると，この問題は各槽の無次元濃度 E_i に関する以下の連立微分方程式を解く問題となる．

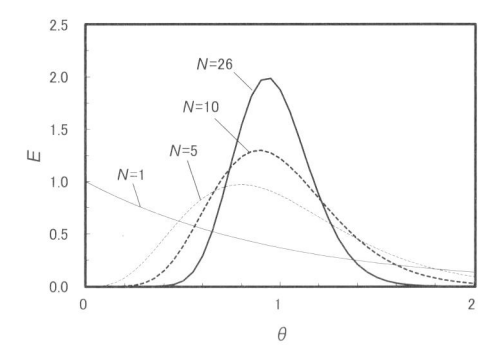

図 2.68　槽列モデルにおけるインパルス応答

$$\frac{dE_1}{d\theta} = N(E_0 - E_1) \tag{2.69}$$

$$\frac{dE_i}{d\theta} = N(E_{i-1} - E_i) \quad (i=2, 3, \cdots, N) \tag{2.70}$$

インパルス入力では $E_0=0$ および，初期条件 $\theta=0$：$E_1(0)=N$，$E_i(0)=0$ （$i=2, 3, \cdots, N$）である．

槽列モデルのインパルス入力における解（インパルス応答曲線）はラプラス変換法で求められ，装置出口濃度 $E(\theta) = E_N(\theta)$ が次式となる[6,p.323]．

$$E(\theta) = \frac{N}{(N-1)!}(N\theta)^{N-1}\exp(-N\theta) \tag{2.71}$$

図 2.68 にインパルス応答曲線の例を示す．横軸（時間軸）の $\theta=1$ が平均滞留時間である．

【例題 2.21】 完全混合槽列モデルによる移流拡散問題（インパルス入力）の解法〈mta2_21.xls〉

$N=26$ の場合について，インパルス入力の条件で連立微分方程式 (2.70) を解け．

（解） 図 2.69 は「微分方程式解法シート」である．各列が i 槽の濃度を表す．セル B5 に式 (2.69) を，C5 以降に式 (2.70) を書く．その際，E_{i-1} は左のセルを用いる．12 行の初期値は E1 のみ 26 で他は 0 である．ボタンクリックで積分を実行した結果を図 2.70 で示す．完全混合槽の連結により装置出口で濃度のピークが生成されることがわかる．図中で $N=26$ の解析解（式 (2.71)）と比較した．

同じ槽列モデルで，入力条件がステップ入力の場合は $E_0=1$ および，初期条件 $\theta=0$：$E_i(0)=0$ （$i=1,\cdots,N$）となる．この条件での式 (2.69)，(2.70) の解析解は次式である[6,p.327]．

$$F = E_N = 1 - e^{-N\theta}\left[1 + N\theta + \frac{(N\theta)^2}{2!} + \cdots + \frac{(N\theta)^{N-1}}{(N-1)!}\right] \tag{2.72}$$

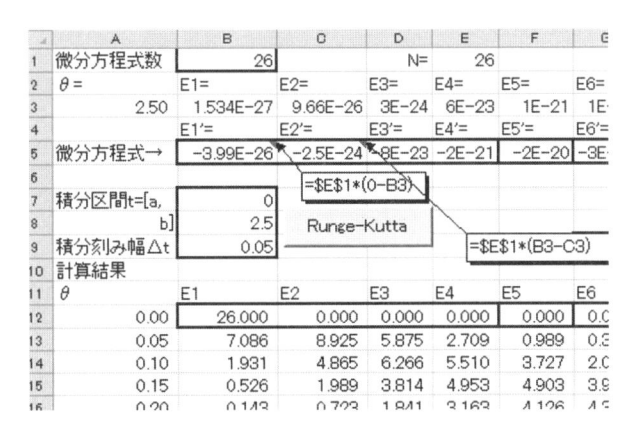

図 2.69　槽列モデルのインパルス応答計算シート〈mta2_21.xls〉

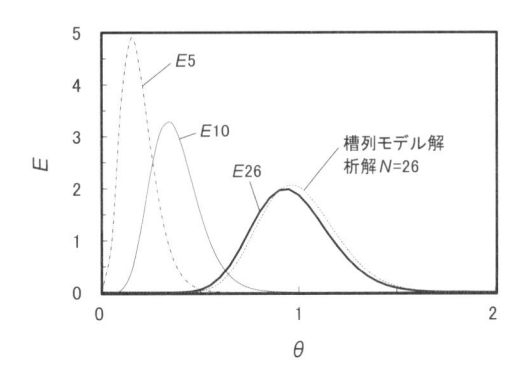

図 2.70　槽列モデルのインパルス応答

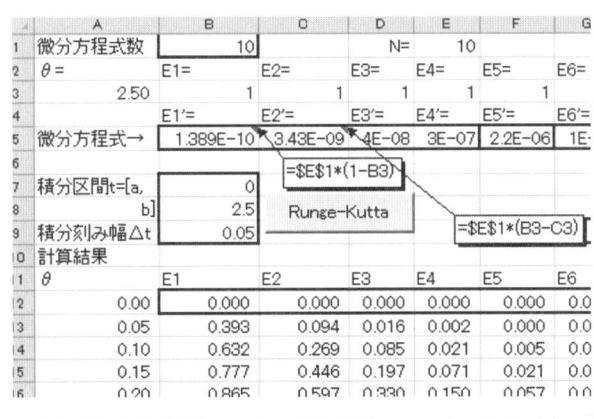

図 2.71　槽列モデルのステップ応答計算シート〈mta2_22.xls〉

F はステップ入力での無次元出口濃度を表す[6, p.264]．

【例題 2.22】　完全混合槽列モデルによる移流拡散問題（ステップ入力）の解法〈mta2_22.xls〉

$N=10$ の槽列モデルにおいて，ステップ入力の条件で出口の応答を求めよ．

（解）　図 2.71 は前の例題と同じシートで，第1槽の B5 の式と初期値（B12）を変えただけである．積分を実行した結果を図 2.72 で示す．槽の数 N により時間遅れ応答が表せる．図中に解析解（式 (2.72)）と比較した．

【例題 2.23】　インパルス入力のパラメーター推定－拡散モデルと槽列モデル－〈mta2_23.xls〉

長さ $L=1.0$ m，容積 $V=0.01$ m^3 の充填層に $v=$

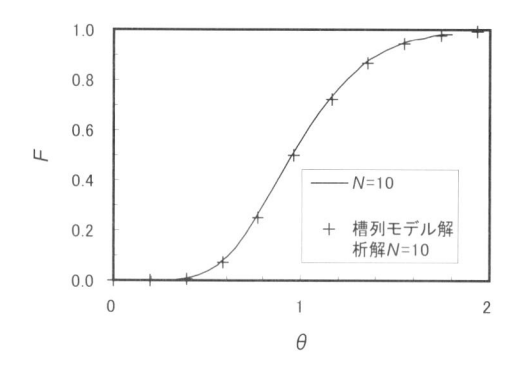

図 2.72　槽列モデルのステップ応答

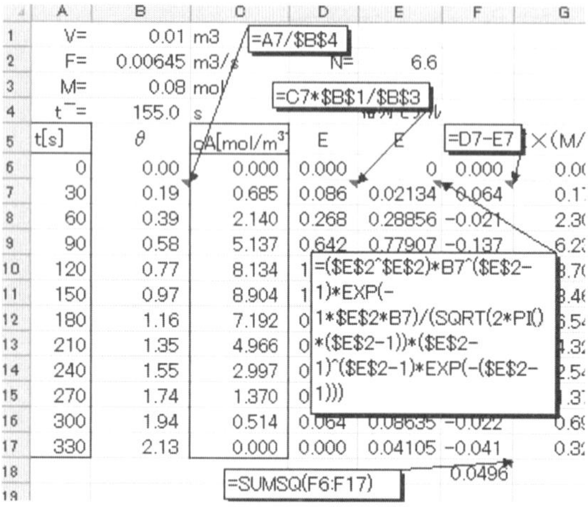

図 2.73　パラメーター推定（槽列モデル）シート〈mta2_23.xls〉

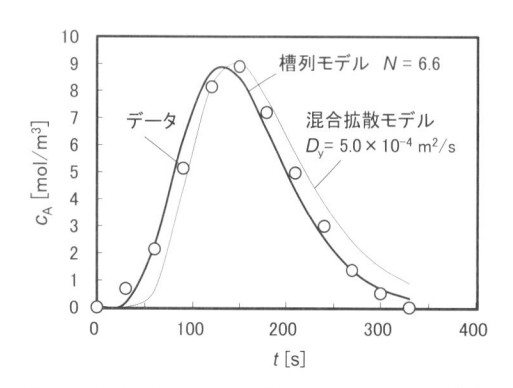

図 2.74　混合拡散モデルと槽列モデルのパラメーター推定

はnが実数でも計算できるように，Stirlingの公式$(n! \cong \sqrt{2\pi n}\, n^n e^{-n})$を用いた．F列にデータとモデルの残差をとり，F18にその2乗和とする．Excelのソルバー機能により残差2乗和を最小にするNの値（E2）を求める．その結果槽列モデルのパラメーターとして，$N=6.6$が得られた．同様に混合拡散モデルのパラメーターを式（2.66）にあてはめて求めると，$D_y = 5.0 \times 10^{-4}\,\mathrm{m^2/s}$となった．これらの比較を図2.74に示す．

2.4.4　2次元対流物質移動（直交流れへの拡散）―直角座標―

対流物質移動において流れの方向xと拡散の方向yが直交する条件が基礎的モデルである．このとき拡散の基礎式はx, yに関する次式の偏微分方程式となる．ここで速度uは既知でx方向に変化しないとする．

直交流れへの拡散―直角座標―

$$u\frac{\partial c_A}{\partial x} = D_{AB}\frac{\partial^2 c_A}{\partial y^2} \quad (2.73)$$

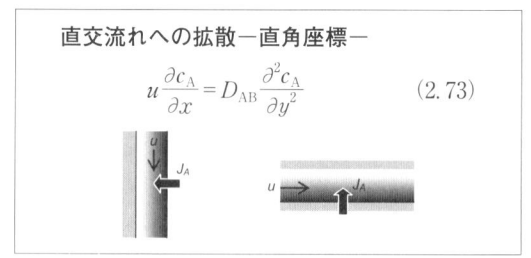

このモデルの典型的適用として，壁を垂直に流下する液膜流れへの物質拡散の問題がある．この解析は吸収操作の基本モデルとして重要である（図2.75）（4章でも述べる）．座標は液膜流下方向をx座標，液膜の表面を$y=0$として，液膜表面から壁方向をy座標とする．液膜の流下速度uはy方向

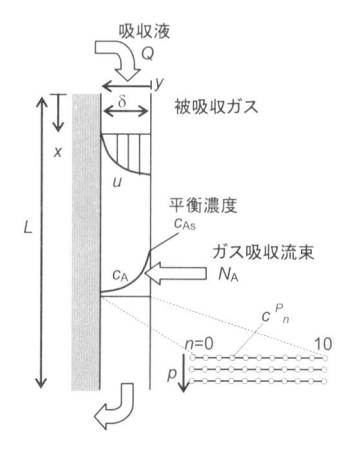

0.00645 m/sで溶媒が流通している．$M=0.08$ molのトレーサーを入り口でインパルス入力したときの出口濃度応答が図2.73のA, C列のようであった．このデータについて槽列モデルと混合拡散モデルのパラメーターを求めよ．

（解）　図2.73のシートでD列にθを求め，E列に槽列モデルの式（2.71）を書く．ただし階乗$n!$

図 2.75　流下液膜へのガス吸収

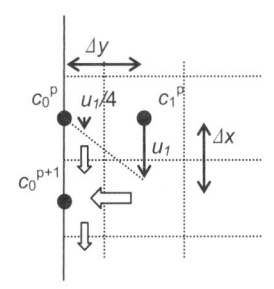

図 2.76 壁面節点の物質収支

の関数で，液膜厚さ δ，表面速度 $u_{\max}$ とすると，

$$u = u_{\max}\left[1-\left(\frac{y}{\delta}\right)^2\right] \quad (2.74)$$

である．すると基礎式は次式である．

$$u_{\max}\left[1-\left(\frac{y}{\delta}\right)^2\right]\frac{\partial c_A}{\partial x} = D_{AB}\frac{\partial^2 c_A}{\partial y^2} \quad (2.75)$$

この偏微分方程式を y 方向を $(n\Delta y)$，x 方向（流下距離）を $(p\Delta x)$ で差分化し，濃度の節点値を $c_A = c_n^p$ とする．節点位置は図 2.75 に示す．各項の差分式は，

$$\frac{\partial^2 c_A}{\partial y^2} = \frac{c_{n+1}^p + c_{n-1}^p - 2c_n^p}{(\Delta y)^2}, \quad \frac{\partial c_A}{\partial x} = \frac{c_n^{p+1} - c_n^p}{\Delta x}$$

なので，差分化された基礎式は次式となる．

$$c_n^{p+1} = \Theta_n(c_{n+1}^p + c_{n-1}^p) + (1-2\Theta_n)c_n^p$$

$$\left(\Theta_n = \frac{D_{AB}\Delta x}{u_n(\Delta y)^2}, \quad u_n = u_{\max}\left[1-\left(\frac{y_n}{\delta}\right)^2\right]\right) \quad (2.76)$$

また，壁面での節点（$n=0, u_0=0$）では次式である．

$$c_0^{p+1} = \frac{\dfrac{u_1\Delta y}{8}c_0^p + \dfrac{\Delta x D_{AB}}{\Delta y}(c_1^p - c_0^p)}{\dfrac{u_1\Delta y}{8}} \quad (2.77)$$

これは壁の節点 c_0^{p+1} 周りの領域での物質収支（図 2.76）

$$\left(\frac{u_1}{4}\right)\left(\frac{\Delta y}{2}\right)c_0^p + \frac{(\Delta x)D_{AB}}{\Delta y}(c_1^p - c_0^p) - \left(\frac{u_1}{4}\right)\left(\frac{\Delta y}{2}\right)c_0^{p+1} = 0$$

から得られる（ただし，前進差分計算の都合上 $(c_1^{p+1} - c_0^{p+1})$ を $(c_1^p - c_0^p)$ で近似した）．

【例題 2.24】 流下液膜へのガス吸収〈mta2_24.xls〉

水の単位幅あたり流量 $Q=0.3\,\mathrm{L/(s \cdot m)}$ の垂直流下液膜の液膜厚さは $\delta=0.00045\,\mathrm{m}$，表面速度 $u_{\max}=1.0\,\mathrm{m/s}$ である．表面濃度 $c_{As}=3\,\mathrm{mol/m^3}$（大気圧空気中に約 10%）により CO_2 が吸収されるとして，液膜内濃度分布とガス吸収速度を求めよ．CO_2-水系拡散係数 $D_{AB}=2.0\times10^{-9}\,\mathrm{m^2/s}$ である．

(解) 図 2.77 のシートで列方向が y，行方向が x 座標である．6 行に $x=0$ での条件（表面で $c_{A0}=3$，内部は $c_A=0$）を入れ，7 行目に式 (2.77)，(2.76) を記述する．この行を下方向にコピーすることで流下位置 x における濃度分布が得られる（図 2.78, 2.79）．

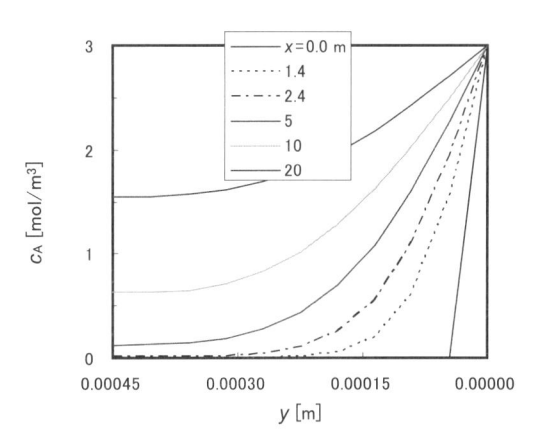

図 2.78 液膜内の濃度分布変化

図 2.77 流下液膜への拡散計算シート〈mta2_24.xls〉

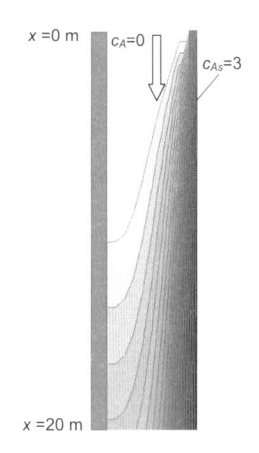

図 2.79 流下液膜内の濃度分布（コンター図）

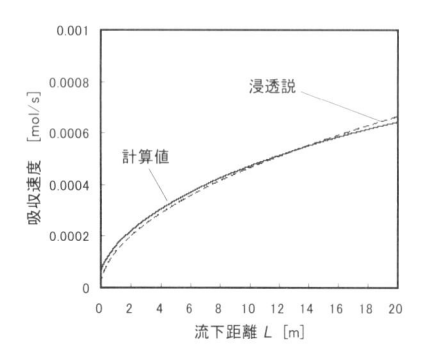

図 2.80 ガス吸収速度―浸透説との比較―〈mta2_24.xls〉

この計算結果より距離 $x = L$ [m] 流下後の吸収ガス量はその位置（出口）での濃度分布を積分して得られる（計算シートの Q 列）．

$$（吸収速度）[\text{mol/s}] = \int_0^\delta u c_A \times (1\,\text{m})\,dy \quad (2.78)$$

なお，液膜の流下速度分布を $u_{\max}$ で一定として解析解が得られる．これが「浸透説」であり，局所 x での吸収速度が次式となる[3, p.487]．

$$N_A \left[\frac{\text{mol}}{\text{m}^2 \cdot \text{s}}\right] = \sqrt{\frac{D_{AB}}{\pi(x/u_{\max})}}(c_{As} - 0) \quad (2.79)$$

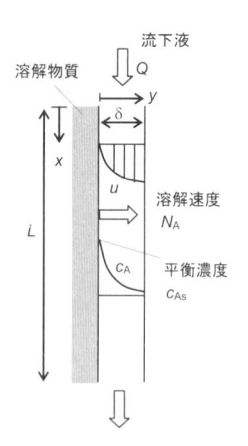

図 2.81 流下液膜への壁面からの物質移動（溶解）

液面全体での吸収速度は次式で得られる（S 列）．

$$（吸収速度）[\text{mol/s}] = \int_0^L N_A \times (1\,\text{m})\,dx \quad (2.80)$$

浸透説と数値解を図 2.80 で比較した．

【例題 2.25】 流下液膜への壁面からの溶解〈mta2_25.xls〉

同じく流下液膜における物質移動の問題であるが，壁面から液膜内への物質移動の問題を考える（図 2.81）．液膜厚さ，速度分布は前例題を同じとして，壁面が安息香酸であるとき，液膜（水）への溶解を考えて，壁面の溶質濃度 $c_{As} = 27.8$ mol/m³，水-安息香酸系拡散係数 $D_{AB} = 9.18 \times 10^{-10}$ m²/s として，濃度分布と溶解速度を求めよ．

（解） y 座標を壁面から液表面方向にとり，濃度境界条件を壁面に設定する（図 2.81）他は基礎式など前例題と同じである．図 2.82 に計算シートを示す．液膜表面（L 列）の条件は $(dc_A/dy) = 0$ であり，差分式は左に片寄った公式より

$$c_{10} = (1/3)(4c_9 - c_8)$$

とした．図 2.83 および図 2.84（コンター図）に各流下長さでの液膜内濃度分布を示す．図 2.85 は流

	A	B	C	D	E	K	L
1	n=	0	1	2	3	9	
2	y=	0.000000	0.000045	0.000090	0.000135	0.000405	0.0004
3	u[m/s]=	0	0.01	0.04	0.09	0.81	
4	Θn=		0.91	0.23	0.10	0.01	
5	L[m]	cA[mol/m3]					
6	0.00	27.80	10.80	0.00	0.00	0.00	0.
7	0.02	27.80	17.07	2.27	0.00	0.00	0.
8	0.04	27.80	13.38	5.11	0.23	0.00	0.
9	0.06	27.80	14.33	6.48	0.61	0.00	0.
10	0.08	27.80	15.11	7.67	1.15	0.00	0.
11	0.10	27.80	19.87	7.88	1.70	0.00	0.

セル内数式：
- C6: `=$O$1*$O$2/C3/$O$3^2`
- A9: `=A6+$O$2`
- C9: `=C$4*(D6+B6)+(1-2*C$4)*C6`
- K9: `=(1/3)*(4*K7-J7)`

図 2.82 壁面から流下液膜への拡散計算シート〈mta2_25.xls〉

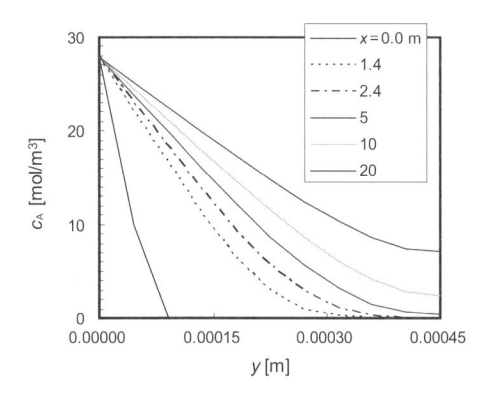

図 2.83 液膜内濃度分布

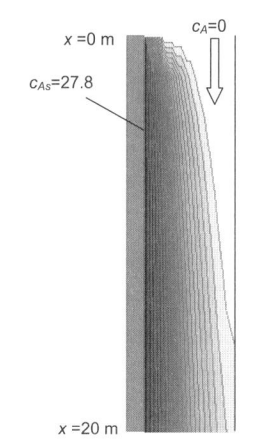

図 2.84 液膜内濃度分布（コンター図）

下位置 L までの溶解量［mol/s］である．

この問題には近似解析解がある[12, p.562]．液膜の放物線速度分布を直線分布に近似（$u=(\rho g\delta/\mu)y=ay$）して，式（2.75）の代わりに

$$ay\frac{\partial c_A}{\partial x}=D_{AB}\frac{\partial^2 c_A}{\partial y^2} \qquad (2.81)$$

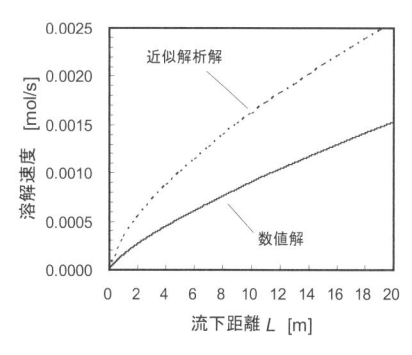

図 2.85 溶解速度

を $y=\infty：c_A=0$ の境界条件で解いたものである．解は幅 W，長さ L の液膜への溶解速度 N_AA［mol/s］として

$$N_AA=\frac{2D_{AB}c_{As}WL}{1.191}\left(\frac{a}{9D_{AB}L}\right)^{1/3} \qquad (2.82)$$

である（$A=WL$）．図 2.85 に近似解析解と数値解を比較した．近似解は仮定が多いので，この場合は数値解の方がより正確な物質移動速度を示していると思われる．

【例題 2.26】 2次元 Poiseuille 流れへの拡散 〈mta2_26.xls〉

流路高さ $h=0.002$ m の平行平板間を平均流速 $\bar{u}=0.2$ m/s で乾燥空気が流れている．速度分布

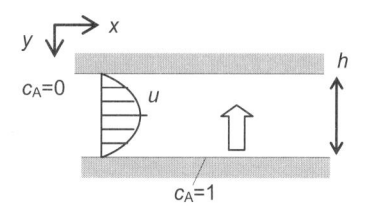

図 2.86 Poiseuille 流れ中への拡散

図 2.87 Poiseuille 流れ中への拡散計算シート 〈mta2_26.xls〉

はすでに発達しており，放物線速度分布（2次元Poiseuille流れ）

$$u = \frac{3}{2}\bar{u}\left(1 - \frac{(y-h/2)^2}{(h/2)^2}\right) \quad (2.83)$$

とする．壁の片面（$y = 0.002$ m）の水蒸気濃度が$c_A = 1.0$ mol/m^{3}である場合に，流路内の濃度分布と蒸発速度を求めよ．拡散係数$D_{AB} = 0.25 \times 10^{-4}$ m^2/sである．

(解) 計算シートは例題2.24と基本的に同じである（図2.87）．3行に速度分布（式(2.83)）を設定する．下流方向への濃度変化の計算結果を図2.88に，コンター図として図2.89に示す．

この計算結果より水の蒸発速度は壁面の濃度勾配と拡散係数から求められる．これを図2.90に示す．この図では後述の濃度境界層（3.2節）としての計算と比較した．

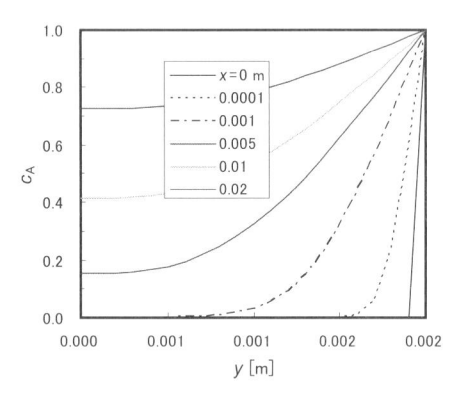

2.4.5 2次元対流物質移動（直交流れへの拡散）－円筒座標－

流れに直交する拡散のモデルを円筒座標で考える．軸のz方向流れuに直交して，半径r方向に拡散が生じる場合である．基礎式は次式である．ここで速度uは既知とする．

直交流れへの拡散－円筒座標－

$$u\frac{\partial c_A}{\partial z} = \frac{D_{AB}}{r}\frac{\partial}{\partial r}\left(r\frac{\partial c_A}{\partial r}\right) \quad (2.84)$$

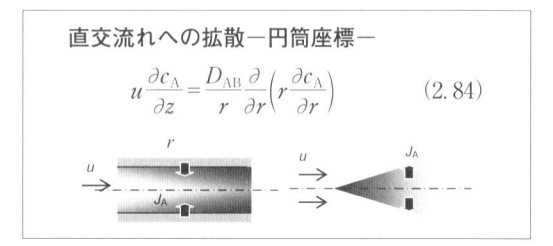

発達した円管内流れ（放物線速度分布）と管壁面間の物質移動を考える（図2.91）．円管の半径をR，管内流れの平均速度を$\bar{u}$として，半径方向速度分布が次式である．

$$u = 2\bar{u}\left[1 - \left(\frac{r}{R}\right)^2\right] \quad (2.85)$$

この基礎式を整数p, nにより軸方向距離を$z = p\Delta z$，半径方向位置を$r = n\Delta r$で区切り，c_n^pを数値解における濃度（節点値）とする．これより式(2.84)

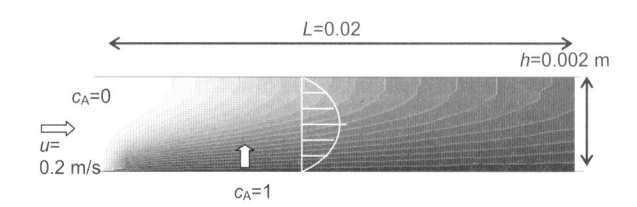

図2.88 Poiseuille流れ中の濃度変化

図2.89 Poiseuille流れ中への拡散（コンター図）

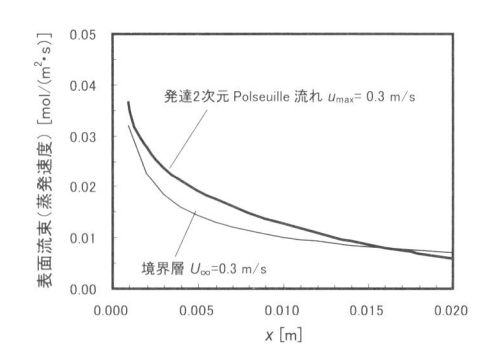

図2.90 蒸発速度（境界層理論との比較）

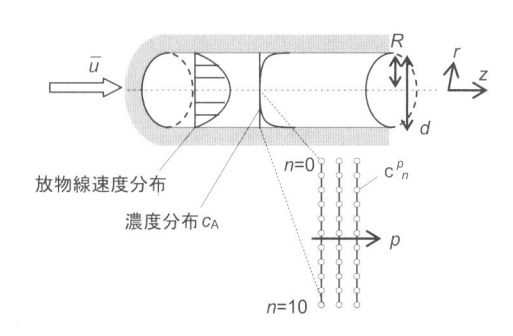

図2.91 円管内流れへの管壁面からの物質移動

2.4 対流を伴う拡散   57

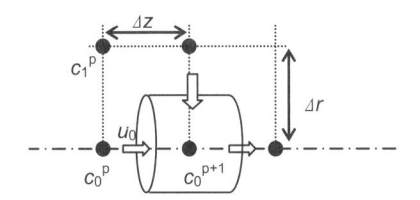

図2.92 中心軸上節点の物質収支

【例題 2.27】 発達円管内流れへの拡散（壁面濃度一定）〈mta2_27.xls〉

内径 $D=2R=0.002$ m の疎水性多孔質中空糸膜内に乾燥空気を $\bar{u}=0.1$ m/s で流し，外側を水に漬けて空気を加湿する装置を考える．管内壁面の水蒸気濃度は飽和水蒸気分圧にあり，$c_{As}=1.0$ mol/m^3 である．水蒸気-空気拡散係数 $D_{AB}=0.25\times10^{-4}$ m^2/s として管内流れの濃度分布および蒸発速度を求めよ．

を差分化した式が次式となる．

$$c_n^{p+1}=\frac{\Theta_r}{u_n}\left\{\left(1+\frac{1}{2n}\right)c_{n+1}^p+\left(1-\frac{1}{2n}\right)c_{n-1}^p-2c_n^p\right\}+c_n^p \quad (2.86)$$

ここで $\Theta_r=\dfrac{D_{AB}(\Delta z)}{(\Delta r)^2}$, $u_n=2\bar{u}\left[1-\left(\dfrac{n\Delta r}{R}\right)^2\right]$ である．

なお，軸上節点（$n=0$）では差分式が次式である．

$$c_0^{p+1}=\frac{4\Theta_r}{u_0}(c_1^p-c_0^p)+c_0^p \quad (2.87)$$

これは中心節点 c_0^{p+1} 周りの単位円柱についての物質収支（図2.92）

$$u_0\frac{\pi(\Delta r)^2}{4}c_0^p+\pi\Delta r\Delta z D_{AB}\frac{c_1^p-c_0^p}{\Delta r}$$
$$-u_0\frac{\pi(\Delta r)^2}{4}c_0^{p+1}=0$$

より得られる．ただし $(c_1^{p+1}-c_0^{p+1})$ を $(c_1^p-c_0^p)$ で近似した．ここで基礎式同様 z 方向の拡散は無視した．

（解）$\Delta r=0.0001$ m, $\Delta z=0.00001$ m として，図2.93のシートで1, 2行が n と節点座標，セル O1: O5が式 (2.86) 中の定数である．A列が入口からの距離 z である．3行に放物線速度分布 $u(r)$ を書く．5行が初期値で，$n=10$（壁面）(L5) が $c=1.0$, 内部は $c=0$ である．B6 に式 (2.87) を，C6：K6 の各セルに式 (2.86) を記述し，L6 は "=L5" としてこの行を下にコピーする．これで入口からの濃度分布変化が求められる．

計算結果を図2.94に軸方向の円管内濃度分布変化，図2.95に円管内濃度分布のコンター図を示す．この問題の解析的取り扱いは3.3節で述べる．

次に拡散方向が逆に中心から外側として，一様流れ中での点源からの拡散問題を考える．基礎式，差

	A	B	C	D	E	F	G	H	I	J
1	n=	0	1	2	3	4	5	6	7	8
2	r[m]=	0.0000	0.0001	0.0002	0.0003	0.0004	0.0005	0.0006	0.0007	0.0008
3	u[m/s]=	0.200	0.198	0.192	0.182	0.168	0.150	0.128	0.102	0.072
4	z[m]	c [mol/m3]	=2*$O$2*(1-(B2/$O$3)^2)							
5	0.00000	0.00	0.00	0.00	0.00	0.00	0.00	0.00	0.00	0.00
6	0.00001	0.00	0.00	0.00	0.00	0.00	0.00	0.00	0.00	0.00
7	0.00002	0.00	=($O$6/C$3)*((1+(1/(2*C$1)))*D5+(1-(1/(2*C$1)))*B5-2*C5)+C5						0.07	0.25
8	0.00003	0.00	0.00	0.00	0.00	0.00	0.00	0.00	0.07	0.32
9	=A5+$O$5	0.00	=B5+(4*$O$6/$B$3)*(C5-B5)	0.00	0.00	0.00	0.00	0.01	0.09	0.36
10	0.00005	0.00	0.00	0.00	0.00	0.00	0.00	0.03	0.15	0.37
11	0.00006	0.00	0.00	0.00	0.00	0.00	0.01	0.05	0.18	0.43
12	0.00007	0.00	0.00	0.00	0.00	0.00	0.01	0.07	0.22	0.45

図2.93 円管内流れへの拡散計算シート〈mta2_27.xls〉

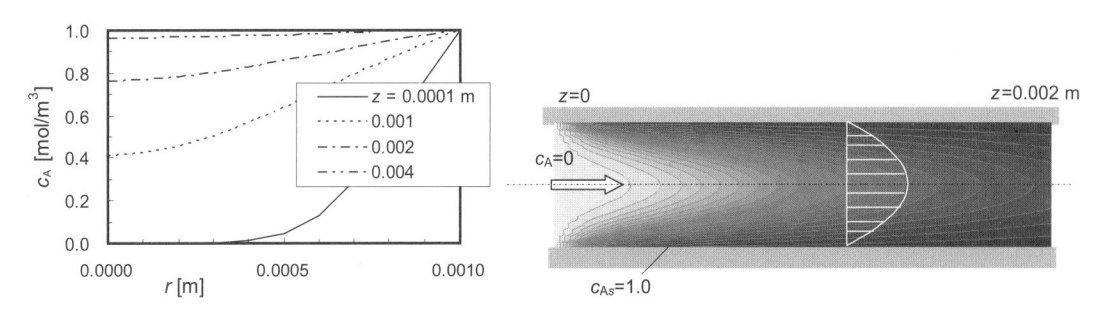

図2.94 下流方向への濃度変化

図2.95 円管内流れへの拡散（コンター図）

	A	B	C	D	E	F	G	H	I	J	K	L
1	n=		0	1	2	3	4	5	6	7	8	9	10
2	r[m]=		0.0000	0.0050	0.0100	0.0150	0.0200	0.0250	0.0300	0.0350	0.0400	0.0450	0.0500
3	u[m/s]=		0.100	0.100	0.100	0.100	0.100	0.100	0.100	0.100	0.100	0.100	0.100
4	z[m]	c [mol/m3]											
5	0.00	20.00	0.00	0.00	0.00	0.00	0.00	0.00	0.00	0.00	0.00	0.00
6	0.01	16.00	0.50	0.00	0.00	0.00	0.00	0.00	0.00	0.00	0.00	0.00
7	0.01	12.90	0.85	=($O$6/C$3)*(1+(1/2*C$1))*D5+(1-(1/2*C$1))*B5-2*C5)+C5							=L5	0.00
8	0.02	10.49	1.09	0.05	0.00	0.00	0.00	0.00	0.00	0.00	0.00	0.00
9	=A5+$O$5	=B5+(4*$O$6/$B$3)*(C5−E5)										
10	0.03	7.14	1.34	0.12	0.01	0.00	0.00	0.00	0.00	0.00	0.00	0.00
11	0.03	5.98	1.40	0.16	0.01	0.00	0.00	0.00	0.00	0.00	0.00	0.00
12	0.04	5.06	1.42	0.20	0.02	0.00	0.00	0.00	0.00	0.00	0.00	0.00

図 2.96 点源からの拡散（円筒座標）計算シート〈mta2_28.xls〉

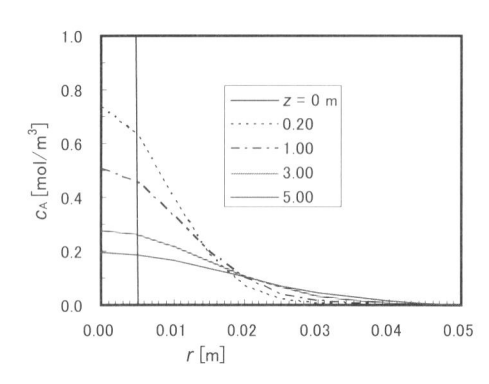

図 2.97 点源からの拡散（拡散成分の広がり）

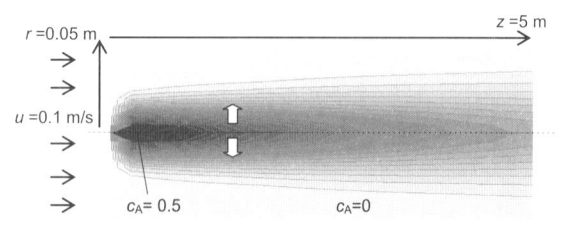

図 2.98 点源からの拡散（コンター図）

分式は前例題と同じである．

【例題 2.28】 点源からの拡散〈mta2_28.xls〉

$u = 0.1$ m/s の一様空気流れ中に点源から水蒸気が拡散する状態を解析せよ．

（解） 例題 2.27 と同じシートで $\Delta r = 0.005$ m，$\Delta z = 0.005$ m として，一様速度分布を与え，$n = 0$，$z = 0$ のセルのみ濃度 $c_A = 20$ mol/m³ とした（図 2.96）．

計算結果を半径方向濃度分布変化で図 2.97 に，コンター図で図 2.98 に示す．濃度の広がりは正規分布関数形である．

2.4.6 円管内流れの混合拡散係数—Taylor 分散—

2.4.3 項で 1 次元移流拡散（混合拡散モデル）を述べ，そのインパルス応答の解（式 (2.66)）を示した．この解析を (r, z) 2 次元の円管内放物線速度分布流れに拡張したのが Taylor の解析である．このモデルを Taylor 分散とよぶ．理論的な解析は濃度 $c_A(t, r, z)$ に関する非定常 2 次元円筒座標拡散方程式 (2.2) をインパルス入力条件で解く[12, p.643]ことであり，詳細は参考資料[5, p.105]を参照されたい．ここでは定性的なモデルの考え方と結果のみを述べる．

内径 d_t（半径 R）の円管内を，平均速度 $\bar{u}$ の放物線速度分布で流体が流れている（図 2.99）．$t = 0$ において幅 w のトレーサーを矩形入力したとする．トレーサーは放物線速度分布に乗ることと，濃度勾配による分子拡散の 2 つの要因で流れ方向に広がる．ここでは位置 z における断面平均濃度

$$\bar{c}_A(z) = \frac{1}{\pi R^2} \int_0^R c_A (2\pi r) dr \quad (2.88)$$

により軸方向のトレーサーの広がりをみる．

流速が遅い極限（$\bar{u} \to 0$）を考えると，トレーサーパルスは幅 w を広げながらがら全体に濃度が低下する．この場合の濃度分散は，

$$\frac{\partial c_A}{\partial t} = D_{AB} \left\{ \frac{\partial^2 c_A}{\partial z^2} \right\} \quad (2.89)$$

に従い，濃度分布の広がりは分子拡散係数 D_{AB} に支配される（ただし実際にはこれによる濃度分散の速度は非常に遅い）．

逆に対流が支配する場合は，トレーサーのバンドは幅 w を保ったまま，流れに従って半径方向に放物線状に広がる．この場合には平均濃度 $\bar{c}_A$ の分布は台形状を示す（図 2.99）．現象を支配する式は

$$\frac{\partial c_A}{\partial t} + u(r) \frac{\partial c_A}{\partial z} = 0 \quad (2.90)$$

である．この台形状分布は時間がたつと台形状のまま全体に濃度が低下し，分布幅は広がる．このように半径方向速度分布（放物線速度分布）は分散を広

2.5 反応を伴う拡散

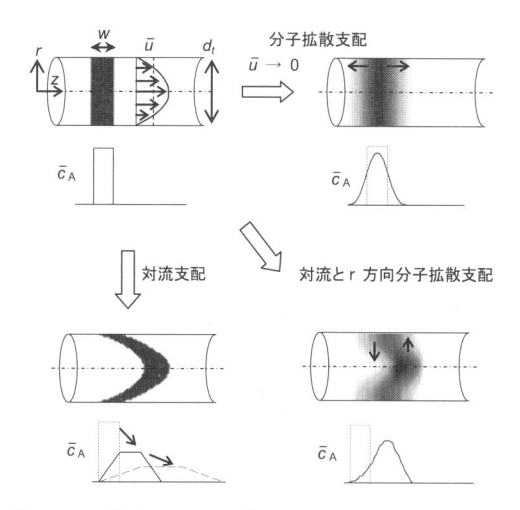

図 2.99 円管内流れ中の拡散に関する Taylor 分散のモデル

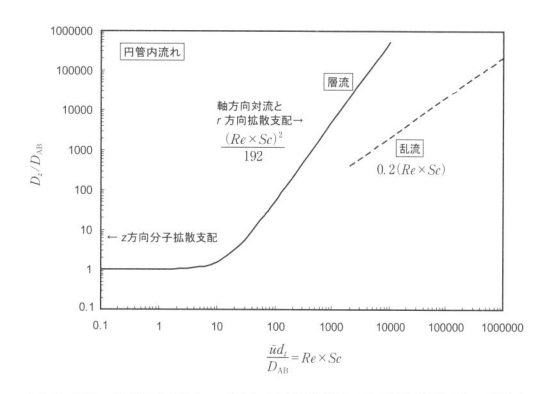

図 2.100 円管内流れの混合拡散係数と分子拡散係数の関係（Taylor 分散）

げる効果をもつ.

実際はこれらの理想条件の中間にあり，分子拡散係数 D_{AB} と対流の両方が関与する．このときは分子拡散は半径方向が支配的である．

$$\frac{\partial c_A}{\partial t} + u\frac{\partial c_A}{\partial z} = D_{AB}\left\{\frac{1}{r}\frac{\partial}{\partial r}\left(r\frac{\partial c_A}{\partial t}\right)\right\} \quad (2.91)$$

この半径方向分子拡散は対流による軸方向の濃度の広がりを抑制し，平均濃度 $\bar{c}_A$ を正規分布形状とするような効果をもつ[5, p.105].

以上のモデルを，毛細管内の遅い流れに関するトレーサー実験と比較しつつ厳密に解析したのが Taylor である．その結果は，円管内流れ方向の断面平均濃度 $\bar{c}_A(t,z)$ は 1 次元移流拡散の式

$$\frac{\partial \bar{c}_A}{\partial t} + \bar{u}\frac{\partial \bar{c}_A}{\partial z} = D_z\frac{\partial^2 \bar{c}_A}{\partial z^2} \quad (2.92)$$

で表せ，このみかけの混合拡散係数 D_z が分子拡散係数 D_{AB}，平均流速 $\bar{u}$，管径 d_t と

$$D_z = \frac{(\bar{u}d_t)^2}{192 D_{AB}} \quad (2.93)$$

の関係にあるというものである．この関係は Aris により次式のように拡張された[6, p.310].

$$D_z = D_{AB} + \frac{(\bar{u}d_t)^2}{192 D_{AB}} \quad (2.94)$$

この混合拡散係数を用いれば，時間 $t=0$，位置 $z=0$ におけるインパルス入力（トレーサー量 M[mol]）の，位置 z における応答（軸方向平均濃度分布））は式 (2.66) を用いて，

$$\bar{c}_A = \frac{M/\pi R^2}{\sqrt{4\pi D_z t}}\exp\left(-\frac{(z-\bar{u}t)^2}{4D_z t}\right) \quad (2.95)$$

のように求められることになる．

式 (2.94) を混合拡散係数と分子拡散係数の比にすると，

$$\frac{D_z}{D_{AB}} = 1 + \frac{(\bar{u}d_t)^2}{192(D_{AB})^2} = 1 + \frac{(Re \times Se)^2}{192} \quad (2.96)$$

である．この関係を図 2.100 に示す．これより，気相流れ（$Sc \approx 1$）で流速が小さい場合のみ，混合は分子拡散が支配している．液相（$Sc \approx 1000$）流れや通常の流速範囲では，管内の濃度分散は対流が支配しており，混合拡散係数 D_z は分子拡散係数 D_{AB} の 1000 倍以上であることがわかる．なお，Re の大きい乱流範囲では理論および実験的に概略

$$\frac{D_z}{D_{AB}} = 0.2(Re \times Sc) \quad (2.97)$$

である[6, p.310].

2.5 反応を伴う拡散

反応装置による工業的な反応操作では，反応の進行度が反応物の拡散速度と反応速度との関連で決まるので，両者のかかわりの理解が重要である．本節では反応項を含む拡散方程式の例題解法により物質移動と反応速度との関係を示す．

2.5.1 反応を伴う 1 次元拡散

静止媒体中の 1 次元拡散において，0 次反応により成分 c_A の消失を伴う場合には，拡散の基礎式が次式である．

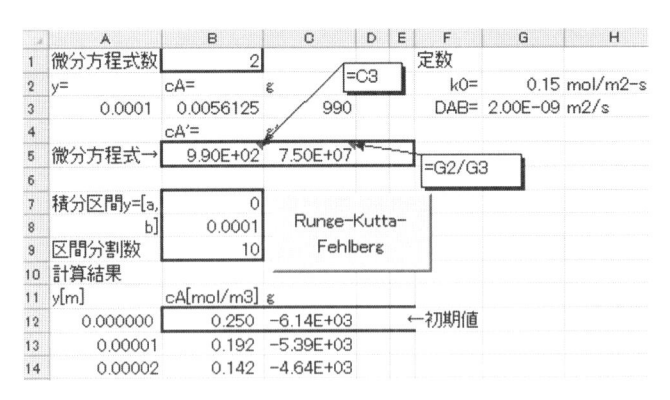

図 2.101 0次反応1次元拡散計算シート〈mta2_29.xls〉

0次反応を伴う1次元拡散

$$0 = D_{AB}\frac{d^2 c_A}{dy^2} - k_0 \quad (2.98)$$

ここで $k_0[\mathrm{mol}/(\mathrm{m}^3\cdot\mathrm{s})]$ は反応速度定数(0次).

境界条件は, $y=0$ で $c_A = c_{As}$, ある浸透距離 $y=\delta$ で $c_A=0$ かつ $(dc_A/dy)=0$ である. この2階の常微分方程式は2回積分して解が得られ, 次式である.

$$c_A = \left(\frac{1}{2}\right)\left(\frac{k_0}{D_{AB}}\right)y^2 - \left(\frac{k_0}{D_{AB}}\right)\delta y + c_{As}$$

$$\left(\delta = \sqrt{2\left(\frac{k_0}{D_{AB}}\right)c_{As}}\right) \quad (2.99)$$

この解のように, 一般に反応を伴う境界面からの1次元拡散では, 媒体内に放物線状の定常濃度分布が形成される.

【例題2.29】 0次反応を伴う1次元拡散〈mta2_29.xls〉

界面濃度 $c_{As} = 0.25\ \mathrm{mol/m^3}$ から媒体内部へ拡散係数 $D_{AB} = 2.0\times10^{-9}\ \mathrm{m^2/s}$ で拡散し, 0次反応の反応速度定数 $k_0 = 0.15\ \mathrm{mol/(m^3\cdot s)}$ で消失する場合の A 成分の浸透距離 δ を求めよ.

(解) 2階常微分方程式の数値解析共通の方法として, 1階正規形の連立常微分方程式として解く方法を示す. すなわち $(dc_A/dy) = g$ とおき, 式(2.98)を連立常微分方程式

$$\begin{cases}\dfrac{dc_A}{dy} = g \\ \dfrac{dg}{dy} = \dfrac{k_0}{D_{AB}}\end{cases} \quad (2.100)$$

に分けて, これを数値的に解く. 解法としてある浸透深さ δ で境界条件を満たす g の初期値を探索する

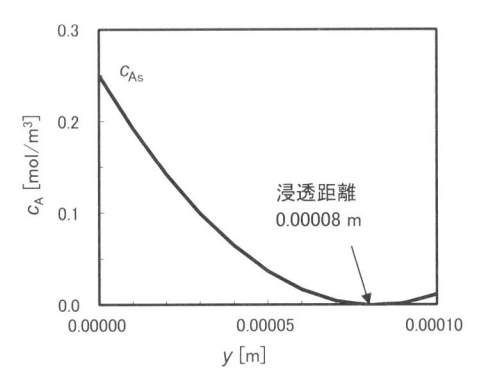

図 2.102 0次反応1次元拡散の浸透深さ

問題となる. 図2.101のシートでB5, C5に式(2.100)を記述する. g の初期値(C12)を試行して, $c_A = 0$, $g = 0$ となる δ を求める. 結果は図2.102のように, 浸透深さが $\delta = 0.00008\ \mathrm{m} = 0.08\ \mathrm{mm}$ と求められた. 解析解(式(2.99))は $\delta = 0.0817\ \mathrm{mm}$ である.

次に反応が1次反応の場合, k_1 を反応速度定数として成分 c_A の拡散方程式が次式である.

1次反応を伴う1次元拡散

$$0 = D_{AB}\frac{d^2 c_A}{dy^2} - k_1 c_A \quad (2.101)$$

ここで $k_1[1/\mathrm{s}]$ は反応速度定数(1次).

浸透深さを δ として, 境界条件が $y=0$ で $c_A = c_{As}$, $y=\delta$ で $c_A=0$ および $(dc_A/dy)=0$ である. この式と境界条件での解析解は,

$$c_A = c_{As}\cosh\left(\sqrt{\frac{k_1}{D_{AB}}}y\right) - \frac{c_{As}\sinh\left(\sqrt{\dfrac{k_1}{D_{AB}}}y\right)}{\tanh\left(\sqrt{\dfrac{k_1}{D_{AB}}}\delta\right)} \quad (2.102)$$

である[3, p.470].

【例題2.30】 1次反応を伴う1次元拡散〈mta2_30.xls〉

反応を $k_1 = 10 \text{ s}^{-1}$ の1次反応とし，式 (2.102) を解け．他の条件は例題 2.29 と同じとする．

（解） 数値解法では例題 2.29 と同様に連立常微分方程式

$$\begin{cases} \dfrac{dc_A}{dy} = g \\ \dfrac{dg}{dy} = \dfrac{k_1 c_A}{D_{AB}} \end{cases} \quad (2.103)$$

として，ある浸透深さで $c_A = 0$ および $g = (dc_A/dy) = 0$ となるような g の初期値を探索する問題となる．図 2.103 のシートで B5, C5 に式 (2.103) を記述して，g の初期値 (C12) を試行する．結果は図 2.104 のように，浸透深さが $\delta = 0.0001 \text{ m} = 0.10 \text{ mm}$ と求められた．解析解（式 (2.102)）からも $\delta = 0.10 \text{ mm}$ としてよい．

この1次反応を伴う1次元拡散はガス吸収操作における反応吸収の基礎モデルである．この数値解の結果から界面濃度勾配が $(dc_A/dy)_{y=0} = 1.5 \times 10^4$ なので，界面 1 m² あたりの物質移動速度（吸収速度）を求めると，

$$-D_{AB}\left(\dfrac{dc_A}{dy}\right)_{y=0} \times (1 \text{ m}^2) = 3.0 \times 10^{-5} \text{ mol/s}$$

である．一方，浸透距離を境膜厚さとみなして，厚さ $\delta = 0.0001$ m の境膜内での平均濃度は，$\bar{c}_A = 0.030 \text{ mol/m}^3$ なので，境膜内の反応による A 成分消失速度は，$k_1 \bar{c}_A \delta \times (1 \text{ m}^2) = 3.0 \times 10^{-5} \text{ mol/s}$ である．両者は一致していることが確認される．

図 2.105 は浸透深さを $\delta = 0.1$ mm として，反応速度定数 k_1 を変えて計算した濃度分布を比較したものである．反応がない場合（物理吸収）（$k_1 = 0$）の直線濃度分布と比較して，反応があると界面の濃度勾配が大きくなる．界面（液面）からの物質移動速度（ガス吸収速度）はこの濃度勾配に比例する．ここで拡散の浸透深さ δ を物質移動境膜の厚さと考

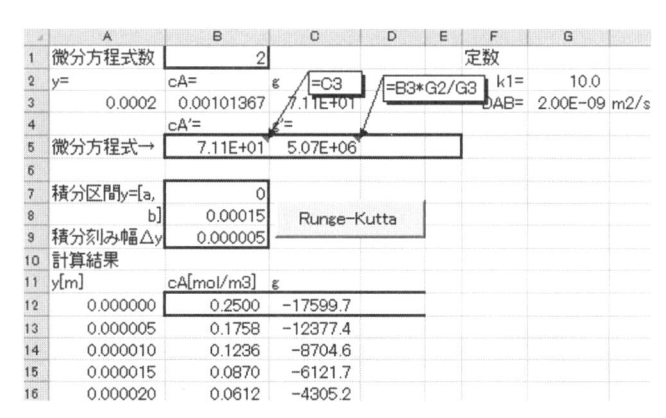

図 2.103　1次反応を伴う1次元拡散計算シート〈mta2_30.xls〉

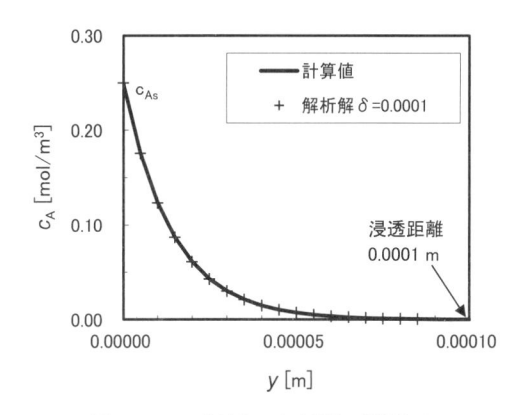

図 2.104　1次反応1次元拡散の浸透深さ

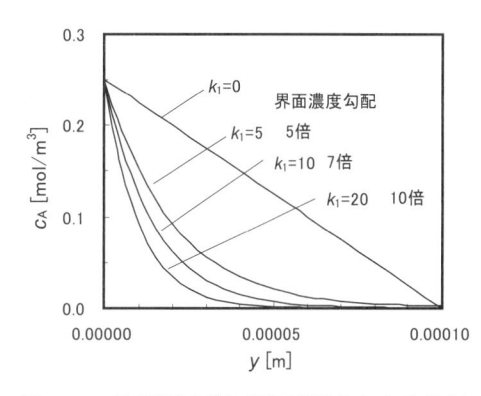

図 2.105　反応速度定数と境膜内濃度分布（1次反応）
　　　　　―境膜説―

えると，同じ δ（すなわち液側の流動条件が同じ）であっても，反応が生じるとガス吸収速度が増加することを示している．解析解[3, p.470]からは

$$N_A|_{y=0} = -D_{AB}\frac{dc_A}{dy}\Big|_{y=0} = D_{AB}\frac{c_{As}}{\delta}\frac{\delta\sqrt{\frac{k_1}{D_{AB}}}}{\tanh\left(\delta\sqrt{\frac{k_1}{D_{AB}}}\right)} \quad (2.104)$$

であり，反応がない場合の直線濃度勾配（c_{As}/δ）に比べて，反応がある場合には界面濃度勾配が増加して，吸収速度が β 倍

$$\beta = \frac{\delta\sqrt{\frac{k_1}{D_{AB}}}}{\tanh\left(\delta\sqrt{\frac{k_1}{D_{AB}}}\right)} \quad (2.105)$$

になることがわかる．この β を反応係数，より一般的には八田数（Hatta number；Ha）[9] という．例題2.30の場合は八田数 $\beta=7.1$ であり，反応を伴うことで物理吸収に比べて7.1倍の吸収速度が得られる．以上の反応係数の考え方は，一定厚さ δ の境膜にもとづくので境膜説による反応係数モデルとよばれる．

2.5.2 非定常1次元拡散—反応を伴う場合—

非定常での1次反応を伴う1次元拡散の基礎式は次式の偏微分方程式である．もちろん解の定常値は前節の常微分方程式の解に一致するのであるが，定常に達する時間が推定できる．また，数値計算上も連立常微分方程式の解法より差分式による解法の方が簡便である．

反応を伴う非定常拡散（1次元）

$$\frac{\partial c_A}{\partial t} = D_{AB}\frac{\partial^2 c_A}{\partial y^2} - k_1 c_A \quad (2.106)$$

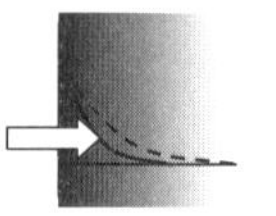

この偏微分方程式の差分解法を行う．整数 p, n により時間を $t=p\Delta t$, 位置を $y=n\Delta y$ で区切り，c_n^p を数値解における濃度（節点値）とすると，節点値に関する差分式は次式である．

$$c_n^{p+1} = \Theta(c_{n+1}^p + c_{n-1}^p) + (1-2\Theta)c_n^p - k_1 c_n^p \quad (2.107)$$

ここで $\Theta = \dfrac{D_{AB}\Delta t}{(\Delta y)^2}$ である．

【例題2.31】 1次反応を伴うガス吸収（非定常）〈mta2_31.xls〉

ガスが液面（$y=0$）から1次反応を伴い吸収される場合を考える．前の例題と同条件の，液面濃度を $c_A=0.25$ mol/m³, 拡散係数 $D_{AB}=2.0\times 10^{-9}$ m²/s, $k_1=10$ s⁻¹ として，液内部の濃度の経時変化を計算し，最終的なガスの浸透深さを求めよ．

（解） 図2.106に差分法による解法シートを示す．B列が液面で濃度一定，液面から列方向に適当な数の節点を設定し，式（2.107）を書く．7行を下にコピーすることで濃度の経時変化が求められる．図1.107が計算結果で，時間0.3sで浸透深さ約0.0001mで定常にいたる．図中には常微分方程式による定常解（例題2.30）と比較した．

この例題でも界面での物質移動すなわち吸収速度を考える．数値計算の結果から

$$N_A|_{y=0} = -D_{AB}\left(\frac{\partial c_A}{\partial y}\right)\Big|_{y=0}$$

	A	B	C	D	E	F	G	H
1	D_{AB}=	2.0E-09 m2/s		Δt=	0.0025 s		Θ=	0.200
2	k1=	10.0 /s		Δy=	5.0E-06 m			=B1*E1/E2/E2
3	n=	0	1	2	3	4		
4	y[m]=	0.000000	0.000005	0.000010	0.000015	0.000020	0.000025	0.000030
5	t[s]	c[mol/m3]						
6	0.000	0.250	0.000	0.000	0.000	0.000	0.000	0.000
7	0.003	0.250	0.050	0.000	0.000	0.000	0.000	0.000
8	0.005	0.250	=B6	0.010	0.000	0.000	0.000	0.000
9	0.008	0.250	=$H$1*(D6+B6)+(1-2*$H$1)*C6-$B$2*C6*$E$1					
10	=$E$1+A6	0.250	0.110	0.032	0.005	0.000	0.000	0.000
11	0.013	0.250	0.120	0.042	0.010	0.001	0.000	0.000
12	0.015	0.250	0.127	0.050	0.014	0.003	0.000	0.000
13	0.018	0.250	0.133	0.057	0.019	0.004	0.001	0.000
14	0.020	0.250	0.138	0.063	0.023	0.006	0.001	0.000
15	0.023	0.250	0.142	0.068	0.027	0.009	0.002	0.000
16	0.025	0.250	0.145	0.073	0.031	0.011	0.003	0.001

図2.106 差分法による反応を伴う非定常1次元拡散の解法〈mta2_31.xls〉

の計算により吸収速度を求めたのが図2.108中の細い実線である．図中に拡散係数などが同条件の半無限深さへの物理吸収での吸収速度（例題2.7，図2.25）を破線で比較した．反応があると吸収速度が大きくなるが，その両者の比を反応係数 β として図中の太い実線で示した．物理吸収が半無限深さ条件で定常値がないので，β は一定値にならないが，概略 $\beta \approx 7$ であり，前例題の境膜説の値と近くなっている．このモデルは半無限深さへの非定常浸透の解析（例題2.7）を基礎にしているので，浸透説による反応係数モデルとよばれる[10, p.227]．

2.5.3 反応を伴う移流拡散（混合拡散モデル）

流通装置内の移流拡散（2.4.3項）（混合拡散モデル）において，さらに1次反応を伴う場合を考える．ただし定常状態を求める．すなわち式（2.64）に反応項 $(-k_1 c_A)$ を加え，非定常項を略した2階の常微分方程式（2.108）を解く問題である．

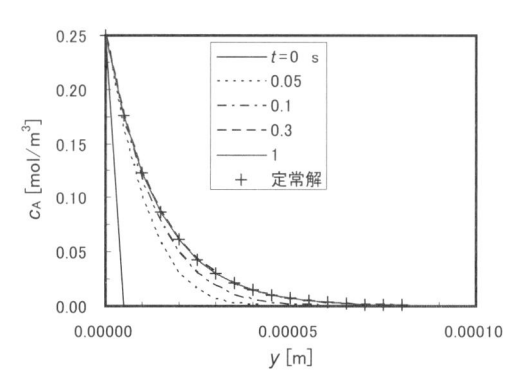

反応を伴う移流拡散（混合拡散）（定常1次元）

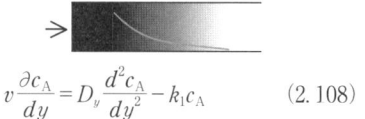

$$v\frac{\partial c_A}{\partial y} = D_y \frac{d^2 c_A}{dy^2} - k_1 c_A \qquad (2.108)$$

ここで $v\,[\mathrm{m/s}]$ は原料流通速度，$D_y\,[\mathrm{m^2/s}]$ は混合拡散係数．

これは反応工学における管型反応器のモデルである（図2.109）．長さ L の反応器に反応成分 A の濃度 c_{A0} の原料を流速 v で供給し，反応器内で触媒反応などにより成分消失が生じ，出口で成分濃度が c_A となる．

この管型反応器モデルの解析では，入口直後（$y=0^+$）での境界条件を

$$c_A|_{y=0^+} = c_{A0} - \left(-\frac{D_y}{v}\frac{dc_A}{dy}\bigg|_{y=0^+}\right) \qquad (2.109)$$

とするのが普通である[8, p.959]．これは closed vessel の考え方にもとづく「Danckwertsの境界条件」という設定である（図2.110）．上式のように，装置入口直後の濃度を混合拡散係数 D_y に応じて原料濃度 c_{A0} より低く設定した境界条件で解析するのが特徴である．装置入口前後で反応成分濃度 c_A が不連続となっていることに注意する．また，反応器出口（$y=L^-$）の境界条件は，$(dc_A/dy)|_{y=L^-}=0$ とする．実際の解法では入口の濃度勾配 (dc_A/dy) を仮定して微分方程式を積分し，出口境界条件を満たすような入口濃度勾配を求める問題となる．

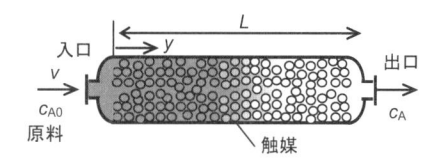

図2.107 非定常濃度変化と定常値

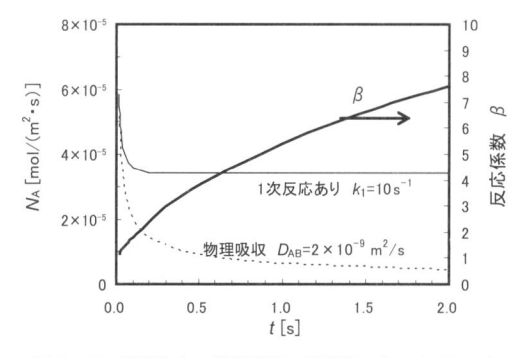

図2.108 界面からの吸収速度―浸透説―〈mta2_31.xls〉

図2.109 管型反応器モデル

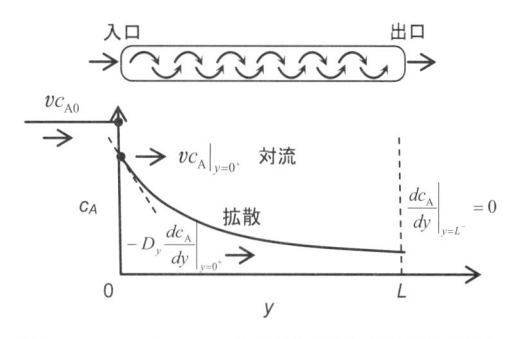

図2.110 Danckwertsの境界条件（反応を伴う混合拡散）

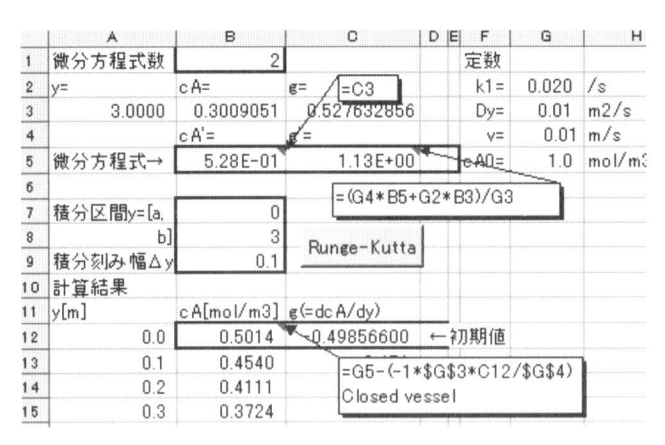

図 2.111 反応を伴う混合拡散計算シート〈mta2_32.xls〉

なお，このモデルの出口濃度についての解析解は次式が与えられている[6, p.314].

$$\frac{c_A}{c_{A0}} = \frac{4a\exp(b)}{(1+a)^2 \exp(ab) - (1-a)^2 \exp(-ab)} \quad (2.110)$$

ここで $a = \left(1 + 4k_1 \dfrac{L}{v} \dfrac{D_y}{vL}\right)^{1/2}$, $b = \dfrac{1}{2(D_y/vL)}$, (D_y/vL) は Peclet 数 Pe である.

【例題 2.32】 管型反応器モデル〈mta2_32.xls〉

$L = 2.0$ m の触媒反応器に，原料を速度 $v = 0.010$ m/s で送入する．原料中の反応物質濃度が $c_{A0} = 1.0$ mol/m³ のとき反応器出口濃度を求めよ．反応速度定数 $k_1 = 0.02$ s⁻¹，混合拡散係数 $D_y = 0.010$ m²/s とする．この場合 Peclet 数 $Pe = 0.5$ である．

(解) $(dc_A/dy) = g$ とおき，連立常微分方程式

$$\begin{cases} \dfrac{dc_A}{dy} = g \\ \dfrac{dg}{dy} = \dfrac{(vg + k_1 c_A)}{D_y} \end{cases} \quad (2.111)$$

の解法の問題として解く．図 2.111 の常微分方程式解法シートで，B5，C5 にこれらの微分方程式を記述し，c_A の初期値を式 (2.109) とする．$y = L$ で $g = 0$ となるような g の初期値を試行して求める（2 階常微分方程式の解法に共通であるが，解は初期値の精度に敏感である）．

得られた解を「混合拡散」の解として図 2.112 に示す．出口濃度 $c_A = 0.105$ であり，解析解（式 (2.110)）による $c_A = 0.101$ とほぼ一致した．

管型反応器モデルで，反応器内で流れ方向の混

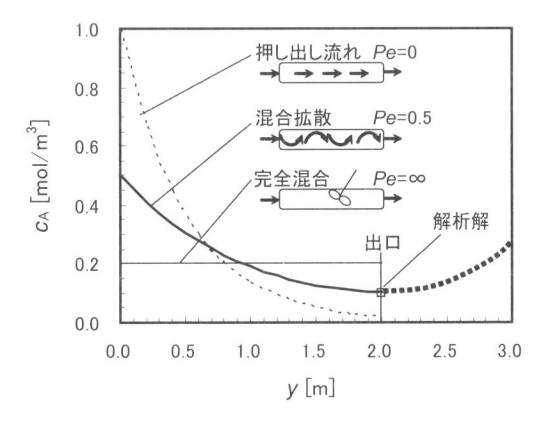

図 2.112 1 次反応の反応器における押し出し流れ，混合拡散，完全混合の比較

合がない理想的条件（$D_y \to 0$ すなわち $Pe = 0$）が押し出し流れ（plug flow）条件（PFR）である．このとき装置内の濃度分布は拡散項のない基礎式 (2.108) を積分することで，

$$c_A = c_{A0} \exp\left(-\frac{k_1}{v} y\right) \quad (2.112)$$

であり，$y = L$ とすると出口濃度である．もう一方の理想流れ，完全混合条件（$Pe = \infty$）(CSTR) では（出口濃度）=（反応器内濃度）であり，物質収支より，

$$c_A = \frac{c_{A0}}{1 + (L/v)k_1} \quad (2.113)$$

となる．図 2.112 に同じ長さ L の完全混合反応器（CSTR）の解（式 (2.113)），$c_A = 0.20$ および押し出し流れ反応器（PFR）の解（式 (2.112)）$c_A = 0.018$ と比較した．同じ反応器長さ（容積）では反応率が

（押し出し流れ）＞（混合拡散）＞（完全混合）

となる．

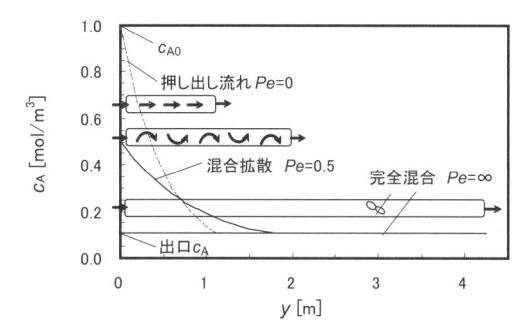

図 2.113 同じ反応率を与える反応器長さ

また，例題 2.32 の場合は反応器長さ $L=2$ m で出口濃度 $c_A=0.105$ となるが，これと同じ出口濃度となる押し出し流れ反応器 (PFR) 長さを式 (2.112) から求めると，$L=1.12$ m である．一方，完全混合流れ反応器 (CSTR) は $L=4.25$ m となる (図 2.113)．すなわち，理想的な押し出し流れ反応器 (PFR) の長さを基準とすると，混合拡散の場合 (例題 2.30, $(D_y/vL)=0.5$) は 1.8 倍，完全混合反応器 (CSTR) $((D_y/vL)=\infty)$ では 3.8 倍の反応器長さが必要である．

2.5.4 反応を伴う拡散 (球座標)

成分が球状材料の表面から反応を伴いながら内部へ拡散するモデルを考える．これは固体触媒反応のモデルである．0 次反応と 1 次反応における基礎式はおのおの以下である．

0 次反応を伴う拡散（球座標）

$$0 = \frac{D_{AB}}{r^2}\frac{d}{dr}\left(r^2\frac{dc_A}{dr}\right) - k_0 \quad (2.114)$$

1 次反応を伴う拡散（球座標）

$$0 = \frac{D_{AB}}{r^2}\frac{d}{dr}\left(r^2\frac{dc_A}{dr}\right) - k_1 c_A \quad (2.115)$$

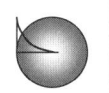

ともに境界条件は，$r=0$ で $dc_A/dr=0$，$r=R$ で $c_A=c_{As}$ である．

0 次反応の場合は 2 回積分して解が得られ，次式である．

$$c_A = \frac{k_0}{6D_{AB}}(r^2 - R^2) + c_{As} \quad (2.116)$$

【例題 2.33】 微生物の大きさ

単細胞の微生物は表面から酸素を拡散で取り入れ，細胞内部で酸素が 0 次反応で消失する（図 2.114）．球状細胞の中心まで酸素が供給される条件から，細胞の大きさ R を求めよ．$c_{As}=0.25$ mol/m³，$D_{AB}=2.0\times 10^{-9}$ m²/s，$k_0=0.15$ mol/(m³·s) とする．

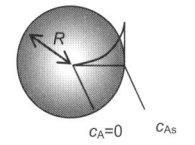

図 2.114 球状細胞内部への拡散 (細胞内の酸素濃度分布)

(解) 条件は $r=0$ で $c_A \geqq 0$ なので，式 (2.116) より，

$$R \leqq \sqrt{\frac{6D_{AB}c_A}{k_0}} \quad (2.117)$$

となる．これより，

$$R \leqq 0.00014 \text{ m} = 0.14 \text{ mm}$$

である．微生物の大きさは水中の酸素分子の拡散係数という物理的な値が支配しているようである．

【例題 2.34】 0 次反応を伴う 1 次元拡散 (球座標) ⟨mta2_34.xls⟩

前の例題を数値解析せよ．

(解) 基礎式で $g = r^2(dc_A/dr)$ とすると，c_A, g に関する r の連立常微分方程式が

$$\begin{cases} \dfrac{dg}{dr} = \dfrac{r^2 k_0}{D_{AB}} \\ \dfrac{dc_A}{dr} = \dfrac{g}{r^2} \end{cases} \quad (2.118)$$

になる．球表面から積分するため，球表面からの距離を y とすると，$r=(R-y)$，$dr=-dy$ より，連立常微分方程式は

$$\begin{cases} \dfrac{dg}{dy} = -\dfrac{(R-y)^2 k_0}{D_{AB}} \\ \dfrac{dc_A}{dr} = -\dfrac{g}{(R-y)^2} \end{cases} \quad (2.119)$$

を表面濃度 c_{As} から積分して，中心の条件を満足する g の初期値を求める問題となる．計算シートを図 2.115 に，濃度分布 c_A を解析解と比較して図 2.116 に示す．

反応次数が 1 次の場合が触媒反応解析の基礎として特に重要である．その基礎式 (2.115) の解析解は次式

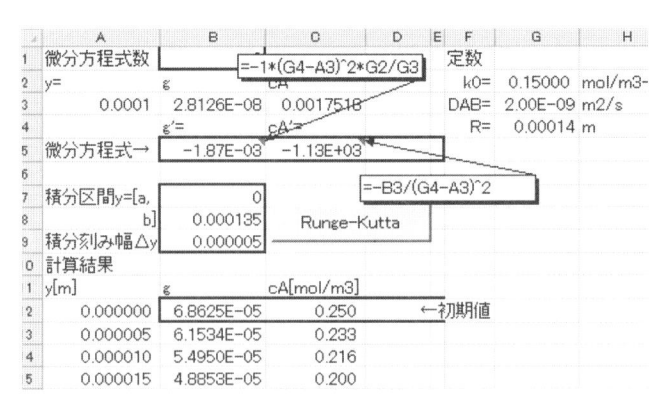

図 2.115 球座標 0 次反応拡散計算シート 〈mta2_34.xls〉

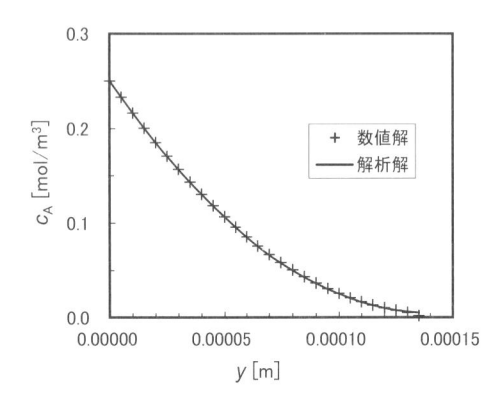

図 2.116 球内部への拡散（細胞内の酸素濃度分布）

$$\frac{c_A}{c_{As}} = \left(\frac{R}{r}\right)\frac{\sinh\left(\frac{hr}{R}\right)}{\sinh(h)} \quad (h = R\sqrt{k_1 D_{AB}}) \quad (2.120)$$

で与えられている[6, p.822]．

【例題 2.35】 1 次反応を伴う 1 次元拡散（球座標）〈mta2_35.xls〉

A→B の気相反応を粒子径 $d_p = 3$ mm（半径 $R = 0.0015$ m）の球状触媒粒子中で行う．反応は反応物 A 成分の濃度 c_A [mol/m³] に対して 1 次反応である．触媒表面の反応ガス濃度を $c_{As} = 0.19$ mol/m³，反応速度定数 $k_1 = 2.6$ s⁻¹，触媒粒子中の拡散係数 $D_{AB} = 7.0 \times 10^{-7}$ m²/s として，触媒粒子内濃度分布を求めよ．

(解) 基礎式 (2.115) で $g = r^2(dc_A/dr)$ とすると，c_A, g に関する r の連立常微分方程式は

$$\begin{cases} \dfrac{dg}{dr} = \dfrac{r^2}{D_{AB}}k_1 c_A \\ \dfrac{dc_A}{dr} = \dfrac{g}{r^2} \end{cases} \quad (2.121)$$

になる．表面から積分するので，球表面からの距離を y とすると，$r = (R-y)$，$dr = -dy$ より，連立常微分方程式の

$$\begin{cases} \dfrac{dg}{dy} = -\dfrac{(R-y)^2}{D_{AB}}k_1 c_A \\ \dfrac{dc_A}{dy} = -\dfrac{g}{(R-y)^2} \end{cases} \quad (2.122)$$

を表面濃度 c_{As} から積分して，球中心で条件 $dc_A/dy = 0$ を満足する g の初期値を求める問題となる．

計算シートを図 2.117 に，濃度分布 c_A を解析解（式 (2.120)）と比較して図 2.118 に示す．

この例題で触媒粒子半径 R を 2 倍（$R = 0.003$ m），1/2 倍（$R = 0.00075$ m）とした場合の濃度分布を図 2.119 に示す．粒子径が小さいと触媒内部まで反応物濃度が高く，したがって反応速度が大きく，触媒全体が有効に使われている．逆に粒子径が大きいと触媒表面付近しか反応が生じておらず，触媒が有効に働いていないことがわかる．

この触媒粒子の「有効性」を次式の有効係数 η で表す．

$$\eta \equiv \frac{(触媒粒子 1 個あたりの実際の反応速度)}{(粒子全体が表面濃度の場合の理想的反応速度)}$$

球状触媒粒子について，これを具体的に求めるには 2 つの方法があって，ひとつは粒子表面の拡散流束から求める方法である．

$$\eta = \frac{4\pi R^2 D_{AB}\left(\dfrac{dc_A}{dr}\right)_{r=R}}{\dfrac{4}{3}\pi R^3 k_1 c_{As}} \quad (2.123)$$

これは定常で触媒内で消失する成分量が触媒表面から拡散で入る成分量に等しいことに基づく．数値計算結果から表面濃度勾配を求め，この式で計算した

2.5 反応を伴う拡散

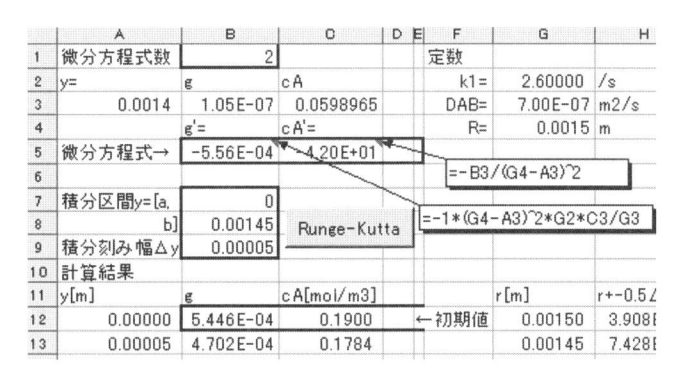

図 2.117 1次反応を伴う球内部への拡散計算シート〈mta2_35.xls〉

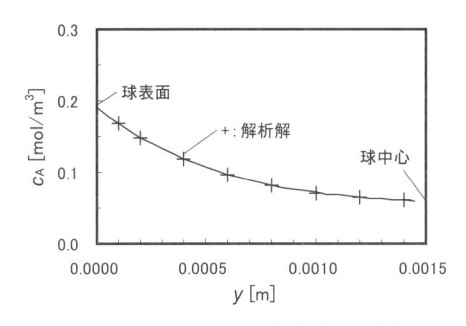

図 2.118 触媒粒子内濃度分布（数値解と解析解）

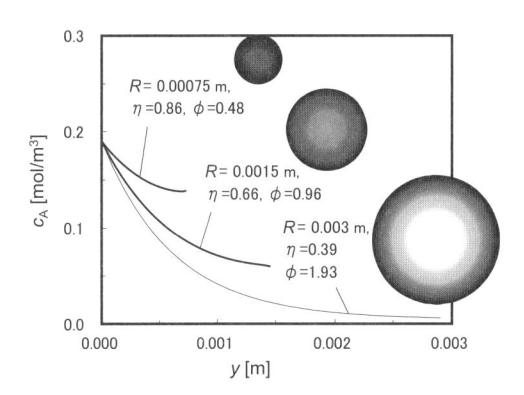

図 2.119 球状触媒の有効係数（1次反応）

η 値を図 2.119 中に示す．

もうひとつの方法は粒子内濃度分布を積分して反応成分量を求め，それに速度定数を乗じて反応速度を求める方法

$$\eta = \frac{k_1 \int_0^R 4\pi r^2 c_A dr}{\frac{4}{3}\pi R^3 k_1 c_{As}} \quad (2.124)$$

である．濃度分布の解析解（式 (2.120)）を用いてこの式の値を求めると，

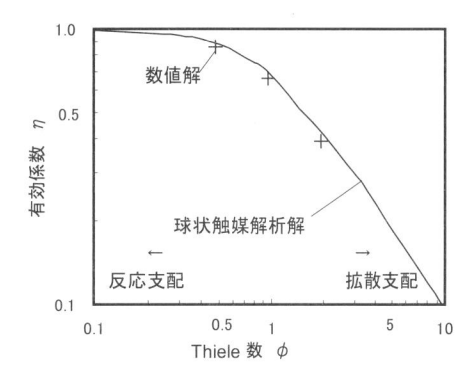

図 2.120 Thiele 数と触媒有効係数の関係(1次反応)

$$\eta = \frac{1}{\phi}\left\{\frac{1}{\tanh(3\phi)} - \frac{1}{3\phi}\right\} \quad (2.125)$$

である[8, p.387]．ここで ϕ は Thiele 数という反応速度と拡散の比を表す無次元数 $\phi \equiv (R/3)\sqrt{k_1/D_{AB}}$ である（粒子形状が球の場合）．

図 2.120 に式 (2.125) における Thiele 数と触媒有効係数 η の理論的関係を示す．図中に例題 2.35 の数値計算による 3 点も比較して示す．この図により，Thiele 数が $\phi=4$ より大きい条件では触媒粒子中の反応成分の拡散（細孔内拡散）が反応率に支配的であり，$\phi=0.4$ より小さい条件では反応率におよぼす拡散の影響が無視できることがわかる．

文 献

1) 化学工学会編：化学工学便覧 改訂7版，丸善 (2011).
2) Crank, J.：The Mathematics of Diffusion, Second Edition, Oxford University Press (1975).
3) Welty, J.R. *et al.*：Fundamentals of Momentum, Heat, and Mass Transfer, 5th edition, Wiley (2008).
4) Seader, J.D. and Henly, E.J.：Separation Process Principles, 2nd edition, Wiley (2006).
5) Cussler, E.L.：Diffusion, 3rd edition, Cambridge University Press (2009).

6) Levenspiel, O.: Chemical Reaction Engineering, 3rd edition, John Wiley & Suns (1999).
7) van Genuchten, M. T. and Alves, W. J.: *Techn. Bull.*, 1661, p. 151, Agricultural Research Service, U.S. Department of Agriculture (1982).
8) Fogler, H. S.: Elements of Chemical Reaction Engineering, Forth Edition, Prentice Hall (2006).
9) Hatta, S.: *Technol. Rep. Tohoku Imp. Univ.*, **10**, 199 (1932).
10) 城塚 正, 平田 彰, 村上昭彦:化学技術者のための移動速度論, オーム社 (1966).
11) Ito, A. and Asano, K.: *Chem. Eng. Sci.*, **37**, 1007-1014 (1982).
12) Bird, R. B., Stewart, W. E. and Lightfoot, E. N.: Transport Phenomena, 2nd edition, John Wiley (2002).

3

物質移動解析の基礎

3.1 物質移動係数と物質移動の無次元数

3.1.1 物質移動係数と伝熱係数

熱の移動は伝導伝熱（conduction），対流伝熱（熱伝達）（convection），輻射伝熱（radiation）の3形態で取り扱われる．このうち固体-流体間の主たる伝熱形態が対流伝熱である．対流伝熱では熱流束 $\dot{q}$ [W/m^2≡J/(m^2・s)] を材料表面温度を T_S，流体主流温度を T_∞ 間の温度差を用いて次式で表す．

$$\dot{q} = h(T_S - T_\infty) \tag{3.1}$$

これが対流伝熱に関するNewtonの冷却法則（Newton's law of cooling）である．この式で伝熱係数（熱伝達率；heat transfer coefficient）h [W/(m^2・K)] が定義される．一方，材料表面上の流体に厚さ δ_H [m] の伝熱境膜を仮想して，この境膜に固体平板と同様にFourierの伝導伝熱の法則を適用すると，

$$\dot{q} = \lambda \frac{T_S - T_\infty}{\delta_H} \tag{3.2}$$

となる（図3.1）．λ [W/(m・K)] は流体の熱伝導度で，物性値である．両式の比較から（境膜）伝熱係数 h と伝熱境膜厚さ δ_H は $h = \lambda/\delta_H$ の関係にあることがわかる．

物質移動も対流伝熱と類似の物質移動境膜のモデルで考えることができる（図3.2）．たとえば蒸発現象のように，物質移動は異相界面と流体間で主に生じる．そこで界面に接した流体内に厚さ δ の物質移動境膜を考え，界面濃度 c_{As} と流れ本体の成分濃度 $c_{A\infty}$ の差を濃度推進力として，物質移動流束 N_A を次式で表す．

$$N_A = k(c_{As} - c_{A\infty}) = \frac{D_{AB}}{\delta}(c_{As} - c_{A\infty}) \tag{3.3}$$

この境膜モデルにより境膜物質移動係数 k が定義された．伝熱係数 h と同様に，物質移動係数 k も拡散係数 D_{AB} と境膜厚さ δ の比の意味をもつ．物質移動境膜の厚さ δ は実態のあるものであり，以下の例題にもあるように，気相では 2〜20 mm，液相では 20〜200 μm 程度である．

伝熱係数はその定義・単位（SI）がひとつ（h [W/(m^2・K)]）であった．これに対して物質移動では流束 N_A と濃度の表示に種々の単位があるため，物質移動係数 k には多くの定義と単位が生じる．表3.1には物質移動流束がモル基準の場合（N_A [mol/(m^2・s)]）に限り，濃度の異なる基準から由来する各種物質移動係数の定義と単位および物質移動境膜厚さ δ [m] 間の関係を示す．

これらに加えて質量基準の物質移動流束（N_A^* [kg/(m^2・s)]）などを用いると，さらに多くの物質移動係数の定義が存在する．本書ではできるだけ

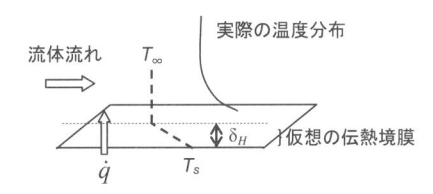

図3.1 対流伝熱と伝熱境膜

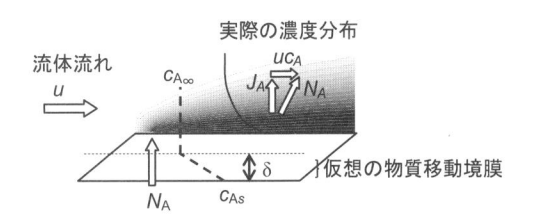

図3.2 物質移動流束と物質移動境膜

表3.1 各種物質移動係数（モル基準のみ）

基準となる濃度		定義式	物質移動係数の単位	
モル濃度基準：	$c_A[\text{mol/m}^3]$	$N_A = k(c_{Ai} - c_{A\infty}) = \dfrac{D_{AB}}{\delta}(c_{Ai} - c_{A\infty})$	$k[\text{m/s}]$	(3.4)
分圧基準：	$p_A[\text{kPa}]$	$N_A = k_G(p_{Ai} - p_{A\infty}) = \dfrac{D_{AB}}{\delta}\dfrac{1}{RT}(p_{Ai} - p_{A\infty})$	$k_G\left[\dfrac{\text{mol}}{\text{m}^2\cdot\text{s}\cdot\text{kPa}}\right]$	(3.5)
		$(R[\text{m}^3\cdot\text{kPa/(mol}\cdot\text{K)}]:$ 気体定数, $T[\text{K}]:$ 温度$)$		
気相モル分率基準：	$y[-]$	$N_A = k_y(y - y_i) = \dfrac{D_{AB}}{\delta}\dfrac{\pi}{RT}(y - y_i)$	$k_y\left[\dfrac{\text{mol}}{\text{m}^2\cdot\text{s}}\right]$	(3.6)
		$(\pi[\text{kPa}]:$ 全圧$)$		
液相モル分率基準：	$x[-]$	$N_A = k_x(x_i - x) = \dfrac{D_{AB}}{\delta}C(x_i - x)$	$k_x\left[\dfrac{\text{mol}}{\text{m}^2\cdot\text{s}}\right]$	(3.7)
		$(C[\text{mol/m}^3]:$ 全モル濃度$)$		

モル濃度基準の $k[\text{m/s}]$ を推奨し，本文で用いる．しかし，単位操作毎に普通に用いられている定義はそれを使用する（たとえば吸収操作の解析ではモル分率基準の物質移動係数 k_y, k_x を用いる）．

【例題 3.1】 環境問題の物質移動係数

環境動態解析の分野において CO_2 や VOC（ベンゼンなど）成分の水表面間-大気間の物質移動について，「一般的な値」としてガス（空気）側物質移動係数は $3\,\text{m/h}$（$= 0.00083\,\text{m/s}$），液（水）側物質移動係数は $0.03\,\text{m/h}$（$= 8.3\times10^{-6}\,\text{m/s}$）が示されている[1]．境膜厚さ δ を求めよ．

（**解**） CO_2 で考えると，空気中の拡散係数 $D_{ABG} = 0.177\times10^{-4}\,\text{m}^2/\text{s}$，水中の拡散係数 $D_{ABL} = 2.0\times10^{-9}\,\text{m}^2/\text{s}$ である．$\delta = (D_{AB}/k)$ からおのおの境膜厚さを求めると，空気側が $\delta_G = 21\,\text{mm}$，水側が $\delta_L = 240\,\mu\text{m}$ である．

3.1.2 次元解析による物質移動関係の無次元数の導出

移動論では汎用性をもたせるためにReynolds数 Re などの無次元数で相関式などを表す．ここでは次元解析により物質移動解析に用いられる無次元数を導く．

水の蒸発や砂糖の溶解現象は物質移動の問題である（図3.3）．これらの現象における物質移動流束 $N_A[\text{mol}/(\text{m}^2\cdot\text{s})]$ に関与する物理量は，濃度差 $\Delta c_A[\text{mol/m}^3]$，拡散係数 $D_{AB}[\text{m}^2/\text{s}]$，速度 $u[\text{m/s}]$，流体の密度 $\rho[\text{kg/m}^3]$，粘性係数 $\mu[\text{kg/(m}\cdot\text{s)}]$，代表長さ $L[\text{m}]$ である．物理量が7個で次元が mol, M, L, T の4つであるから，π 定理により，関係する無次元数の数は3であると予想できる．

いま N_A が，

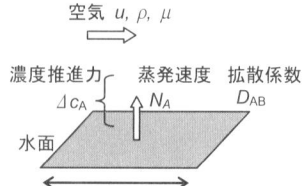

図3.3 物質移動に関与する物理量

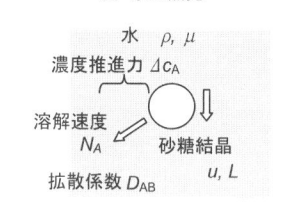

(a) 水の蒸発
(b) 水中の溶解現象

$$N_A = k'\Delta c_A^a D_{AB}^b u^c \rho^d \mu^e L^f \quad (3.8)$$

で表せるとする．k' は無次元の定数である．次元に関しても等式

$$[\text{mol}^1 \text{L}^{-2} \text{T}^{-1}] = [\text{mol}^1 \text{L}^{-3}]^a [\text{L}^2 \text{T}^{-1}]^b [\text{L}^1 \text{T}^{-1}]^c$$
$$\times [\text{M}^1 \text{L}^{-3}]^d [\text{M}^1 \text{L}^{-1} \text{T}^{-1}]^e [\text{L}^1]^f \quad (3.9)$$

が成立する．よって，

次元 mol に関して，$1 = a$
M に関して，$0 = d + e$
L に関して，$-2 = -3a + 2b + c - 3d - e + f$
T に関して，$-1 = -b - c - e$

が成立する．c と e を残して他をこれらで表すと，$a = 1$, $b = 1 - c - e$, $d = -e$, $f = -1 + c$ である．よって

$$N_A = k'\Delta c_A^1 D_{AB}^{1-c-e} u^c \rho^{-e} \mu^e L^{-1+c}$$
$$= k'\Delta c_A \left(\dfrac{D_{AB}}{L}\right)\left(\dfrac{uL}{D_{AB}}\right)^c \left(\dfrac{\mu}{D_{AB}\rho}\right)^e \quad (3.10)$$

すなわち，次の無次元の関係式となる．

$$\frac{N_\mathrm{A}}{D_\mathrm{AB}(\Delta c_\mathrm{A}/L)} = k'\left(\frac{uL}{D_\mathrm{AB}}\right)^c \left(\frac{\mu}{D_\mathrm{AB}\rho}\right)^e \quad (3.11)$$

ここで現れた3つの無次元数は順にSherwood数 Sh, Peclet数 Pe, Schmidt数 Sc とよばれ，これらが物質移動現象解析に用いられる無次元数である．よって物質移動問題は次元解析の結果より，

$$Sh = k' Pe^c Sc^e \quad (3.12)$$

と一般に表せた．

実際にたとえば球形固体（砂糖）の水への溶解速度は実験的に，

$$Sh = 1.01\, Pe^{1/3} \quad (3.13)$$

と予測される（後述）．ただし，$Sc \gg 1$ とする．

さらに，$\left\{\left(\dfrac{uL}{D_\mathrm{AB}}\right) = \left(\dfrac{\rho uL}{\mu}\right)\left(\dfrac{\mu}{\rho D_\mathrm{AB}}\right)\right\}$ より $Pe = ReSc$ なので式（3.12）は，

$$Sh = k' Re^c Sc^{e+c} \quad (3.14)$$

とも表せる．実際，平板からの物質移動は境界層理論から後述の式（3.38）となっている．物質移動問題は Sh, Re, Sc で相関される場合が多い．

以上で導かれた各無次元数の意味を紹介する．Reynolds数 Re は速度 u で流れる流体にかかる慣性力と粘性力の比である．Schmidt数 Sc は流体の物性値であり，特殊な無次元数である．流体の粘性（運動量移動の比例定数）と物質移動の比例定数である拡散係数の比の意味をもつ．

Sherwood数 Sh は物質移動流束 N_A を無次元化したものである．Sh 数の分母は濃度差と代表距離 L による拡散流束

$$J_\mathrm{A} = -D_\mathrm{AB}\frac{dc_\mathrm{A}}{dy} = D_\mathrm{AB}\frac{c_{\mathrm{A}s} - c_{\mathrm{A}\infty}}{L} \quad (3.15)$$

であり，これは流れの条件によらず定義できる．Sh 数はこの基準流束 J_A に対して実際の物質移動流束 N_A（拡散流束と対流の合計）が何倍かを表している（図3.4）．界面では対流項がないので，Sh 数は実際の濃度勾配が基準の濃度勾配（$(c_{\mathrm{A}s}-c_{\mathrm{A}\infty})/L$）の何倍かを示していることになる．

また，Sh 数の定義に物質移動係数の定義（式(3.4)）を考慮すると次式であり，物質移動係数 k を無次元化した $Sh = kL/D_\mathrm{AB}$ もまた Sh 数の定義となる．

$$Sh \equiv \frac{N_\mathrm{A}}{D_\mathrm{AB}(c_{\mathrm{A}s}-c_{\mathrm{A}\infty})/L} = \frac{k(c_{\mathrm{A}s}-c_{\mathrm{A}\infty})}{D_\mathrm{AB}(c_{\mathrm{A}s}-c_{\mathrm{A}\infty})/L}$$
$$= \frac{kL}{D_\mathrm{AB}} = \frac{L}{\delta} \quad (3.16)$$

さらに界面に厚さ δ の物質移動境膜を考えると，最終的に $Sh = L/\delta$ であり，Sh 数は代表長さ L と境膜厚さ δ の比の意味をもつことがわかる．

3.1.3 流束の比としての無次元数

前項のように無次元数は普通「次元解析」により導かれる．しかしこれとは別の視点すなわち流束（flux）の比として解釈・定義すると，無次元数の物理的意味が明確となる．Backer[2] は移動論（流体工学，伝熱工学，物質移動論）で用いられる多数の無次元数について，各種流束の比としての説明を与えている．ここでは物質移動における無次元数について紹介する．

図3.5に円管内の流れと平板上の流れについて，検査体積に流入・流出する各種物質流束（単位は [mol/(m^2·s)]）を示す．代表長さを L，代表濃度推進力を Δc_A，主流流れの流速を u とすると，これらを用いて，主流流れによる対流流束を $u\Delta c_\mathrm{A}$, 拡散流束を $J_\mathrm{A} = D_\mathrm{AB}\Delta c_\mathrm{A}/L$, 物質移動流束を $N_\mathrm{A} = k\Delta c_\mathrm{A}$ で測ることができる．これらは各流束の「尺度（measure）」である．表3.2にこれらの尺度を

$$Sh = \frac{（実際の流束）}{（基準流束）} = \frac{（実際の濃度勾配）}{（基準濃度勾配）}$$

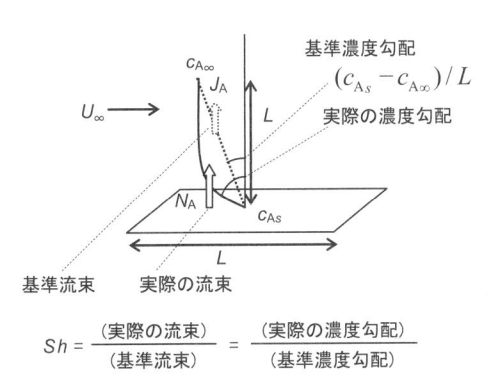

図3.4 Sherwood数 Sh の意味

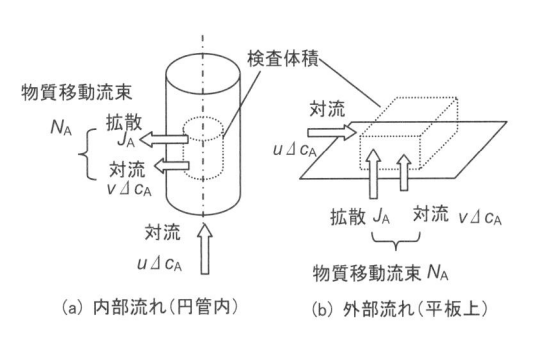

図3.5 物質移動の各種流束

(a) 内部流れ（円管内）　(b) 外部流れ（平板上）

表3.2 物質移動の無次元数

	拡散流束 $J_A = \dfrac{D_{AB}\Delta c_A}{L}$	物質移動流束 $N_A = \dfrac{D_{AB}\Delta c_A}{L} = k\Delta c_A$
対流物質移動 $u\Delta c_A$	Peclet 数 $Pe \equiv \dfrac{uL}{D_{AB}}$	Stanton 数 $St \equiv \dfrac{k}{u}$
拡散流束 $J_A = \dfrac{D_{AB}\Delta c_A}{L}$		Sherwood 数 $Sh \equiv \dfrac{kL}{D_{AB}}$

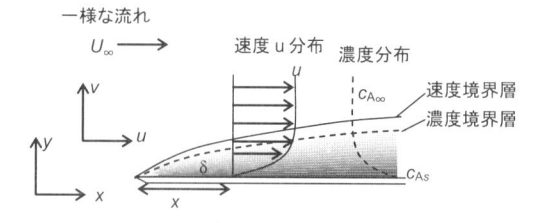

図3.6 平板上の速度境界層と濃度境界層

用い,各流束の比として,物質移動の無次元数の意味を示した.たとえば主流による対流物質移動に対して,拡散流束との比が Pe 数であり,物質移動流束との比が St 数である.

3.2 平板上の層流境界層と物質移動

次節で各種形状(平板,球,管内)や流れの状態(層流,乱流)における物質移動の理論式,推算式を示してゆくが,それらの基礎となるのが平板面から平行流れへの物質移動解析である.

一様流れに平行におかれた長さ L の平板面上の速度,濃度分布を考える(図3.6).平板面上の拡散成分濃度が c_{As},流れ中の濃度が $c_{A\infty}$ として,面上から流れ方向への物質移動が生じているものとする.速度,濃度分布は平板の薄い層状部分に限られるので,これを厚さ δ の境界層とみなす.すると流れの代表長さ L(または x)に比較して境界層厚さ δ は十分小さい($\delta \ll L$)と考えられる.これをもとに直交座標2次元 (x, y) Navier-Stokes 方程式にオーダー比較を行って,適宜各項を省略することで,層流境界層方程式が次式となる.

$$\text{速度}: u\frac{\partial u}{\partial x} + v\frac{\partial u}{\partial y} = \nu\frac{\partial^2 u}{\partial y^2} \quad (3.17)$$

$$(\nu \equiv \mu/\rho : 動粘度 \,[\text{m}^2/\text{s}])$$

これと連続の式

$$\frac{\partial u}{\partial x} + \frac{\partial v}{\partial y} = 0 \quad (3.18)$$

により境界層内の速度場 (u, v) が解かれる.

また,成分モル濃度 $c_A\,[\text{mol/m}^3]$ に関する拡散の基礎式(2.1)に同様に境界層の近似を適用すると次式の濃度境界層方程式となる.

$$\text{A 成分濃度}: u\frac{\partial c_A}{\partial x} + v\frac{\partial c_A}{\partial y} = D_{AB}\frac{\partial^2 c_A}{\partial y^2} \left[\frac{\text{mol}}{\text{m}^3\cdot\text{s}}\right]$$

(3.19)

ここで,速度の境界層における u, v は通常の(質量基準の)流体速度だが,濃度境界層方程式はモル濃度 c_A に関してのものなので,ここでの u, v は厳密にはモル平均速度である.しかし拡散成分と媒体のモル密度があまり違わないものとして,近似的に両者を同じ量として取り扱うのが普通である.

これらの偏微分方程式を解くために,まず常微分方程式に変換する.これを Blasius の相似変形という.y 方向距離を境界層の厚さ δ で規格化して相似変数 $\eta (\eta = y/\delta)$ とする.境界層厚さ δ は x 方向に変化し,$\delta \approx \sqrt{\nu x/U_\infty}$ とするのが妥当である.よって,

$$\eta \equiv y\sqrt{\frac{U_\infty}{\nu x}} \quad (3.20)$$

である.次に,連続の式(3.18)を自動的に満足する関数(流れ関数)ϕ:

$$u \equiv \frac{\partial \phi}{\partial y}, \quad v \equiv -\frac{\partial \phi}{\partial x} \quad (3.21)$$

を導入して,これを次式のように無次元流れ関数 $f(\eta)$ で無次元化する.

$$\phi = \sqrt{\nu x U_\infty}\, f(\eta) \quad (3.22)$$

また,濃度については無次元濃度

$$\theta(\eta) \equiv \frac{c_A - c_{As}}{c_{A\infty} - c_{As}}$$

を用いる.

すると元の境界層方程式の各項は以下のようになる.

$$\frac{\partial \eta}{\partial x} = -\frac{1}{2}\frac{\eta}{x}, \quad \frac{\partial \eta}{\partial y} = \sqrt{\frac{U_\infty}{\nu x}}$$

$$u = \frac{\partial}{\partial y}[\sqrt{\nu x U_\infty}\, f(\eta)] = \sqrt{\nu x U_\infty}\,\frac{df}{d\eta}\frac{\partial \eta}{\partial y}$$

$$= \sqrt{\nu x U_\infty}\sqrt{\frac{U_\infty}{\nu x}}\frac{df}{d\eta} = U_\infty f'$$

$$v = \frac{1}{2}\sqrt{\frac{\nu U_\infty}{x}}(\eta f' - f)$$

$$\frac{\partial u}{\partial x} = -\frac{\eta U_\infty}{2x} f''$$

3.2 平板上の層流境界層と物質移動

$$\frac{\partial u}{\partial y} = U_\infty \sqrt{\frac{U_\infty}{\nu x}} f''$$

$$\frac{\partial^2 u}{\partial y^2} = \frac{U_\infty^2}{\nu x} f'''$$

$$\frac{\partial c}{\partial x} = (c_\infty - c_s)\left(-\frac{1}{2}\frac{\eta}{x}\right)\theta'$$

$$\frac{\partial c}{\partial y} = (c_\infty - c_s)\sqrt{\frac{U_\infty}{\nu x}}\,\theta'$$

$$\frac{\partial^2 c}{\partial y^2} = (c_\infty - c_s)\frac{U_\infty}{\nu x}\theta'' \qquad (3.23)$$

以上により境界層方程式は次式のように常微分方程式となる.

速度の境界層方程式: $2f''' + ff'' = 0$ (3.24)

（境界条件：$\eta = 0: f = f' = 0$ および $\eta = \infty : f' = 1$）

濃度の境界層方程式: $\theta'' + \dfrac{Sc}{2} f\theta' = 0$ (3.25)

（境界条件：$\eta = 0 : \theta = 0$ および $\eta = \infty : \theta = 1$）

$\left(Sc \equiv \dfrac{\nu}{D_{AB}} = \dfrac{\mu}{\rho D_{AB}} : \text{Schmidt 数}\right)$

x-y2次元の境界層方程式は無次元距離 η に関する常微分方程式に変形された．しかし未だ3階の常微分方程式であり，解析解は得られない．この常微分方程式を近似的に解くためにBlasius以来，級数解法を中心に特別な解法が工夫されてきた．しかし，今日ではパソコンにより以下のような数値解法で手軽に解くことができる．

ここではRunge-Kutta法による数値積分法を用いる．式（3.24），（3.25）で $y_0 = f,\ y_1 = f',\ y_2 = f'',\ y_3 = \theta,\ y_4 = \theta'$ とおくと，これらは以下の正規形の連立常微分方程式となる．

$$\begin{cases} y_0' = y_1 & (3.26) \\ y_1' = y_2 & (3.27) \\ y_2' = -\dfrac{1}{2} y_0 y_2 & (3.28) \\ y_3' = y_4 & (3.29) \\ y_4' = -\dfrac{Sc}{2} y_0 y_4 & (3.30) \end{cases}$$

以下の例題でこの方法による速度・濃度の境界層方程式の数値解法を示す.

【例題 3.2】 平板上の濃度境界層方程式の数値解法〈mta3_2.xls〉

水面からの水の蒸発を想定して，$U_\infty = 0.3$ m/s, $x = 0.02$ m, $c_{As} = 1.0,\ c_{A\infty} = 0$ として，速度および濃度境界層方程式を解き，平板上の速度分布・水蒸気の濃度分布を描け．$c_{As} = 1.0$ mol/m^3 は21℃の飽和水蒸気圧に相当する．空気のSchmidt 数 $Sc = 0.51$, 他の物性値は図3.7中に示す．

（解） 図3.7は「微分方程式解法シート」である．セルB5, C5, D5に速度境界層方程式（式（3.26）〜（3.28）），E5, F5に濃度境界層方程式（3.29），（3.30）を記述し，積分を実行する．無次元速度 f' および温度 θ が積分の上限 $\eta = 8$ で1となるよう，f'', θ' の初期値を試行する．その結果，解が $f''(0) = 0.33206$, $\theta'(0) = 0.2613 (\approx 0.332 \times (0.511)^{1/3} = 0.265)$ と得られた．流れ関数 f, 速度分布 f', および f'' の分布を図3.8に，濃度分布と速度分布の比較を図3.9に示す．速度分布と濃度分布は相似であるが，Sc 数の効果で濃度境界層の方が厚くなっている．図3.9下図は実距離で示したもので，両境界層の厚さは4

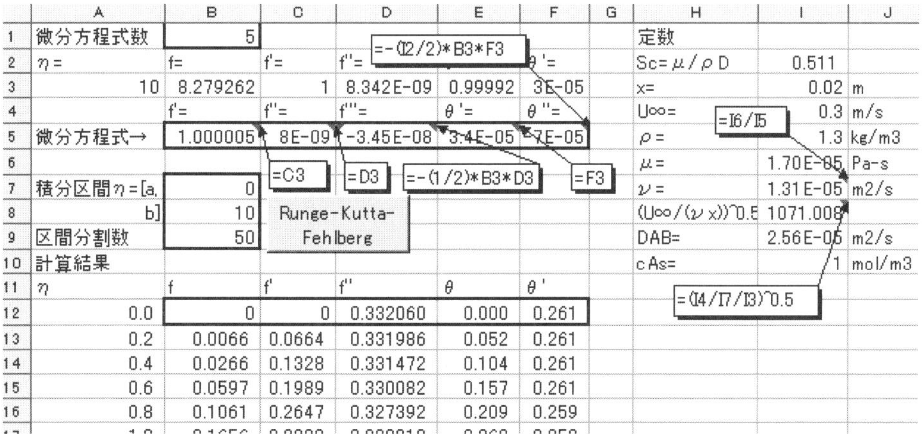

	A	B	C	D	E	F	G	H	I	J
1	微分方程式数	5			=-(D2/2)*B3*F3			定数		
2	$\eta =$	f=	f'=	f''=		$\theta'=$		$Sc=\mu/\rho D$	0.511	
3		10	8.279262	1	8.342E-09	0.99992	3E-05	x=	0.02	m
4			f'=	f''=	f'''=	$\theta'=$	$\theta''=$	U∞=	0.3	m/s
5	微分方程式→		1.000005	8E-09	-3.45E-08	3.4E-05	-7E-05	$\rho=$	1.3	kg/m3
6								$\mu=$	1.70E-05	Pa-s
7	積分区間 $\eta=$[a,	0	=C3	=D3	=-(1/2)*B3*D3	=F3		$\nu=$	1.31E-05	m2/s
8	b]	10	Runge-Kutta-Fehlberg					(U∞/(ν x))^0.5	1071.008	
9	区間分割数	50						DAB=	2.56E-05	m2/s
10	計算結果							cAs=	1	mol/m3
11	η	f	f'	f''	θ	θ'		=(I4/I7/I3)^0.5		
12	0.0	0	0	0.332060	0.000	0.261				
13	0.2	0.0066	0.0664	0.331986	0.052	0.261				
14	0.4	0.0266	0.1328	0.331472	0.104	0.261				
15	0.6	0.0597	0.1989	0.330082	0.157	0.261				
16	0.8	0.1061	0.2647	0.327392	0.209	0.259				

図3.7 境界層方程式の数値解法 〈mta3_2.xls〉

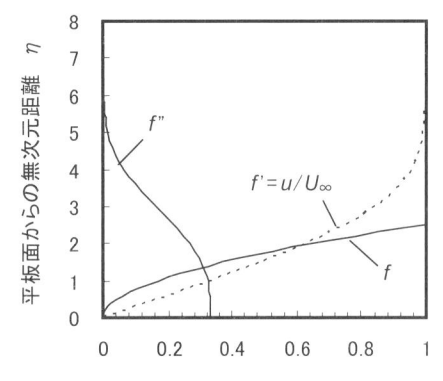

図 3.8 速度境界層方程式の解（流れ関数）

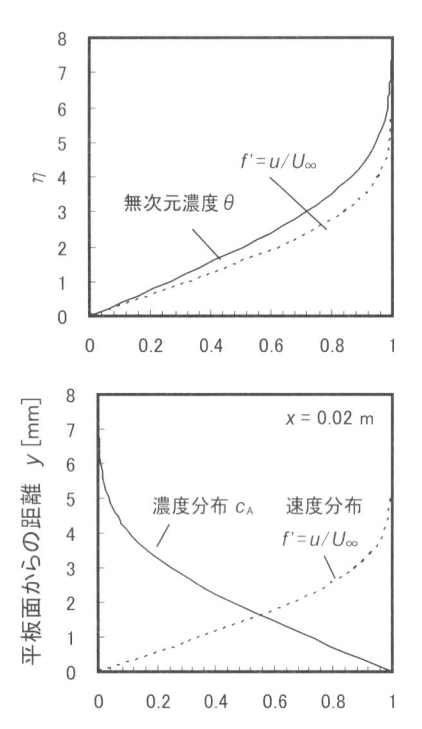

図 3.9 境界層方程式の解（速度分布，濃度分布）

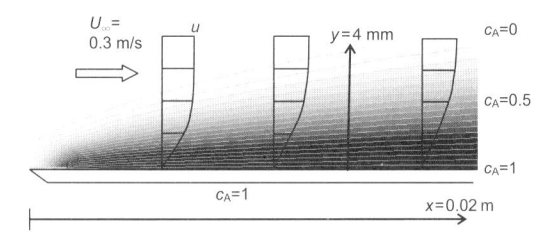

図 3.10 境界層方程式の解（速度分布と濃度分布のコンター図）

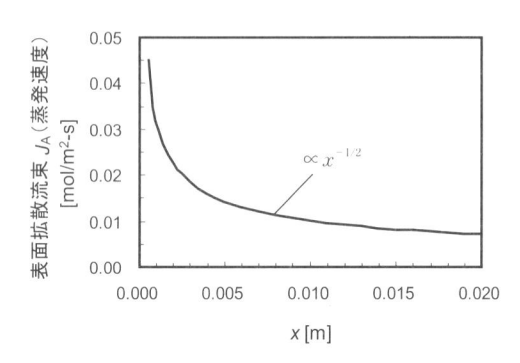

図 3.11 平板表面の拡散流束 J_A の分布

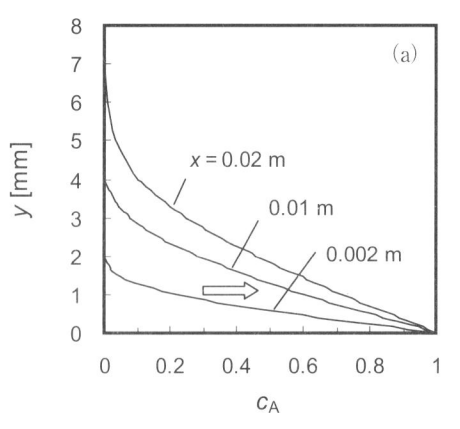

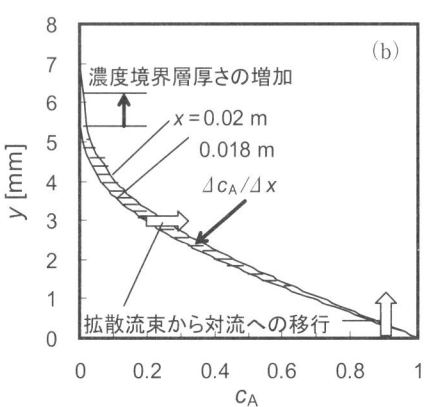

図 3.12 濃度境界層の発達

〜6 mm である．

計算結果をもとに濃度境界層の流れ方向の発達について考える．図 3.10 に平板上の速度，濃度境界層の発達の様子をコンター図で示す．濃度境界層の厚さは $x^{1/2}$ に比例する．図 3.11 は平板面上の拡散流束（式（3.36））の分布であり，これは $x^{-1/2}$ に比例している（なお，2 章の例題 2.26 で水の蒸発速度について Poiseuille 流れと本結果（境界層流れ）を比較しているので参照されたい）．図 3.12(a) は位置 x による濃度境界層の発達の様子である．濃度境界層の濃度分布は拡散セル中の一方拡散（例

題2.16) とは異なり，連続して主流濃度に近づく．これが2次元の対流物質移動の特徴で，実際の現象を表している．濃度境界層の発達（厚さの増加）ということは流れ方向の対流物質移動量の増加分 $u(\partial c_A/\partial x)$ である（図3.12(b)）．すなわち界面で y 方向に濃度拡散した物質移動流束 N_A（＝拡散流束 J_A）が，濃度境界層内で流れ方向（x 方向）に向きを変えて対流流束に移行しており，これが濃度境界層の発達を意味している．

【例題3.3】 水中の濃度境界層 〈mta3_3.xls〉

水の流れ中に壁面からタンパク質が拡散する場合を考える．水中の溶質の拡散は遅く，Sc 数は $Sc=10930$ という大きな値となる．$U_\infty=1$ m/s, $x=0.1$ m, $c_{As}=100$, $c_{A\infty}=0$ として速度・濃度界層方程式を解き，濃度分布を求めよ．

（解）例題3.2と同様に式(3.26)〜(3.30)を解く．解は $\theta'(0)=7.52(\approx 0.332\times(10930)^{1/3}=7.37)$ であった．結果を無次元分布と実際の速度分布，濃度分布で図3.13に示す．例題3.2の空気中では速度境界層と濃度境界層の厚さが数 mm の同程度であったが，水中では速度境界層に比較して濃度境界層の厚さが非常に薄く，数十 μm 程度であることがわかる．

計算結果にもあるように速度境界層では $f''(0)=0.332$ なので，壁面のせん断応力 τ_w が，

$$\tau_w \equiv \mu \frac{\partial u}{\partial y}\bigg|_{y=0} = \mu U_\infty \sqrt{\frac{U_\infty}{\nu x}} f''(0) = \sqrt{\frac{U_\infty \rho \mu}{x}} 0.332 U_\infty \quad (3.31)$$

となる．よって無次元の摩擦係数が

$$c_{f,x} \equiv \frac{\tau_w}{\rho U_\infty^2/2} = 0.664 Re_x^{-1/2} \quad (3.32)$$

となる．これは長さ L の平板平均値では

$$c_f = 1.328 Re_L^{-1/2} \quad (3.33)$$

である．

また，濃度境界層の壁面での勾配は Sc 数に依存するが，Pohlhausen はこの関係が

$$\theta'(0) \equiv \frac{d\theta}{d\eta}\bigg|_{\eta=0} = 0.332 Sc^{1/3} \quad (3.34)$$

のように近似できることを示した．図3.14にこの関係と例題3.2, 3.3の結果，および Sc 数を変えて追加計算した結果を比較したものである．上式の関係が Sc の広い範囲で成立している．

すると無次元濃度勾配は，

$$\theta'(\eta) = \frac{d\theta}{d\eta} = \frac{-\left(\dfrac{1}{c_{As}-c_{A\infty}}\right)\dfrac{\partial c_A}{\partial y}}{\sqrt{\dfrac{U_\infty}{\nu x}}}$$

$$= -\frac{x}{(c_{As}-c_{A\infty})Re_x^{1/2}}\frac{\partial c_A}{\partial y} \quad (3.35)$$

なので，これより平板面上の物質移動流束 N_A（＝拡散流束 J_A）は次式となる．

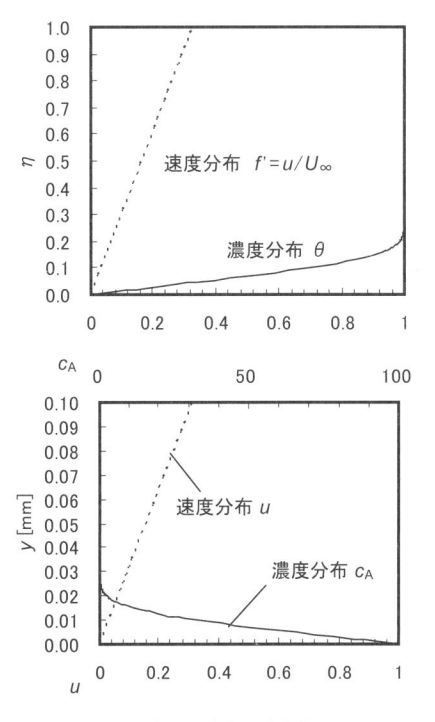

図3.13 水中の速度と濃度境界層

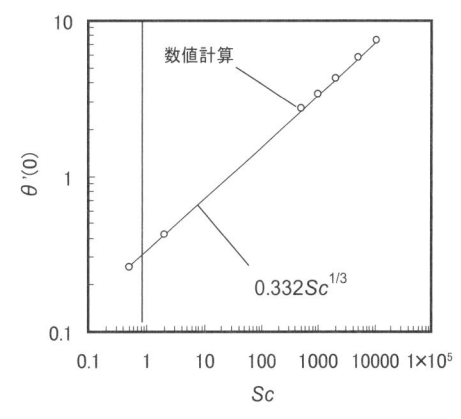

図3.14 濃度境界層の界面濃度勾配 $\theta'(0)$ と Sc 数の関係

$$N_A = J_A = -D_{AB}\frac{\partial c_A}{\partial y}\bigg|_{y=0} = D_{AB}(c_{As}-c_{A\infty})\frac{\partial \theta}{\partial y}\bigg|_{y=0}$$

$$= 0.332\left(\frac{D_{AB}}{x}\right)(c_{As}-c_{A\infty})Sc^{1/3}Re_x^{1/2} \quad (3.36)$$

さらに，平板の全長 L についての平均値は次式である．

$$\bar{N}_A = \frac{1}{L}\int_0^L N_A dx = 0.664\left(\frac{D_{AB}}{x}\right)(c_{As}-c_{A\infty})Sc^{1/3}Re_L^{1/2}$$

$$(Re_L \equiv U_\infty \rho L/\mu) \quad (3.37)$$

これらを Sherwood 数 Sh で書くと最終的に平板上の物質移動は次式で表せる．

局所： $Sh_x \equiv \dfrac{N_A}{\dfrac{D_{AB}(c_{As}-c_{A\infty})}{x}} = 0.332Sc^{1/3}Re_x^{1/2}$

$$(3.38)$$

平板平均： $Sh \equiv \dfrac{\bar{N}_A}{\dfrac{D_{AB}(c_{As}-c_{A\infty})}{L}} = 0.664Sc^{1/3}Re_L^{1/2}$

$$(3.39)$$

以上の層流境界層理論による物質移動解析は，$Sh \to Nu$, $Sc \to Pr$ の対応を用いれば伝熱の解析においても同一である．しかし気-液界面を通しての物質移動に特有の現象は，界面に垂直な速度（界面速度）$v(0) = v_s$ が存在する場合があることである．たとえば混合蒸気の凝縮現象では $v_s < 0$（液相側向き）であり，加熱下での 2 成分系蒸留では $v_s > 0$（蒸気相側向き）の界面速度が生じている（2.4.1 項，図 2.52 参照）．このような条件では各成分の流束を，$v_s = 0$ とした等モル相互拡散ではなく，物質移動流束 N_A を拡散流束 J_A と対流項 $c_A v_s$ の和として取り扱う必要がある．さらに，この拡散流束 J_A 自身が v_s により影響を受けることが層流境界層理論から予測される．これが境界層の高物質流束効果（high mass flux effect）である．

流れ関数の定義より界面速度 v_s がある場合の界面（$\eta = 0$）での無次元流れ関数 $f(0)$ は，

$$f(0) = -2\left(\frac{v_s}{U_\infty}\right)Re_x^{1/2} \quad (3.40)$$

である．図 3.15(a) は $f(0)$ に 0 以外の値を設定して，境界層方程式を解いた結果を示したものである．界面速度 v_s の効果により速度境界層が圧縮されたり，厚みを増す現象が現れる．図 3.15(b) はこの速度分布から $Sc = 0.51$ として濃度境界層方程式を計算して，濃度境界層の濃度分布を示したものである．濃度境界層も速度境界層の増減に従って厚さが変化する．これに従って界面濃度勾配が変化して，界面の拡散流束 J_A も影響を受ける．この条件では $f(0) = -1$, $v_s = 0.007$ m/s（吹き出し）で J_A は $v_s = 0$ の場合の 0.26 倍に減少し，$f(0) = 1$, $v_s = -0.007$（吸

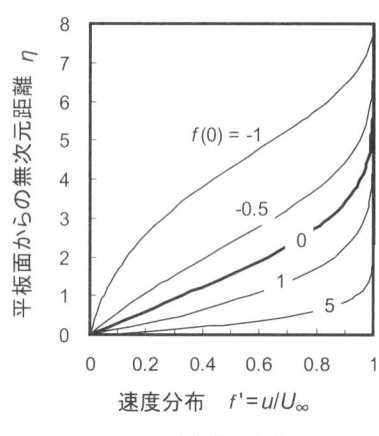

(a) 速度分布

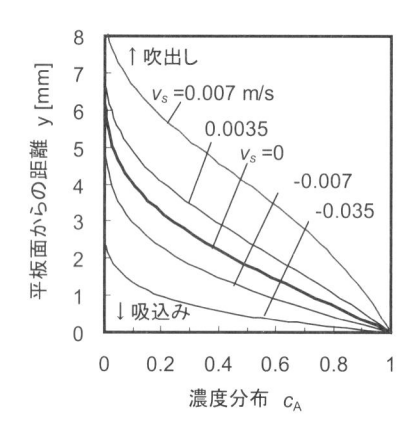

(b) 濃度分布

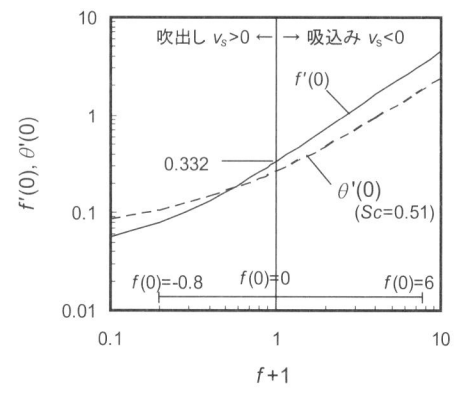

(c) 界面速度，濃度勾配

図 3.15 境界層の高物質流束効果 〈mta3_a.xls〉

い込み）では J_A は 1.8 倍に増加する効果が生じるものと計算された．この界面速度勾配，濃度勾配におよぼす高物質流束効果を図 3.15(c) に示す．

3.3 乱流場の物質移動とアナロジー

層流場と異なり，乱流場では流体中の大小の渦が移動現象を支配する．よって渦拡散係数 ε_D により，Fick の拡散法則が修正される．

$$N_A\{\equiv k(c_{As}-c_{A\infty})\} = -(D_{AB}+\varepsilon_D)\frac{dc_A}{dy}\bigg|_{y=0} \quad (3.41)$$

ここで k は物質移動係数．固体壁や界面からの乱流流れ中への拡散では，この渦拡散係数が拡散係数より数オーダー大きく，これが支配的となる．

一方，主流速度 U_∞ で流れる乱流場での運動量移動でも同じく渦動粘度 ε_M が支配的である．

$$\frac{\tau_w}{U_\infty}\left(\equiv \frac{c_f\rho}{2}U_\infty\right) = -(\nu+\varepsilon_M)\frac{d(\rho u/U_\infty)}{dy}\bigg|_{y=0} \quad (3.42)$$

ここで c_f は平板の摩擦係数である（層流では式 (3.32)，(3.33)）．乱流境界層での平板面で，規格化した速度と濃度の勾配が等しい

$$\frac{d\left(\dfrac{u}{U_\infty}\right)}{dy}\bigg|_{y=0} = \frac{d\left(\dfrac{c_A}{c_{As}-c_{A\infty}}\right)}{dy}\bigg|_{y=0} \quad (3.43)$$

と考えると，式 (3.41)，(3.42) から次式となる．

$$\frac{c_f U_\infty}{2(\nu+\varepsilon_M)} = \frac{k}{(D_{AB}+\varepsilon_D)} \quad (3.44)$$

これが摩擦係数（運動量移動）と物質移動の相似性（アナロジー）を示す．どちらの移動も渦が支配的で，各渦が同じスケール（$(\varepsilon_M/\varepsilon_D)=1$）とすると，

$$\frac{c_f}{2} = \frac{k}{U_\infty} \quad (3.45)$$

となる．この右辺は物質移動の Stanton 数 St_M である（表 3.2）．乱流場の摩擦係数は各種形状について実験的に得られているので，摩擦係数から乱流下の物質移動係数が推定できることになる．この乱流場における摩擦係数から物質移動係数（および伝熱係数）を類推することを「Reynolds のアナロジー」とよぶ．

Reynolds のアナロジーは $Sc=1$ の場合に限られ，実用的ではなかったので，Chilton-Colburn は以下のように流れの j 因子

$$j_M \equiv \frac{c_f}{2} = \frac{f}{2} \quad (3.46)$$

Sc 数で補正した物質移動の j 因子

$$j_D \equiv \frac{k}{U_\infty}Sc^{2/3} = St_M Sc^{2/3} = \frac{Sh}{(Re \cdot Sc^{1/3})} \quad (3.47)$$

を定義して，j 因子間の関係

$$j_M = j_D \quad (3.48)$$

とした．これが実用的な Chilton-Colburn のアナロジーである（実際は伝熱も含む 3 つの j 因子間の関係である）．これにより各種形状における乱流中の物質移動係数が順次以下のような相関式として得られる[3, p.99]．適用される Sc 数の範囲は 0.5～10 とされる．図 3.16 にこれらの関係を Re に対して比較した．

平行平板流れ：乱流下の摩擦係数が，

$$c_f = 0.074 Re_L^{-1/2} \quad (3.49)$$

なので，長さ L の平板平均の値についてアナロジーの関係が以下である．

$$j_M = j_D = 0.037 Re^{-0.2} \quad (5\times10^5 < Re \equiv \frac{\rho L U_\infty}{\mu} < 5\times10^8) \quad (3.50)$$

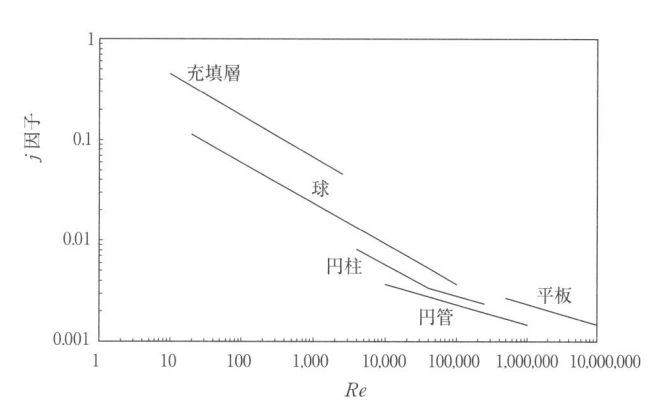

図 3.16 Chilton-Colburn の各種形状における j 因子[3, p.100]

円管内の流れ：管径 D, 平均速度 u についての管摩擦係数が,

$$f = 0.046 Re^{-0.2} \quad (3.51)$$

（これは半理論式である Karman の式：$1/\sqrt{f} = 4.0 \log(Re\sqrt{f}) - 0.4$ の近似式である）.
なので次式となる.

$$j_M = j_D = 0.023 Re^{-0.2} \quad \left(10000 < Re \equiv \frac{\rho D u}{\mu} < 1000000\right) \quad (3.52)$$

円柱を横切る流れ：このような外部流れでは流体力学的な抵抗係数 C_D に形状抵抗と表面摩擦抵抗が含まれるが, 摩擦抵抗分のみ考慮した $(j_M)_{\text{skin friciton}}$ を用いて, 次式である.

$$(j_M)_{\text{skin friciton}} = j_D = 0.193 Re^{-0.382} \quad (3.53)$$

$$\left(4000 < Re \equiv \frac{\rho D u}{\mu} < 40000\right)$$

$$(j_M)_{\text{skin friciton}} = j_D = 0.0266 Re^{-0.195} \quad (3.54)$$

$$(40000 < Re < 250000)$$

球まわり流れ（球の直径 D）：球の場合も摩擦抵抗の $(j_M)_{\text{skin friciton}}$ を用いる.

$$(j_M)_{\text{skin friciton}} = j_D = 0.37 Re^{-0.4} \quad (3.55)$$

$$\left(20 < Re \equiv \frac{\rho D u}{\mu} < 100000\right)$$

充填層（均一球状粒子径 D_p）：

$$(j_M)_{\text{skin friciton}} = j_D = 1.17 Re^{-0.415} \quad (3.56)$$

$$\left(10 < Re \equiv \frac{\rho D_p u}{\mu} < 2500\right)$$

これらのアナロジーの提案の後, 乱流の構造に関する考察を加味したアナロジー理論が考えられ, より実測に合う式が提案されている. たとえば Friend-Metzner は壁近傍の渦拡散係数の変化を考慮して, 次式を提案した. これにより Sc 数が 3000 までの適合性が改良された[3].

$$St_M = \frac{(f/2)}{1.20 + 11.8\sqrt{f/2}(Sc - 1)(Sc^{-1/3})} \quad (3.57)$$

【例題 3.4】 内径 $D = 0.053$ m の円管内壁からケイ皮酸 ($C_9H_8O_2$) が管内の速度 u の水の乱流流れに溶解する. 溶解速度を測定したところ, $St_M = 0.0000351$ であった. $Re = 35800$, $Sc = 1450$ として, この実測値を各種アナロジーと比較せよ[3, p.103].

（解）式 (3.51) より摩擦係数は $f = 0.00565$ である. これより,

Reynolds のアナロジー： $St_M = \dfrac{f}{2} = 0.00283$

Chilton-Colburn のアナロジー： $St_M = \dfrac{f/2}{Sc^{2/3}}$
$= 0.0000220$

Friend-Metzner のアナロジー： $St_M = 0.0000346$

やはり, 改良されたアナロジーの方が適合性がよい. なお, $u = 0.68$ m/s なので, $k = 2.4 \times 10^{-5}$ m/s. 拡散係数 $D_{AB} = 6.9 \times 10^{-10}$ m^2/s を考慮すると, 物質移動境膜厚さ δ は 29 μm となる.

3.4 各種形状における物質移動

固体表面から流れ中への物質移動に関する理論および相関式を, 代表的な4つの形状について示す. 図 3.17 は平行平板流れ（境界層流れ）, 円管内流れ, 円柱を横切る流れ, 球周りの流れについて代表長さ D, L の定義と物質移動境膜厚さ δ の取り方を示したものである. ここで平行平板流れのみ代表長さ L と境膜厚さ δ の方向が異なる点が特徴である.

平行平板流れ：平板 Reynolds 数 $(Re \equiv U_\infty x/\nu)$ が $Re < 5 \times 10^5$ で層流境界層流れ, 以降は遷移域を経て乱流境界層流れとなる（図 3.18）. 長さ L の平板平均について, 層流では境界層理論の結果より次式である.

層流： $Sh = 0.664 Sc^{1/3} Re_L^{1/2} \quad (3.58)$

乱流境界層では速度・濃度境界層の厚さ自身は $x^{4/5}$ に比例して大きくなるが, 平板近傍での速度・濃度勾配は層流に比べて増大する. 平板平均値ではアナロジー（式 (3.50)）より $j_D = Sh/(Re \cdot Sc^{1/3})$ なので,

乱流： $Sh = 0.037 Sc^{1/3} Re_L^{0.8}$
$(5 \times 10^5 < Re_L < 5 \times 10^8) \quad (3.59)$

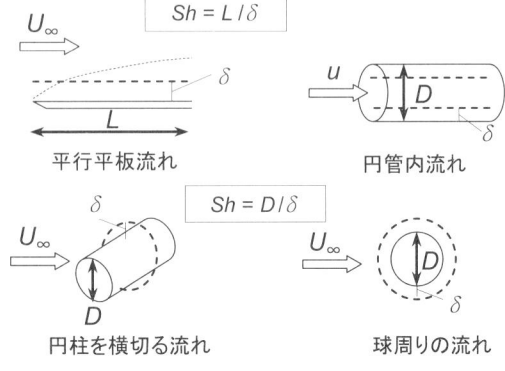

図 3.17　各形状の流れにおける代表長さと境膜厚さ δ

3.4 各種形状における物質移動

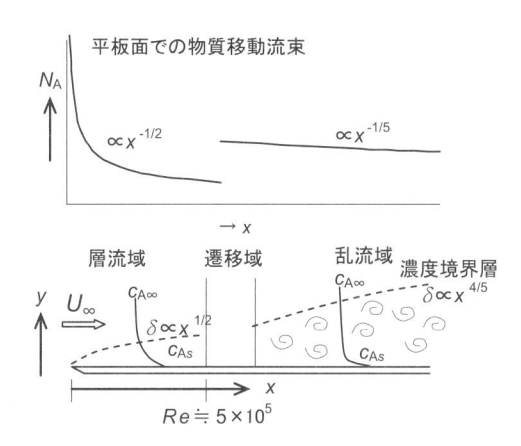

図3.18 平行平板流れにおける濃度境界層と物質移動速度

である．

円管内流れ：内径 $D(=2R)$，長さ L の円管内を平均速度 $\bar{u}$ で流体が流れており，流体濃度は入口で c_{A0} である．管壁の成分濃度を c_{As} として，流体中に成分が拡散するモデルを考える．管内のある位置において混合平均濃度

$$\bar{c}_A \equiv \frac{2}{\pi R^2 \bar{u}} \int_0^R c_A(r) u(r) r dr \qquad (3.60)$$

を定義する．図3.19に例題2.27の結果をもとに，管内流れ方向の濃度分布の発達の様子と，混合平均濃度 $\bar{c}_A$，中心濃度 c_{A0} の変化を示す．図のように入口からある程度の距離（$z > 0.0005$ m）からは濃度分布は相似形である．すなわち混合平均濃度 $\bar{c}_A$ で規格化した濃度分布は流れ方向 z で変化がない．

$$\frac{\partial}{\partial z}\left(\frac{c_{As} - c_A}{c_{As} - \bar{c}_A}\right) = 0 \qquad (3.61)$$

したがって，規格化した壁面濃度勾配も一定値である．

$$\frac{(\partial c_A/\partial r)|_{r=R}}{(c_{As} - \bar{c}_A)} = \text{const.} \qquad (3.62)$$

これより管内流れでは入口付近を除いて Sh 数が一定値であることが示される．

$$Sh_x \equiv \frac{N_A}{\frac{D_{AB}(c_{As} - \bar{c}_A)}{D}} = \frac{D_{AB}(\partial c_A/\partial r)|_{r=R}}{\frac{D_{AB}(c_{As} - \bar{c}_A)}{D}} = \text{const.} \qquad (3.63)$$

解析的には流れ方向（z）濃度拡散項は省略した円筒座標の拡散の基礎式

$$u(r)\frac{\partial c_A}{\partial z} = \frac{D_{AB}}{r}\frac{\partial}{\partial r}\left(r\frac{\partial c_A}{\partial r}\right) \qquad (3.64)$$

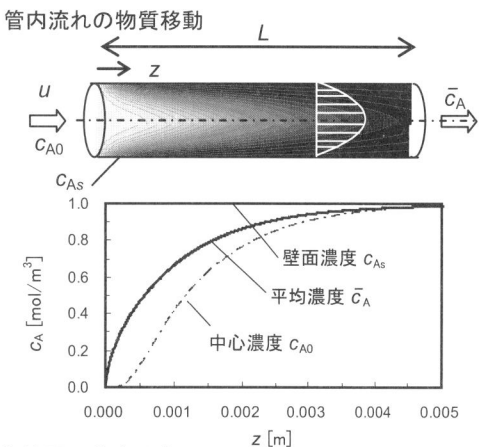

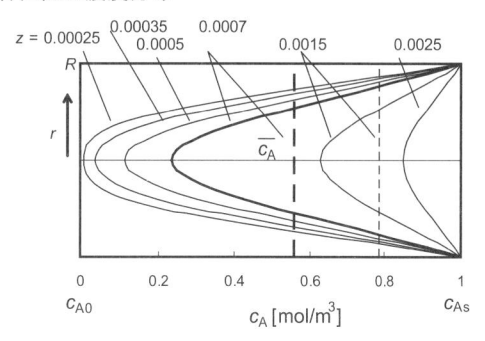

図3.19 管内流れへの物質移動の様子（例題2.27）

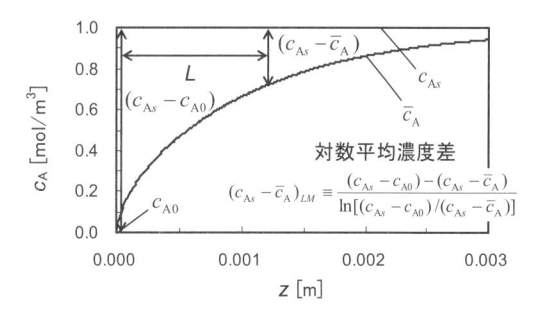

図3.20 濃度推進力の定義 ―対数平均濃度差―

で速度分布 $u(r)$ に放物線速度分布を用い，境界条件：$z=0$：$c_A = c_{A0}$，$r = D/2$：$c_A = c_{As}$ で解く対流物質移動の問題となる．この問題はGraetz以来伝熱の分野で詳細に検討されており，解析解（級数解）が得られている．その結果から，Sh 数一定の完全発達領域では，長さ L の管平均 Sh 数が，

$$Sh = 3.66 \qquad (3.65)$$

が示されている．逆に入り口付近では速度分布を直線と近似して，Levequeの解

$$Sh = 1.65Gz^{1/3} \left(Gz \equiv \frac{D^2\bar{u}}{zD_{AB}} = \left(\frac{D}{z}\right)Re_D Sc = \left(\frac{D}{z}\right)Pe\right) \quad (3.66)$$

が得られている．ここで，Gz は Graetz 数とよばれる．両式を含めた Gz 数の全範囲については，Hausen の近似式[4, p.176]

$$Sh = 3.66 + \frac{0.0668Gz}{1 + 0.04Gz^{2/3}} \quad (3.67)$$

があてはまる．

以上の関係を図 3.21 に示す．ただし，この円管内平均 Sh 数は次式のように対数平均濃度差 $(c_{As} - \bar{c}_A)_{LM}$ で定義されていることに注意する（図 3.20）．

$$Sh \equiv \frac{N_A}{\dfrac{D_{AB}(c_{As} - \bar{c}_A)_{LM}}{D}} \quad (3.68)$$

$$\left((c_{As} - \bar{c}_A)_{LM} \equiv \frac{(c_{As} - c_{A0}) - (c_{As} - \bar{c}_A)}{\ln\left[\dfrac{(c_{As} - c_{A0})}{(c_{As} - \bar{c}_A)}\right]}\right)$$

管内流れが乱流の範囲では，アナロジー（式 (3.52)）からは，

$$Sh = j_D Re Sc^{1/3} = 0.023Re^{0.8}Sc^{1/3} \quad (3.69)$$

である．しかし，実用には空気流れ中への液の蒸発実験で得られた Gilliland-Sherwood の相関式

$$Sh = 0.023Re^{0.83}Sc^{0.44} \quad (3.70)$$

$$(2000 < Re < 35000,\ 0.6 < Sc < 2.5)$$

が適用される．さらにこの式は Sc の指数を $(1/3)$ にする

$$Sh = 0.023Re^{0.83}Sc^{1/3} \quad (3.71)$$

$$(2000 < Re < 70000,\ 0.6 < Sc < 2500)$$

ことで，液流れへの固体の溶解にも適用できることが実験的に確認されている[4, p.181]．

実際に Sh 数から管出口濃度を求めるには，先ず長さ L の円管内流れの着目成分について物質収支をとると，

（流体濃度増加分）=（壁面の物質移動流束）×（壁面積）

なので，

$$\frac{\pi}{4}D^2\bar{u}(\bar{c}_A - c_{A0}) = N_A\pi DL \quad (3.72)$$

である．この N_A を管内流れの Sh 数（式 (3.68)）に適用すると，次式となる．

$$Sh = \frac{D^2\bar{u}}{4LD_{AB}}\ln\frac{(c_{As} - c_{A0})}{(c_{As} - \bar{c}_A)} = \frac{1}{4}Gz\ln\frac{(c_{As} - c_{A0})}{(c_{As} - \bar{c}_A)} \quad (3.73)$$

よって管長さ L での出口での流体平均濃度 $\bar{c}_A$ は，

$$\bar{c}_A = c_{As} - \frac{(c_{As} - c_{A0})}{\exp\left(\dfrac{4Sh}{Gz}\right)} = c_{As} - \frac{(c_{As} - c_{A0})}{\exp\left(\dfrac{4ShLD_{AB}}{D^2\bar{u}}\right)} \quad (3.74)$$

である．

【例題 3.5】 円管内流れへの物質拡散〈mta3_5.xls〉

$D = 0.002$ m の管内を空気が $u = 0.1$ m/s で流れており，壁から $c_{As} = 1 = 1.0$ mol/m^3 濃度で水蒸気が拡散している．空気の水蒸気濃度変化を求めよ．

（解）この場合は $Gz \ll 1$ なので，$Sh = 3.66$ である．式 (3.74) より入り口より z の距離における管出口濃度 $\bar{c}_A$ が求められる．図 3.22 に結果を差分法による数値解（例題 2.27）と比較した．

【例題 3.6】 円管内流れへの壁からの溶解実験

Linton-Sherwood は安息香酸で作った円管に水を流して，安息香酸の溶解速度を測定する実験を行った．上流に 4 m の管を設けて，円管内は発達した放物線速度分布になるようにしている．円管内径 $D = 0.0523$ m，全長 $L = 0.32$ m，水流速 $\bar{u} =$

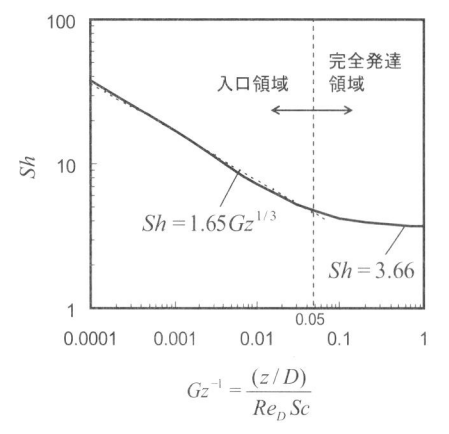

図 3.21 層流円管内流れ物質移動の Hauzenn の式

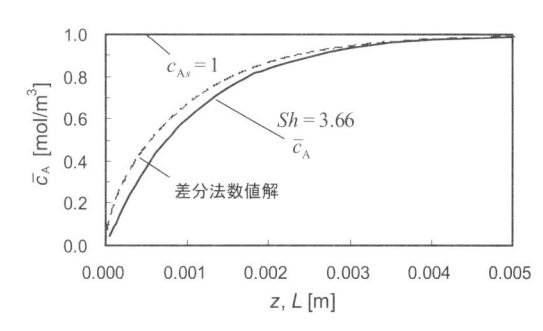

図 3.22 管内流れにおける混合平均濃度の変化（差分解は例題 2.24）

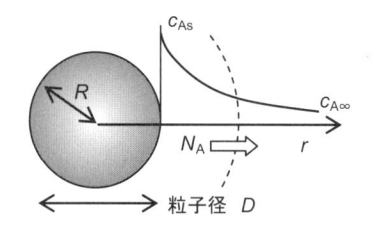

図 3.23 球表面から静止媒体への物質移動（拡散）

0.0017 m/s, $Re_D = 100$, 安息香酸-水系拡散係数 $D_{AB} = 9.18 \times 10^{-10}$ m^2/s, $Sc = 970$ である. 安息香酸の水への飽和溶解度として壁面濃度を推定すると, $c_{As} = 27.8$ mol/m^3 である. 円管出口での平均濃度を求めよ[3, p.97].

（解）式 (3.66), 式 (3.67), 式 (3.74) より以下のようである.

$$Gz \equiv \left(\frac{D}{L}\right) Re_D Sc = 15853$$

$$Sh = 3.66 + \frac{0.0668 \times 15853}{1 + 0.04 \times (15853)^{2/3}} = 44.0$$

$$\bar{c}_A = 27.8 - \frac{(27.8 - 0)}{\exp\left(\dfrac{4 \times 44 \times 0.32 \times 9.18 \times 10^{-10}}{0.0523^2 \times 0.0017}\right)}$$

$$= 0.307 \text{ mol/m}^3$$

出口濃度は未だ飽和濃度に比べて 1% 程度である.

球状物体からの流体への物質移動: 径 $D(=2R)$ の球表面から外側媒体中への拡散を考える（図 3.23）. 外部媒体中の球中心からの距離 r における, 球表面からの物質移動流束（拡散流束）N_A[mol/m^2·s] は拡散面積（径 r の球の表面積）との積が一定である. これを V_A[mol/s] とする.

$$V_A (= 4\pi r^2 N_A) = -4\pi r^2 D_{AB} \frac{dc_A}{dr} (= \text{const.}) \quad (3.75)$$

境界条件は, $r = R : c_A = c_{As}$, $r = \infty : c_A = c_{A\infty}$ なので, これより

$$V_A = 4\pi D_{AB} R (c_{As} - c_{A\infty}) \quad (3.76)$$

である. これと $V_A = 4\pi R^2 N_A$ より,

$$Sh \equiv \frac{N_A}{\dfrac{D_{AB}(c_{As} - c_{A\infty})}{D}} = 2 \quad (3.77)$$

の関係が得られる.

これをもとに, 媒体に流速 u の流れがある場合には $Re = uD/\nu$ として, 伝熱の Nu 数の実験式（Ranz-Marshall の式）のアナロジーにより以下で

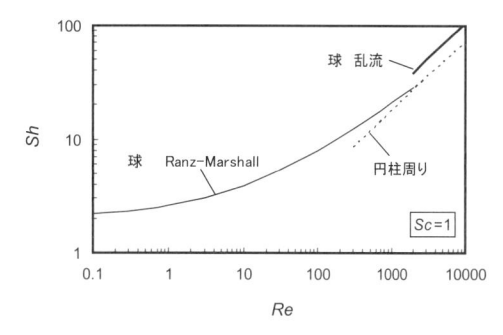

図 3.24 球および円柱からの物質移動

表せる[5, p.434].

$$Sh = 2 + 0.6 Re^{1/2} Sc^{1/3} \quad (3.78)$$

この式は係数 0.6 を 0.552 に変えて, Fröessling の式ともよばれる[4, p.194].

$Re > 2000$ 以上の乱流範囲では次式で近似できる[4, p.194].

$$Sh = 0.347 Re^{0.62} Sc^{0.31} \quad (3.79)$$

これらの関係を $Sc = 1$ とした場合について図 3.24 に示す.

以上は Sc 数が 1 近辺の気体流れについて適用されるが, $Pe = Re \cdot Sc > 10000$ の液相については Levich の式が適用される[6, p.575].

$$Sh = 1.01 Pe^{1/3} = 1.01 Re^{1/3} Sc^{1/3} \quad (3.80)$$

【例題 3.7】 落下水滴の蒸発時間－物質移動からの解法－〈mta3_7.xls〉

水蒸気濃度 $c_{A\infty} = 0.505$ mol/m^3（温度 $T = 135$℃, 湿度 $H = 0.015$ kg/kg）の空気中を, 滴径 $D = 1.3$ mm の水滴を落下させる. 水滴表面水蒸気濃度 $c_{As} = 3.5$ mol/m^3（$T_s = 42.6$℃, $H_s = 0.0568$ kg/kg（湿球温度））として, 全蒸発時間を求めよ. 必要な物性値（拡散係数 D_{AB}, 空気密度 ρ, 水滴密度 ρ_l, 空気の粘度 μ, 空気の Schmidt 数 Sc など）は図 3.25 のシート中に示す.

（解）水滴からの蒸発速度を N_A[mol/(m^2·s)] とすると滴径 D の経時変化は次式である.

$$\frac{d(\pi D^3 c_{AL}/6)}{dt} = -\pi D^2 N_A$$

N_A は Ranz-Marshall 式（式 (3.78)）から計算する. ここで Re 数に必要な終末速度 u[m/s] は, 別途計算の上, $u = 1500 D^{0.85}$（$2 < Re < 242$）の相関式を用いた（mta3_7.xls 中に示す）. これらより滴径変化を表す微分方程式が次式となる（$d(D^3) = 3D^2 d(D)$）.

図3.25　水滴の蒸発時間計算シート〈mta3_7.xls〉

$$\frac{d(D)}{dt} = -\frac{2}{c_{AL}} N_A$$
$$= -\frac{2}{c_{AL}} \frac{D_{AB}(c_{As} - c_{A\infty})}{D}(2.0 + 0.60 Sc^{1/3} Re^{1/2})$$

図3.25が「微分方程式解法シート」である．定数およびu, Reの計算をG列に記述し，セルB5に上の微分方程式を記述する．積分区間，刻み幅を設定して，ボタンクリックで積分を実行する．$D=0$になるまでが蒸発時間である（そこで計算実行エラーとなりプログラムが停止する）．よって全蒸発時間が$t=38$ sと得られた（図3.26）．この間の落下距離は約49 mである．

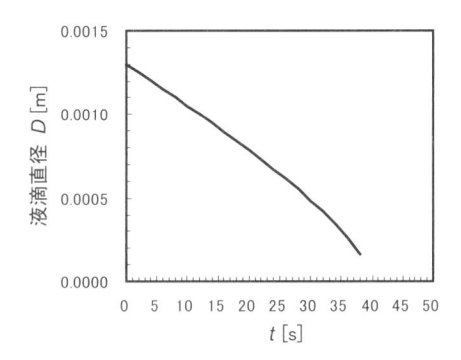

図3.26　水滴蒸発の様子

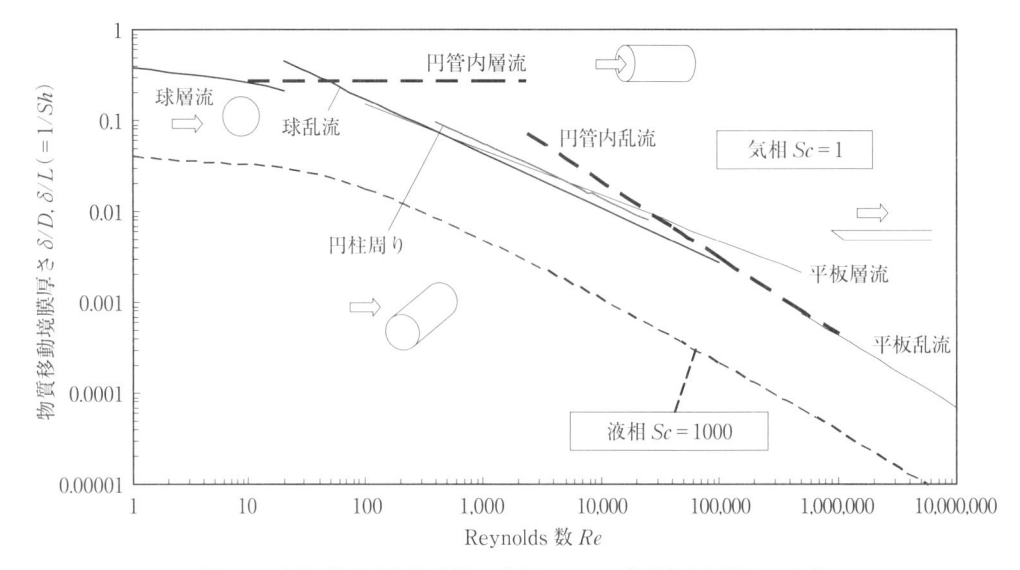

図3.27　各種形状物質移動（層流，乱流）における物質移動境膜厚さの比較

円柱周り流れ：径 D の円柱に直角な流れが横切る場合は，伝熱分野において数多くの相関式が提案されている．ここでは Bedingfield-Drew の相関式[6, p.578]をあげる．気相では次式である．

$$Sh = 0.281 Re_D^{1/2} Sc^{0.44} \quad (3.81)$$

$$(400 < Re_D < 25000,\ 0.6 < Sc < 2.6)$$

図3.24に球の相関式と比較した．また，液相では次式が適用される．

$$Sh = 0.281 Re_D^{0.6} Sc^{1/3} \quad (3.82)$$

$$(400 < Re_D < 2500,\ Sc < 3000)$$

以上の基本的な4つの物質移動形態について，各 Sh 数の逆数をとり，境膜厚さと代表長さの比（δ/D, δ/L）として図3.27で比較した．これは $Sc = 1$ の気相についての概略の境膜厚さである．どの物質移動形態も同様の傾向を示しており，Re の小さい層流範囲では δ は代表長さの数分の1，流れが速くなると $1/100$〜$1/1000$ 程度に薄くなる．液相の場合は $Sc = 1000$ 程度なので，境膜厚さ δ は気相の $1/10$〜$1/20$ となる．

3.5 伝熱係数の推算式，相間式

たとえば4章の乾燥操作は加熱による伝熱量が蒸発潜熱を通じて物質移動を引き起こす．このように多くの物質移動現象は伝熱現象と相互に関連している．図3.28は図3.4の Sh 数との関連で Nu 数および伝熱係数 h（$Nu = hL/\lambda$）（L：代表長さ，λ：媒体熱伝導度）の意味を示したものである．表3.3に強

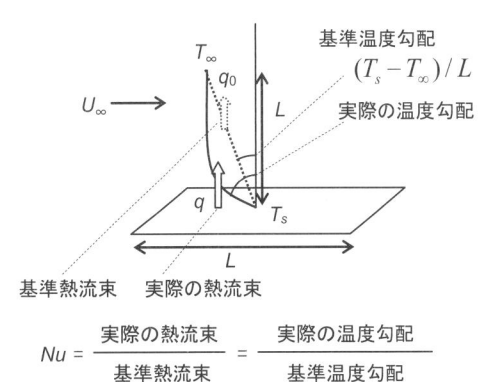

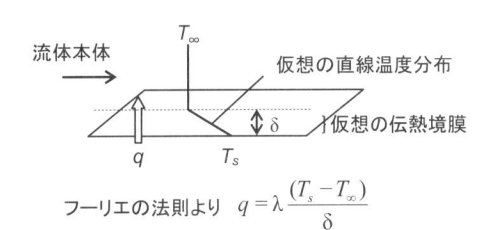

図3.28 ヌッセルト数 Nu と伝熱係数 h の意味

制対流伝熱条件下の各種形状物体周りの流れについて，Nu 数と空気系における伝熱係数（式（3.1））の推算式，相関式を示す．多くの式はこの章で示した物質移動に関する推算・相関式と共通のものである．これらの相関式は4章で利用する．

文　献

1) Mackay, D.: Multimedia Environmental Models, The fugacity approach, 2nd edition, Lewis Publisher (2001).
2) Becker, H. A.: Dimensionless Parameters-Theory and Methodology-, Applied Science Publishers Ltd. (1976).
3) Sender, J. D. and Henley, E. J.: Separation Process

表3.3 物体まわりの強制対流伝熱 — Nu 数および空気系の伝熱係数 h —

（空気は30℃として，$\lambda = 0.0263$ W/(m・K)，$\nu = 1.59 \times 10^{-5}$ m^2/s，$Pr = 0.717$ とした）

形状	（u は代表速度）	Re	Nu	空気系の h [W/(m^2・K)]
平板上		層流 $Re_L < 5 \times 10^5$	$Nu = 0.664 Re_L^{0.5} Pr^{1/3}$	$h = 3.92(u/L)^{1/2}$ (b)
		乱流 $5 \times 10^5 < Re_L < 10^7$	$Nu = 0.037 Re_L^{0.8} Pr^{1/3}$	$h = 6.0(u^{0.8}/L^{0.2})$ (a)
円柱		40〜40000	$Nu = 0.683 Re_D^{0.466} Pr^{1/3}$	$h = 2.77 u^{0.466} D^{0.534}$
角柱		5×10^3〜10^5	$Nu = 0.102 Re_D^{0.675} Pr^{1/3}$	$h = 4.16 u^{0.675} D^{0.325}$
板		4×10^3〜1.5×10^4	$Nu = 0.228 Re_D^{0.731} Pr^{1/3}$	$h = 17.3 u^{0.731} D^{0.269}$
球			$Nu = 2 + 0.6 Re_D^{1/2} Pr^{1/3}$（Ranz-Marshall の式）(c)	$h = 3.5(uD)^{1/2}$

Principles, 2nd edition, John Wiley & Suns, Inc., (2006).
4) Hines, A. L. and Maddox, R. N. : Mass Transfer, Fundamentals and Applications, Prentice-Hall, Inc. (1985).
5) Incropera, F. P., Dewitt, D. P., Bergman, T. L. and Lavine, A. S. : Fundamentals of Heat and Mass Transfer, 6th edition, John Wiley & Suns, Inc. (2007).
6) Welty, J. R., Wicks, C. E., Wilson, R. E. and Rorrer, G. J. : Fundamentals of Momentum, Heat, and Mass Transfer, 5th edition, John Wiley & Suns, Inc (2008).

4

分離プロセスの物質移動解析

2章で示した拡散方程式解析は拡散の基礎式を解いたので，理論的・数学的には正しい．しかし実際の分離プロセスでの物質移動現象は異相界面の平衡や流れの混合が関与して複雑であり，移動論の基礎式がそのままあてはまる場合はまれである．そこで実際の物質移動現象をモデル化・単純化することで数学的物質移動解析の結果を適用することが行われる．このような装置内現象の本質をとらえたモデル化の手法こそ化学工学のコア技術である．本章では各種単位操作における典型的モデル化手法とそれによる解析を紹介する．

4.1 調湿―湿球温度―

熱と物質の同時移動現象の典型的な例が湿球温度（wet-bulb temperature）の問題である．湿球温度の由来は乾湿球温度計（図4.1）であり，これは棒状温度計を2本1組で用い，片方の温度計の球部（bulb）を常に水で湿らせておくものである．湿らせた方（湿球）の表示温度 T_s を湿球温度といい，これは片側の乾球の温度（空気温度）T より常に低い．この温度差 $(T-T_b)$ は湿球での水の蒸発潜熱の消費によるものなので，空気の湿度が低いほど水の蒸発速度が大きくなり，温度差が大きくなる．このことを利用して乾湿球温度計で空気の湿度を測ることができる．

この湿球温度 T_s を，温度 T の空気流れに接した水面における熱移動と物質移動の問題（水の蒸発）として考える（図4.2）．水面の温度 T_s は空気の温度より低いので，この温度差 $(T-T_s)$ を推進力として空気から水面へ伝熱 $q_{伝熱}[\mathrm{W/m^2}]$ が生じる．これは水面上に厚さ δ の空気境膜を考えると，Fourierの法則から次式で表せる（λ は空気の熱伝導度）．

$$q_{伝熱} = -\frac{\lambda}{\delta}(T-T_s) \quad (4.1)$$

一方，水に接した空気の水蒸気分圧は温度 T_s における飽和水蒸気圧 p_s であり，湿度の低い空気中の水蒸気分圧 p_∞ より大きい．この水面と空気との水蒸気分圧差 $(p_\infty-p_s)$ [kPa] を推進力として水の蒸発が生じている．水の蒸発（物質移動流束）N_A [mol/(m^2·s)] にともない，次式のように蒸発潜熱 $q_{蒸発}$ が水面で消費される．

$$q_{蒸発} = \Delta H_v N_A = \Delta H_v \left[-\frac{D_{AB}}{\delta}\frac{1}{RT}(p_\infty-p_s)\right] \quad (4.2)$$

ここで $\Delta H_v = 43720$ J/mol は水のモル蒸発潜熱，$R = 8.3 \times 10^{-3}$ kPa·m^3/(mol·K) は気体定数である．

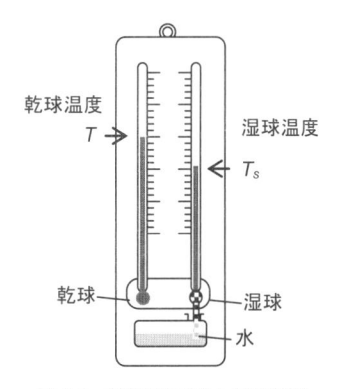

図4.1 乾湿球温度計と湿球温度

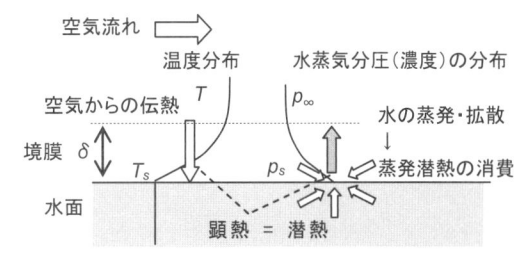

図4.2 湿球温度における熱と物質の同時移動

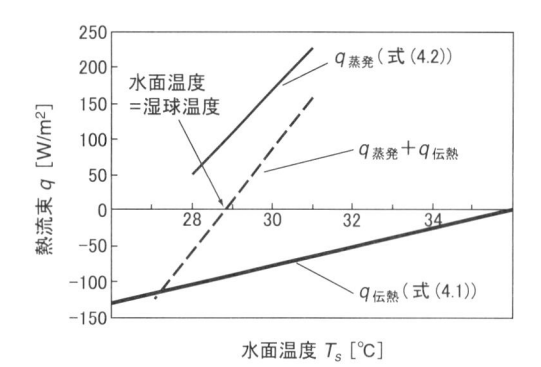

図4.3　水面での熱収支

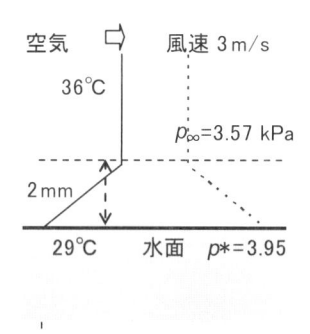

図4.4　湿球温度の状態

ここで伝熱における境膜厚さと物質移動における境膜厚さが同じ δ である.

空気からの伝熱 $q_{伝熱}$ は水面温度が低いほど大きくなる.逆に蒸発潜熱 $q_{蒸発}$ は水面温度が高くなると蒸発速度が大きくなるので,水面温度に比例して増加する(図4.3).この合計が零

$$q_{伝熱} + q_{蒸発} = 0 \qquad (4.3)$$

が実際の現象であり,このとき水面温度は温度 T,水蒸気分圧 p の空気に対応した湿球温度 T_s を示す.なお,この過程から,境膜厚さ δ は伝熱量 ($q_{伝熱}$, $q_{蒸発}$) に影響するが,湿球温度 T_s は変わらないことがわかる.すなわち湿球温度は空気の温度と湿度のみで決まり,空気の流れの状態によらない.

【例題 4.1】　湿球温度 〈mta4_1.xls〉

気温 $T = 36℃$,湿度60% すなわち水蒸気分圧 $p_\infty = 3.57$ kPa の空気の湿球温度 T_s を求めよ.

(解)　境膜厚さ δ を 2 mm,$T_s = 28.9℃$ を仮定すると,式 (4.1) は,

$$q_{伝熱} = -93.7 \text{ W/m}^2$$
$$= -\frac{0.0263 \text{ W/(m·K)}}{0.002 \text{ m}}(36 - 28.9℃)$$

式 (4.2) は,

$$q_{蒸発} = 93.7 \text{ W/m}^2$$
$$= 43720 \text{ J/mol} \times \left[-\frac{2.88 \times 10^{-5} \text{ m}^2/\text{s}}{0.002 \text{ m}}\right.$$
$$\left. \times \frac{1}{8.3 \times 10^{-3} \times 309 \text{ K}}(3.57 - 3.95 \text{ kPa})\right]$$

となり,($q_{伝熱} + q_{蒸発} = 0$) となる.よって $T_s = 28.9℃$ が湿球温度である.この状態を図示したのが図4.4である.

工学計算では湿度は絶対湿度 H [kg/kg] を用いる.湿球温度を決める式 (4.3) の水蒸気分圧 p を絶対湿度 H

$$H = \frac{18}{29}\frac{p}{(101.3-p)} \approx \frac{18}{29}\frac{p}{101}$$

に置き換えると,次式である.

$$\Delta H_r\left[-D_{AB}\frac{1}{RT}\frac{1}{\left(\frac{18}{29}\right)\left(\frac{1}{101}\right)}(H-H_s)\right] = \lambda(T-T_s)$$
$$(4.4)$$

すなわち,

$$(H_s - H) = -\frac{\lambda\left(RT\left(\frac{18}{29}\right)\left(\frac{1}{101}\right)\right)}{\Delta H_r D_{AB}}(T_s - T)$$
$$= -\frac{14.1}{\Delta H_r[\text{J/mol}]}(T_s - T)$$
$$= -\frac{0.88}{l_w[\text{kJ/kg-H}_2\text{O}]}(T_s - T) \quad (4.5)$$

となる.ここで,l_w ($= 2426$ kJ/kg-H$_2$O (30℃)) は水の蒸発潜熱である.この式は湿度図表 (T vs. H) 上で同じ湿球温度と飽和湿度 (T_s, H_s) をもつ空気の湿度・温度 (T, H) が直線関係にあることを示している.これが湿度図表上の等湿球温度線 (psychrometric line) である (図4.5).実際は湿球温度の関係は多くの実験により係数が1.09の実験式

$$(H_s - H) = -\frac{1.09}{l_w}(T_s - T) = -0.00045(T_s - T)$$
$$(4.6)$$

が成り立つとされている.

なお,この関係を物質移動係数 k [m/s] ($= D_{AB}/\delta$),伝熱係数 h [kJ/(m^2·s·K)] ($= \lambda/\delta$) で書くと,式 (4.1) を

$$q_{伝熱} = -h(T - T_s)$$

式 (4.2) を

$$q_{蒸発} = \Delta H_r N_A = l_w \rho k(H - H_s)$$

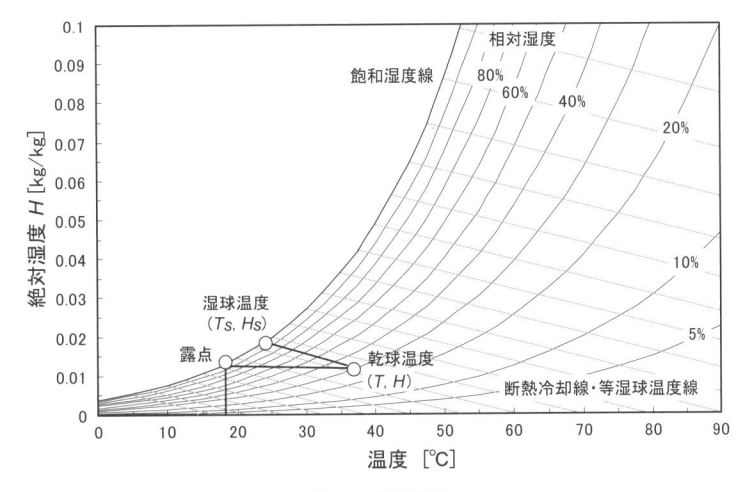

図 4.5 湿度図表

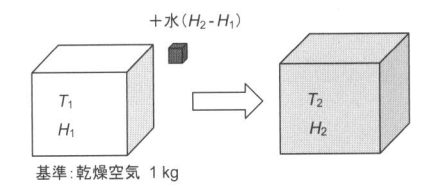

図 4.6 空気の断熱加湿

として，
$$l_w k\rho(H-H_s) = -h(T-T_s)$$
すなわち
$$T_s = -\frac{l_w k\rho}{h}(H_s - H) - T \tag{4.7}$$
である（$\rho[\text{kg-air/m}^3]$ は空気密度）．

次に上記とは別の過程である「空気の断熱加湿」（図 4.6）を考える．乾燥空気 1 kg 基準で，(T_1, H_1) の空気を断熱状態で湿度 H_2 まで加湿すると，空気温度 T_2 は加湿量 $(H_2 - H_1)$ の蒸発潜熱分冷却される．すると，
$$l_w(H_2 - H_1) = -c_H(T_2 - T_1) \tag{4.8}$$
すなわち，
$$(H_2 - H_1) = -\frac{c_H}{l_w}(T_2 - T_1)$$
$$\approx -\frac{1.0}{l_w}(T_2 - T_1) \tag{4.9}$$
である．c_H は湿り空気の熱容量で，乾燥空気の値で近似すると $c_H = 1.0$ kJ/(kg·K) である．この関係もまた湿度図表上での (T_1, H_1)-(T_2, H_2) の関係を表しており，これを断熱冷却線（adiabatic cooling line）または断熱飽和線（adiabatic saturation line）という．

この式と等湿球温度線の式（式（4.5））を比較すると，湿度図表上で両者はほとんど一致する（係数 1.0 と 1.09 の違い）．よって湿度図表において，等湿球温度線と断熱冷却線は同一として取り扱われる．なお，湿球温度 T_s の関係式（4.7）と断熱冷却の式（4.9）を比較すると，
$$c_H = \frac{h}{\rho k} \quad \text{すなわち} \quad 1 = \frac{h}{c_H \rho k} \tag{4.10}$$
である（$c_H[\text{kJ}/(\text{K·kg-air})]$，$h[\text{kJ}/(\text{m}^2\text{·s·K})]$，$k[\text{m/s}]$，$\rho[\text{kg-air/m}^3]$）．これが水-空気系における Lewis の関係とよばれる．

境膜説によると伝熱境膜厚さ δ_H，物質移動境膜厚さ δ_M を考えると，
$$\frac{h}{c_H \rho k} = \frac{\left(\dfrac{\lambda}{\delta_H}\right)}{c_H \rho \left(\dfrac{D_{AB}}{\delta_M}\right)}$$
であり，空気中では $\delta_H = \delta_M$ とみなせるので，
$$\frac{h}{c_H \rho k} = \frac{\lambda}{c_H \rho D_{AB}} = \frac{\alpha}{D_{AB}} \equiv Le \tag{4.11}$$
となる（α は熱拡散率）．Le が Lewis 数という無次元数である．湿り空気の物性値（$\lambda = 0.0263$ J/(m·s·K)，$\rho = 1.3$ kg/m^3，$c_H = 1019$ J/(K·kg)，$D_{AB} = 2.56 \times 10^{-5}$ m^2/s）を考慮すると，$Le = 0.77$ で，1.0 に近い．つまり，Lewis の関係は伝熱・物質移動境膜厚さの同等性と空気の物性値の組み合わせに基礎がある．実際，等湿球温度線と断熱冷却線が同一なのは $Le \approx 1$ の水-空気系に特有のことであり，空気中の他の成分の蒸気では成り立たない．

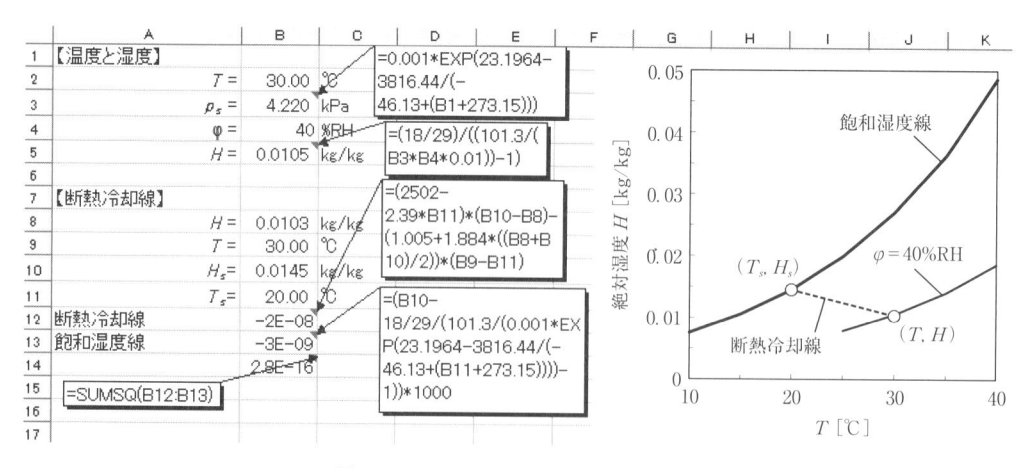

図4.7 Excel上の湿度図表〈mta4_2.xls〉

セル内容:
- D2: `=0.001*EXP(23.1964-3816.44/(-46.13+(B1+273.15)))`
- D4: `=(18/29)/((101.3/(B3*B4*0.01))-1)`
- D8: `=(2502-2.39*B11)*(B10-B8)-(1.005+1.884*((B8+B10)/2))*(B9-B11)`
- D12: `=(B10-18/29/(101.3/(0.001*EXP(23.1964-3816.44/(-46.13+(B11+273.15)))-1))*1000`
- A15: `=SUMSQ(B12:B13)`

【温度と湿度】
- T = 30.00 ℃
- p_s = 4.220 kPa
- φ = 40 %RH
- H = 0.0105 kg/kg

【断熱冷却線】
- H = 0.0103 kg/kg
- T = 30.00 ℃
- H_s = 0.0145 kg/kg
- T_s = 20.00 ℃
- 断熱冷却線 −2E−08
- 飽和湿度線 −3E−09
- 2.8E−16

【例題 4.2】 湿度図表〈mta4_2.xls〉

乾湿球温度計で乾球温度 $T=30$℃,湿球温度 $T_s=20$℃であった.この空気の相対湿度 φ を求めよ.

(解) 湿度図表の関係を数値的に求めるシートが図4.7である.セルB2:B5では温度 T と相対湿度から絶対湿度 H を計算する.B3は飽和水蒸気圧 p_s である.これと相対湿度 φ から絶対湿度 H をセルB5に得る.次に (T, H) (セルB8, B9) の湿り空気の湿球温度とその温度の飽和湿度 (T_s, H_s) (セルB10, B11) 間の関係を求める.このため,断熱冷却線の式(式(4.9))の残差をセルB12に,飽和湿度線の式の残差をセルB13に記述し,これらの残差2乗和をB14とする.この2式の連立方程式を解くことにより,ある湿り空気の T, H, T_s, H_s のうち2つが与えられると他の値が求められ,湿度図上の値が計算で求められる.セルB9, B11に T, T_s を入力し,ソルバーで目的セルB14,目標値:最小値,変化させるセルB8, B10として実行する.その結果 $H=0.0103$ kg/kg, $H_s=0.0145$ kg/kg を得る.

次にセルB2に $T=30$ を入れ,ゴールシークで目的セルB5,目標値 $H=0.0103$,変化させるセルB4として実行する.これにより相対湿度 $\varphi=40$%RH と求められる.

4.2 乾 燥

4.2.1 定率乾燥と減率乾燥

湿潤材料の乾燥の一般的過程を図4.8(a)に示す.

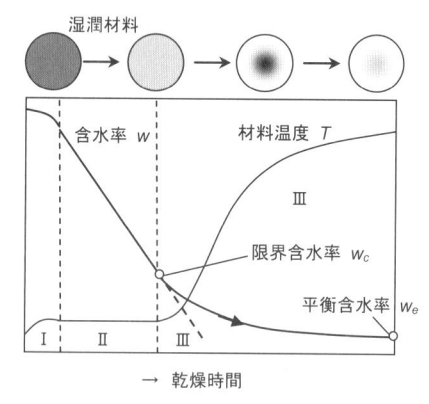

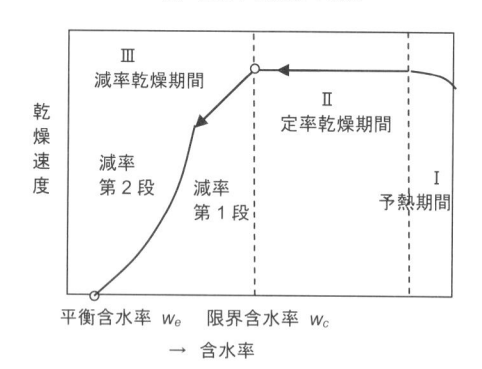

図4.8 乾燥の一般的進行と定率乾燥,減率乾燥期間

材料の平均含水率 w [−] と材料温度 T で示した乾燥の過程は3つの期間に区分できる.期間Iは材料の予熱期間であり,材料温度が水の湿球温度 T_s まで上昇する.期間IIは含水率が直線的に減少し,乾燥速度は一定値となる.この期間を定率乾燥期間 (constant-rate period) とよぶ.定率乾燥期間の特

徴は，材料表面に自由水が存在し，その温度が湿球温度 T_s にあることである．

次に乾燥が進行して期間 III になると，材料内部から表面への水の供給が追いつかず，材料表面の一部に乾いた部分が生じ，乾燥速度が低下し始める．ここからの期間を減率乾燥期間（falling-rate period）とよぶ．減率期間が始まったときの含水率を限界含水率（critical moisture content）w_c という．図 4.8 の場合は減率期間を 2 段に分けた．減率第 1 段は材料表面の乾燥部分が全面に生じ，材料内部の含水率分布が放物線状になるまでの過程である．減率第 2 段では材料表面全体が空気の湿度・温度に応じた平衡含水率 w_e となっている．以降は表面が平衡含水率で一定のまま，材料内部で放物線状の含水率分布を保ちながら，材料全体で乾燥が進行する．また減率期間では材料温度が湿球温度から上昇してゆくことも特徴である．最終的に材料全体が周辺空気の平衡含水率と温度になり，乾燥が終了する．

この含水率変化曲線を微分して乾燥速度（$-dw/dt$）を求め，含水率に対して示したのが図 4.8(b) である．これを乾燥速度曲線とよび，湿り材料の定率乾燥と減率乾燥の乾燥特性が明確に現れる．

このように定率乾燥と減率乾燥では物質移動の機構が全く異なるので，モデル解析法も異なる．以降これらを別に解析する．

4.2.2 定率乾燥

定率乾燥期間では材料の表面に自由水が存在し，材料の乾燥速度は水の蒸発速度に同じである．このとき材料表面は，空気側の温度 T [K]，湿度 H [kg/kg] に対応した水の湿球温度 T_s および飽和湿度 H_s になる（図 4.9）．すると材料表面の空気側境膜において，$(T-T_s)$ を温度推進力とする対流伝熱と，(H_s-H) を濃度推進力とする物質移動すなわち水の蒸発に伴う蒸発潜熱が等しい．この状態での水の蒸発速度 N_A が定率期間の乾燥速度 R_c [kg/(m^2・s)] となる．

$$N_A = R_c = \frac{h(T-T_s)}{l_w} = \rho k (H_s - H) \quad (4.12)$$

ここで，ρ [kg/m^3] は空気密度，k [m/s] は空気側境膜物質移動係数，h [W/(m^2・K)] は空気側境膜伝熱係数，l_w [J/kg] は水の蒸発潜熱である．なお，前項で示したように，水-空気系では Lewis の関係（$c_H = h/(\rho k)$）が成り立つ．

式（4.12）より，境膜の伝熱係数 h と温度差（$T-T_s$）からも，物質移動係数 k と湿度差（H_s-H）からも乾燥速度 R_c は求められる．しかし物質移動係数 k より伝熱係数 h の方が，理論的，実験的にもよく明らかにされているので，乾燥速度の計算にあたっては伝熱係数 h（表 3.3）と温度差（$T-T_s$）に基づく計算が普通である．

定率乾燥期間の乾燥速度 R_c が得られると，材料の含水率を w_1 から w_2 まで減少させるために必要な乾燥時間 Δt_c [s] は次式で求められる（M [kg] は乾燥材料質量，A [m^2] は蒸発面積）．

$$\Delta t_c = \frac{M(w_1 - w_2)}{R_c A} \quad (4.13)$$

【例題 4.3】 定率乾燥の乾燥時間

長さ $L=0.6$ m，幅 1 m，厚さ 2.5 cm，乾燥質量 4.5 kg の湿潤材料を含水率 $w_1 = 0.50$ から $w_2 = 0.25$ まで乾燥させる．材料面に平行に流速 $u=3$ m/s，温度 $T=68$℃，湿度 $H=0.020$ kg/kg の空気を流す場合の乾燥速度と乾燥時間を求めよ．

（**解**）空気の T, H に対応する湿球温度を求めると $T_s = 34.2$℃，$H_s = 0.0347$ kg/kg である．空気流れは $Re_L = 113000$ で乱流なので，表 3.3 中の式 (a) で伝熱係数を求めると，

$$h = \frac{(6.0)(3.0)^{0.8}}{(0.6)^{0.2}} = 16.0 \text{ W/(m}^2\text{・K)}$$

である．式 (4.12) より乾燥速度は以下である．

$$R_c = \frac{(16.0)(68-34.2)}{2.422 \times 10^6} = 2.2 \times 10^{-4} \text{ kg/(m}^2\text{・s)}$$

全表面積 $A=(2)(0.6)(1)$ m^2 なので，式 (4.13) より乾燥時間 Δt_c は以下となる．

$$\Delta t_c = \frac{(4.5)(0.50-0.25)}{(R_c A)} = 4198 \text{ s} = 1.2 \text{ h}$$

【例題 4.4】 落下水滴の蒸発時間—伝熱からの解法—〈mta4_4.xls〉

例題 3.6 と同じ問題（$T=135$℃の空気中に，滴径 $D=1.3$ mm の水滴を落下させた場合の全蒸発時

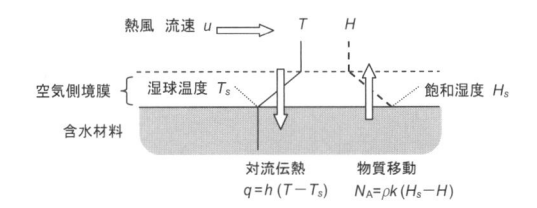

図 4.9 定率乾燥の熱および物質移動

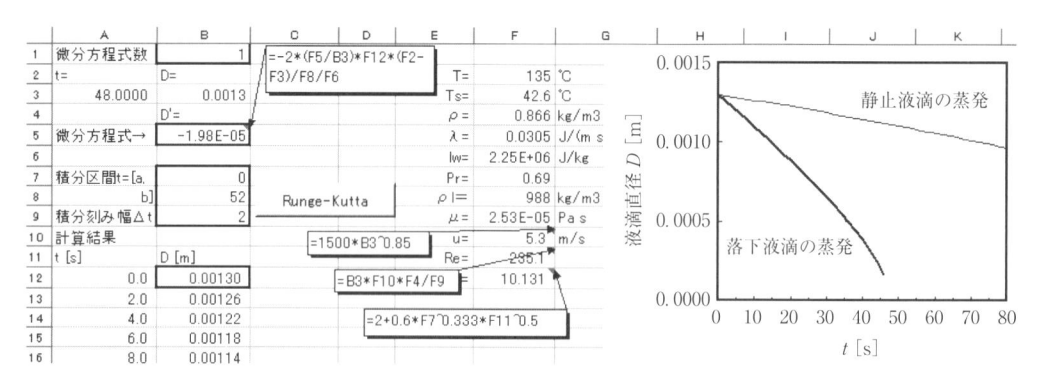

図4.10 水滴の蒸発時間〈mta4_4.xls〉

間)を伝熱係数 h を用いて解け．空気密度 ρ，水滴密度 ρ_l，空気の熱伝導度 λ，空気の粘度 μ，水の蒸発潜熱 r，空気のPrandtl数 Pr の値と単位はシート中に示す．

(解) 湿球温度 T_s と落下速度 u の式は例題3.6に同じである．蒸発速度 $N_A[\mathrm{kg/(m^2 \cdot s)}]$ は温度 T の加熱空気と温度 T_s の水滴間の顕熱移動速度に支配されるとすると，伝熱係数を h として

$$l_w N_A = h(T - T_s)$$

である．$d(\pi D^3 \rho_l/6)/dt = -\pi D^2 N_A$ なので，滴径 D の時間変化は次式となる．

$$\frac{dD}{dt} = -2h\frac{T-T_s}{\rho_l l_w}$$

すなわち

$$\frac{dD}{dt} = -2\left(\frac{\lambda}{D}\right) Nu \frac{T-T_s}{\rho_l l_w}$$

ここで Nu 数に Ranz-Marshall 式（表3.3，式(c)）を用いる．この微分方程式を積分することで水滴径 D の経時変化が求められる．

図4.10は「微分方程式解法シート」である．定数および u, Re の計算をG列に記述し，セルB5に微分方程式を記述する．積分区間，刻み幅を設定して，ボタンクリックで積分を実行する．$D=0$ になるまでが蒸発時間である．例題の場合は（蒸発時間）=46 s と得られた（なお例題3.6の方法では38 sであった）．図中のグラフにはこの結果と，$u=0$ すなわち静止液滴としての蒸発を比較した．

4.2.3 材料内拡散支配の減率乾燥モデル

減率期間の乾燥過程は材料内部の水分移動に関する拡散方程式を解くことでモデル的に求められる．ここでは球状材料で初期含水率 w_0，材料表面が平衡含水率 w_e の場合の乾燥過程を考える（図4.11）．材料内の水分の拡散方程式（Fickの第2法則）は

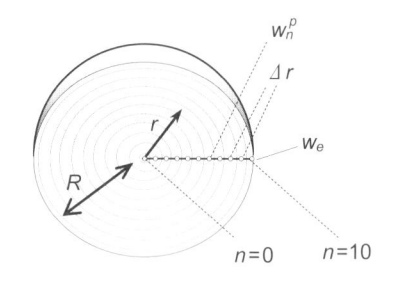

図4.11 球状材料の乾燥—差分化法—

図4.12 球状材料の減率乾燥計算シート〈mta4_5.xls〉

4.2 乾　燥

次式である．

$$\rho\frac{\partial w}{\partial t} = \rho\frac{D_{AB}}{r^2}\frac{\partial}{\partial r}\left(r^2\frac{\partial w}{\partial t}\right) \quad [\text{kg}/(\text{m}^3 \cdot \text{s})] \quad (4.14)$$

ここで ρ は乾燥材料の密度．この基礎式を式(2.42)，(2.44)のように差分化して，材料内含水率の時間変化が求められる．材料内平均含水率 $\bar{w}$ により乾燥速度 R_f は次式である．

$$R_f A = -M\left(\frac{d\bar{w}}{dt}\right) \quad (4.15)$$

ここで A は材料表面積，M は材料質量である．

【例題 4.5】 球状材料の乾燥 〈mta4_5.xls〉

直径 $D = 2R = 0.02$ m の球状材料（密度 $\rho = 500$ kg/m^3）の減率乾燥を考える．初期含水率は材料全体で $w_0 = 0.1$，平衡含水率（材料表面）は $w_e = 0.0$ とする．材料中の水分の拡散係数を $D_{AB} = 2.5 \times 10^{-10}$ m^2/s として，拡散方程式を数値的に解いて乾燥の様子を示せ．

（解）図 4.11 のように材料内を球座標で差分化する．図 4.12 のシートで 1, 2 行が n と節点座標，セル O1：O4 が式中の定数である．A 列が時間 t で，下の行が次の時間を表す．5 行が初期値で，$n = 10$（表面）(L5) が $w = 0$，材料内部は $w = 0.1$ である．B6 に式 (2.44) を，C6：K6 の各セルに式 (2.42) を記述し，L6 は "=L5" としてこの行を下にコピーする．これで材料内部含水率 w の経時変化が求められる．また，区間ごとの値を積分・平均して材料平均含水率 $\bar{w}$ を求める（Q 列）．

計算で得られた，材料内局所含水率 w の経時変化を図 4.13(a) に示す．乾燥が進むと濃度拡散により材料内部の濃度が相似形で低下することが示される．含水率分布を平均した，材料平均含水率 $\bar{w}$ による乾燥の進行度を図 4.13(b) に示す．なお，この境界条件の解析解は式 (2.45) であり，この図中に比較した．乾燥速度 R_f は式 (4.15) から求められ，これを図 4.13(c) に示す．この乾燥速度曲線は図 4.8(b) の減率乾燥第 2 段の特徴を示している．

例題 4.5 と同条件の，厚さ $L = 0.02$ m および直径 $L = 0.02$ m の円柱および球について，おのおの，2 章例題 2.6，例題 2.12 の方法で乾燥速度を求めた．これら数値計算の結果を平均含水率の時間変化で比較したのが図 4.14 である．どの形状でも初期に乾

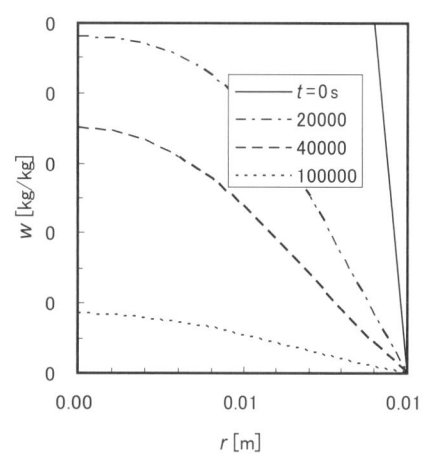

(a) 材料内含水率変化

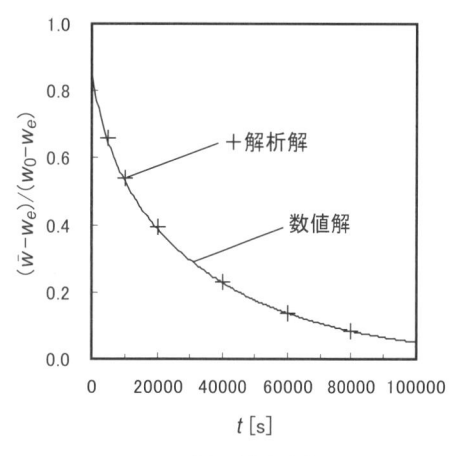

(b) 平均含水率

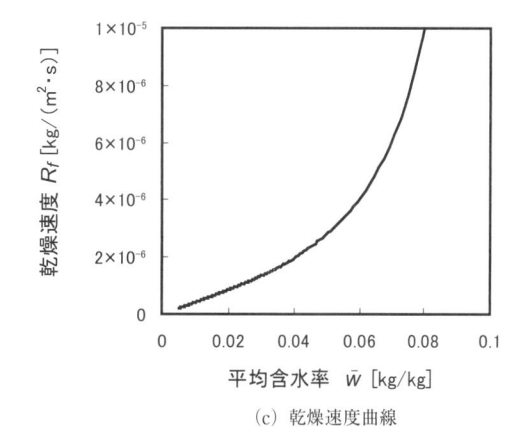

(c) 乾燥速度曲線

図 4.13　球状材料の乾燥

燥速度が速く，後に低下する減率乾燥期間の特徴が示されている．平衡含水率にいたる時間は，体積あたり表面積の大きさに従い，球＜円柱＜板の順とな

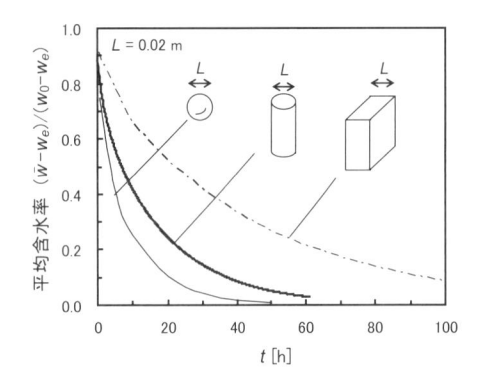

図 4.14 例題 4.5（球状材料）と同寸法の板状材料〈mta4_5b.xls〉，円柱状材料〈mta4_5c.xls〉の乾燥速度の比較

る．

4.2.4 表面含水率が変化する乾燥過程

乾燥プロセスの計算では，定率期間は空気境膜支配，一方の減率期間は材料内拡散支配と異なる取り扱いをすることが特徴である．特に材料表面の条件を定率期間では水100%，減率期間では平衡含水率 w_e とおくので，計算モデル上は表面含水率条件が時間的に不連続となっている．しかし，高分子材料の溶媒乾燥のような場合は，材料表面と内部の溶媒濃度が同時に減少する，定率乾燥と減率乾燥の中間のような乾燥過程をたどる．

ここではこのような表面含水率が変化する過程の乾燥モデルを考える．このためには定率期間で用いた空気境膜による物質移動抵抗と減率期間で用いた材料内拡散過程を同時に考慮すればよい．このモデルを示したのが図 4.15 である．空気側の物質移動には物質移動係数 k を用いた次式を適用する．

$$N_A = k\frac{1}{RT}(p_\infty - p_s) \quad (4.16)$$

ここで，$N_A [\mathrm{mol/(m^2 \cdot s)}]$ は物質移動流束（乾燥速度），k は材料に接した空気境膜の物質移動係数で，空気中の水蒸気拡散係数と境膜厚さの比である（$k = D_{AB,g}/\delta_M [\mathrm{m/s}]$）．また，$p_\infty$ が空気中の，p_s が材料表面の水蒸気分圧である．材料表面では含水率 w_s と水蒸気分圧間に Henry の法則

$$p_s = Hw_s \quad (4.17)$$

が成り立つとする．すると，材料表面の（$\Delta y/2$）区間の物質収支式は，

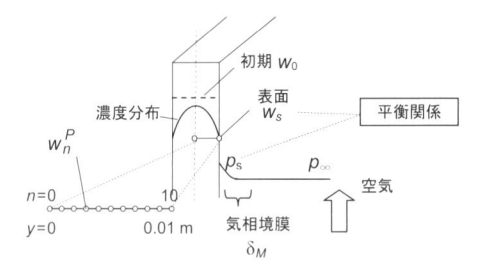

図 4.15 減率期間で表面含水率が変化する場合の乾燥過程モデル

$$\frac{\Delta y}{2}\rho\left(\frac{\partial w}{\partial t}\right)_s = -\rho D_{AB,s}\left(\frac{\partial w}{\partial y}\right)_s + k\frac{M}{RT}(p_\infty - p_s) \quad (4.18)$$

である．左辺第1項は材料内部からの拡散，第2項は空気側物質移動境膜を通しての拡散を表す．ここで，$M [\mathrm{kg/mol}]$ は拡散成分（水蒸気）のモル質量，$D_{AB,s}$ は材料内の水拡散係数である．このモデルによる計算例を以下に示す．

【例題 4.6】 空気境膜物質移動抵抗を考慮した乾燥過程の計算〈mta4_6.xls〉

厚さ 0.02 m，初期含水率 $w_0 = 0.2$ の板状材料の乾燥を考える．板を空気中に立てて設置して，自然対流下で乾燥する場合の材料内水分濃度変化を求めよ．材料中の水分拡散係数は仮に水の自己拡散係数 $D_{AB} = 2.3 \times 10^{-9} \mathrm{m^2/s}$ とする．また，材料表面の水蒸気分圧には式（4.17）が成り立つとし，Henry 定数を $H = 16.0 \mathrm{kPa}$ とする．

（解） 物質移動境膜厚さは自然対流の結果を利用して，$\delta = 5 \mathrm{mm}$ とする．材料内部の節点は例題 2.6 と同様である（図 4.15）．材料表面の物質収支式（式（4.18））を差分化すると次式である．

$$\frac{\Delta y}{2}\rho\frac{(w_{10}^{P+1} - w_{10}^P)}{\Delta t}$$
$$= -\rho D_{AB,s}\frac{(w_{10}^P - w_9^P)}{\Delta y} + k\frac{M}{RT}(p_\infty - Hw_{10}^P)$$

よって，境界節点値（$n = 10$）は，次式となる．

$$w_{10}^{P+1} = 2\Theta w_9^P + (1 - 2\Theta)w_{10}^P + 2B(p_\infty - Hw_{10}^P)$$
$$\left(\Theta = \frac{\Delta t D_{AB,s}}{(\Delta y)^2},\ B = \left(\frac{\Delta t}{\rho \Delta y}\right)\left(k\frac{M}{RT}\right)\right)$$

図 4.16 の Excel シートで，行 5 が初期値，セル C5 : K5 に差分式，セル B5 に中心境界条件，セル L5 に境界節点値の式を記述する．この行を下にコピーすることで乾燥過程のシミュレーションとなる．

4.3　吸　　　着

	A	B	C	D	E	F	G	H	I	J	K	L	M	N	O	P	Q	R	S	T
1	N=	0	1	2	3	4	5	6	7	8	9	10			DABs=	2.30E-09	m2/s	δ =	0.005	m
2	y=	0.000	0.001	0.002	0.003	0.004	0.005	0.006	0.007	0.008	0.009	0.01			Δt=	120	s	DAB air=	2.56E-05	m2/s
3															Δy=	0.001	m	k=	5.12E-05	m/s
4	t	w0	w1	w2	w3	w4	w5	w6	w7	w8	w9	w10	ps	p∞		θ =	0.276	M=	0.018	kg/mol
5	0	0.20	0.20	0.20	0.20	0.20	0.20	0.20	0.20	0.20	0.20	0.20	3.20	0		ρ =	1.00E+03	kg/m3	R=	8.30E-03	kPa-m3/mo
6	120	0.20	0.20	0.20	0.20	0.20	0.20	0.20	0.20	0.20	0.20	0.17	2.74	0					T=	298	K
7	240	0.20	0.20	0.20	=$O$4*(D5+B5)+(1-2*$O$4)*C5		0.20	0.20	0.20	0.19	0.16	2.60	0					p∞=	0	kPa
8	360	0.20	0.20	0.20	=2*$P$4*K5+(1-2*$P$4)*L5+2*$S$9*(N5-$S$8*L5)									0					H=	16	kPa
9	480	0.20	0.20	0.20	0.20	0.20	0.20	0.20	0.19	0.18	0.15			0					B=	4.47E-03	
10	600	=A5+$O$2	=2*$O$4*C5+(1-2*$O$4)*B5		0.20	0.20	0.20	0.20	0.19	0.18	0.15	0.14	2.33	0							
11	720	0.20	0.20	0.20	0.20	0.20	0.20	0.20	0.19	0.18	0.14	0.14	2.27	0							
12	840	0.20	0.20	0.20	0.20	0.20	0.20	0.20	0.19	0.17	0.14	0.14	2.21	0							
13	960	0.20	0.20	0.20	0.20	0.20	0.20	0.20	0.19	0.18	0.15	0.14	2.16	0							
14	1080	0.20	0.20	0.20	0.20	0.20	0.20	0.20	0.19	0.18	0.16	0.13	2.12	0							
15	1200	0.20	0.20	0.20	0.20	0.20	0.20	0.20	0.19	0.18	0.16	0.13	2.08	0							

図 4.16　表面含水率が変化する場合の乾燥過程 〈mta4_6.xls〉

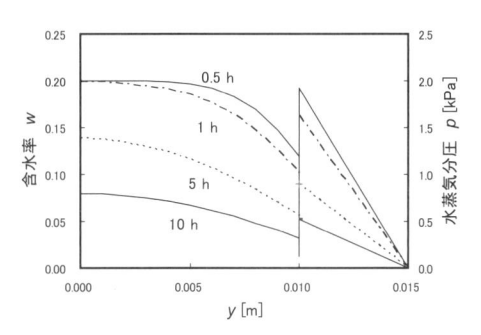

(a) 含水率，表面水蒸気分圧の変化

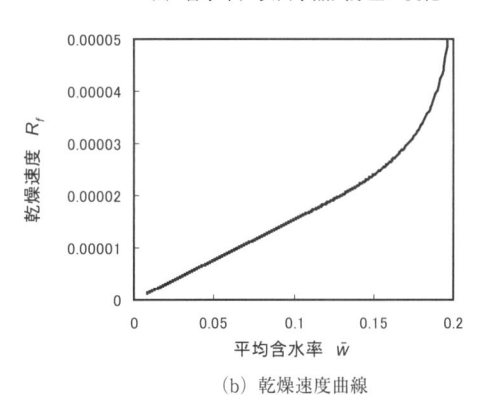

(b) 乾燥速度曲線

図 4.17　表面含水率が変化する場合の乾燥過程

図 4.17 に材料内濃度と表面水蒸気分圧の変化を示す．材料表面濃度の低下と材料内部の乾燥の進行が同時に進む過程が表されている．乾燥速度曲線も例題 2.6 とは異なる特徴が表れている．この例題のような空気側物質移動抵抗と材料内部の拡散を同時に考慮した解析は，フィルム製造工程など高分子材料から有機溶媒の乾燥の際に用いられる．

4.3　吸　　　着

4.3.1　吸着材内拡散の線形推進力近似モデル

吸着操作および現象解析の基礎は吸着材表面から

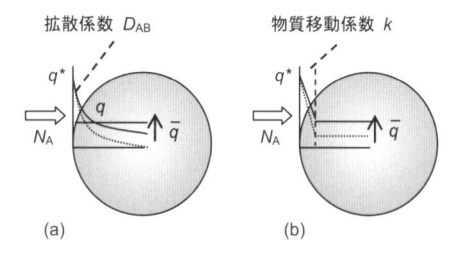

図 4.18　吸着材粒子内拡散の拡散モデル (a) と線形推進力近似モデル (b)

内部への被吸着成分の拡散過程の解析である．吸着材を半径 R の球形粒子と仮定すると，すでに例題 2.13 で示したように，球座標の拡散の基礎式を解いて粒子内への吸着速度を解析的に求めることができる（式 (2.44)）．しかし，実用的にはこの粒子内拡散の過程を物質移動係数 k [m/s] と，表面濃度 q^* [mol/m^3] と粒子内平均濃度 $\bar{q}$ [mol/m^3] を用いた濃度推進力 $(q^*-\bar{q})$ とで表しておくと簡便で有用である（図 4.18）．

$$W\frac{d\bar{q}}{dt} = A_R k(q^* - \bar{q}) \quad (4.19)$$

ここで W [m^3] は吸着材容積，A_R [m^2] は吸着材表面積（球形粒子では $A_R = 3/R$）である．この式 (4.19) を線形推進力近似モデル (linear-driving-force model：LDF model) という．

LDF モデルにおける物質移動係数 k を求める．粒子内平均濃度 $\bar{q}$ は濃度分布 q を積分した次式で定義される．

$$\bar{q} = \left(\frac{3}{R^3}\right)\int_0^R r^2 q\, dr \quad (4.20)$$

また，$\bar{q}$ の時間変化は粒子表面の拡散流束と表面積の積に等しい．

$$\frac{d\bar{q}}{dt} = D_{AB} A_R \left.\frac{\partial q}{\partial r}\right|_{r=R} = \frac{3D_{AB}}{R}\left.\frac{\partial q}{\partial r}\right|_{r=R} \quad (4.21)$$

ここで粒子内濃度 $q(t,r)$ に 2 次式

$$q = a_0 + a_2 r^2 \quad (4.22)$$

を仮定すると（係数 a_0, a_2 は t で変化するが，r によらないとする），これを式（4.20）に代入して積分すると次式である．

$$\bar{q} = a_0 + \left(\frac{3}{5}\right) a_2 R^2 \quad (4.23)$$

粒子表面では

$$q^* = a_0 + a_2 R^2 \quad (4.24)$$

$$\left.\frac{\partial q}{\partial r}\right|_{r=R} = 2 a_2 R \quad (4.25)$$

なので，式（4.23）と式（4.24）より，

$$a_2 = \left(\frac{5}{2R^2}\right)(q^* - \bar{q}) \quad (4.26)$$

と得られる．よって式（4.25），（4.26）を用いると，式（4.21）が

$$\frac{d\bar{q}}{dt} = \frac{3D_{AB}}{R}\left.\frac{\partial q}{\partial r}\right|_{r=R} = \frac{15D_{AB}}{R^2}(q^* - \bar{q}) \quad (4.27)$$

となる．式（4.19）と比較して物質移動係数 k が

$$\frac{A_R}{W}k = k a_v = \frac{3}{R}k = \frac{3}{R}\left(\frac{5D_{AB}}{R}\right) = 15\frac{D_{AB}}{R^2} \quad (4.28)$$

となった．なお，これを境膜厚さ $\delta (= D_{AB}/k)$ で考えると，

$$\left(\frac{\delta}{R}\right) = \left(\frac{1}{5}\right) \quad (4.29)$$

となり，球状粒子内拡散の問題は球半径の（1/5）を境膜厚さとして近似できることになる（粒子径基準の Sh 数にすると，$Sh = 10$ である）．

この他，球座標拡散方程式の解析解（式（2.45））の近似式は多く検討されており[2]，たとえば Vermeulen のモデル

$$\frac{d\bar{q}}{dt} = \frac{\pi^2 D_{AB}}{R^2}\frac{(q^{*2} - \bar{q}^2)}{2\bar{q}} \quad (4.30)$$

をあげておく．

【例題 4.7】 線形推進力近似モデル〈mta4_7.xls〉
粒子半径 $R = 1.5 \times 10^{-3}$ m，拡散係数 $D_{AB} = 3 \times 10^{-10}$ m^2/s として，例題 2.13 の拡散モデルの解と LDF モデルおよび Vermeulen のモデルを比較せよ．

（解）$(A_R/W)k = (3/R)k = 15(D_{AB}/R^2) = 15 \times 3.0 \times 10^{-10}/(1.5 \times 10^{-3})^2 = 0.0020$ s^{-1} である．図4.19 の「常微分方程式解法シート」で，セル B5 に微分方程式（4.27）または式（4.30）を書き，初期値 0 から積分する．結果を図 4.20 のグラフで示す．例題 2.13 の拡散モデルの結果と比較すると，Vermeulen のモデルはほぼ一致し，LDF モデルも簡単でよい近似を与えることがわかる．

LDF モデルは粒子内拡散のみを考えたが，溶液中の吸着のような場合には粒子外側の流体境膜の抵抗を考慮した 2 重境膜モデルのほうが適切である．図 4.21 のように粒子表面の流体側にも物質移動境膜を考え，吸着材粒子表面での溶媒濃度を c_{Ai}，吸着材濃度を q_i として，流体境膜物質移動係数を k_f，粒子側境膜物質移動係数を k_s とする．また，流体濃度 c_A に平衡な吸着材表面濃度（仮想）を q^* として，濃度推進力 $(q^* - \bar{q})$ 基準の総括物質移動係数 K_s を定義すると，これらの関係は次式である．

$$\frac{d\bar{q}}{dt} = k_s a_v (q_i - \bar{q}) = k_f a_v (c_A - c_{Ai}) = K_s a_v (q^* - \bar{q}) \quad (4.31)$$

各濃度推進力には

$$(q^* - \bar{q}) = K c_A - \bar{q} = K c_A - K c_{Ai} + q_i - \bar{q}$$
$$= K(c_A - c_{Ai}) + (q_i - \bar{q}) \quad (4.32)$$

の関係があるので，これらより物質移動係数間の関

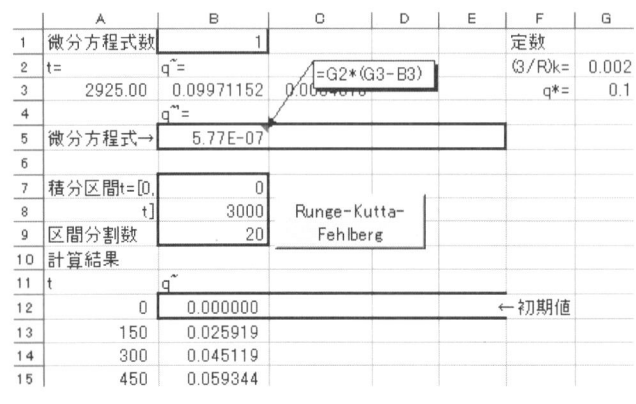

	A	B	C	D	E	F	G
1	微分方程式数	1				定数	
2	t=	q~=	=G2*(G3-B3)			(3/R)k=	0.002
3	2925.00	0.09971152				q*=	0.1
4		q~'=					
5	微分方程式→	5.77E-07					
6							
7	積分区間t=[0,	0					
8	t]	3000	Runge-Kutta-				
9	区間分割数	20	Fehlberg				
10	計算結果						
11	t	q~					
12	0	0.000000		←初期値			
13	150	0.025919					
14	300	0.045119					
15	450	0.059344					

図 4.19 線形推進力近似モデルによる吸着計算〈mta4_7.xls〉

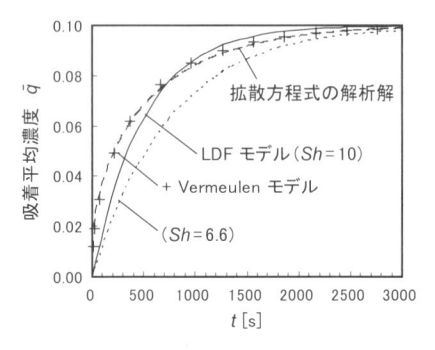

図 4.20 球状吸着材内拡散の解析解と線形推進力近似モデル（LDF）の比較

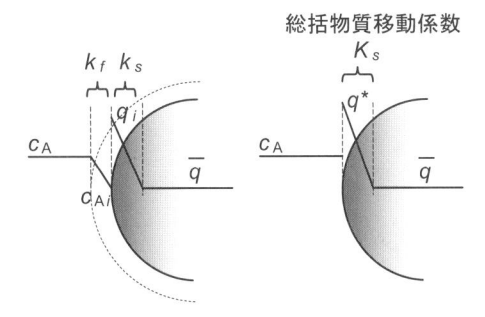

図 4.21　吸着物質移動の 2 重境膜モデル

係が，

$$\frac{1}{K_s a_v} = \frac{K}{k_f a_v} + \frac{1}{k_s a_v} \quad (4.33)$$

である．

充填層流れの流体側物質移動係数 k_f については Rantz-Marshall 式（式（3.78））類似の Wakao-Funazkuri の相関式[3]が推奨されている[1, p.569]．

$$Sh \equiv \frac{k_f D_p}{D_{AB}} = 2 + 1.1 Re_p^{0.6} Sc^{1/3}$$

$$(3 < Re_p < 10000, \ 0.6 < Sc < 70600) \quad (4.34)$$

ここで D_p は充填物の粒子相当径．これは気相，液相流れ中の 0.6～17.1 mm 径の多様な形状粒子についての多数のデータを相間したものである．

以上のように流体側物質移動抵抗を考慮する場合は，LDF モデルの $k_s a_v$ の代わりに $K_s a_v$ を用いればよい．なお吸着操作において普通は流体側物質移動抵抗の割合は小さく，全抵抗の 5～30% であるので，粒子内拡散支配と近似してもよい．

4.3.2　回分吸着

実際の回分吸着操作は溶液中の溶質濃度 c_A[mol/m^3] を下げるのが目的なので，吸着の進行とともに，溶液濃度が低下する．これに伴い吸着材表面の平衡濃度 q^* も時間とともに低下する．このことを考慮して，回分吸着における溶液濃度の経時変化が計算できる．図 4.22 のように容量 V の水中の溶質を容量 W の吸着材で回分吸着する場合を考える．簡単にモデル化するため吸着材を半径 R の球形粒子 1 個と仮定する．吸着に伴う溶液濃度 c_A の変化式は（吸着速度）=（溶液濃度減少）より次式となる．

$$A_R D_{AB} \left.\frac{\partial q}{\partial r}\right|_{r=R} = V \frac{\partial c_A}{\partial t} \quad (4.35)$$

ここで A_R は粒子表面積．これと吸着材内部の拡散に例題 2.13 の拡散モデルを組み合わせて回分吸着のシミュレーションになる．ただし，粒子表面濃度は吸着の進行に伴い低下するのが特徴である．

【例題 4.8】　回分吸着－拡散モデル－〈mta4_8.xls〉

水中のフェノールを活性炭で回分吸着する．簡単のため吸着材を半径 $R = 1.5$ mm の球形粒子 1 個とし，溶液量 $V = 78.5$ cm^3，溶質初期濃度 $c_{A0} = 1.0$ mol/m^3（= 100 mg/L）として，粒子内，溶液内の濃度変化を計算せよ．吸着平衡は $q^* = 17000 c_A$ と近似する（q^*[mol/m^3]）．

（**解**）　液相と吸着材界面の物質収支式（式（4.35））を差分形式で書くと次式である．

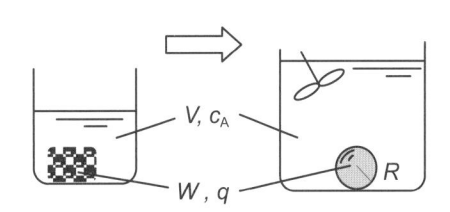

図 4.22　回分吸着－溶液濃度変化－

	A	B	C	D	E	F	G	H	I	J	K	L	M	N
1	DAB=	3.0E-10	m2/s	Δr=	1.50E-04	m		水V=	7.850E-05	m3		Ar0=	2.83E-05	m2
2	Δt=	10	s	Θ=	0.133			吸着剤W=	1.413E-08	m3		k=	17000	
3	n=	0	1	2	3	4	5	6	7	8	9	10	11	
4	r[m]=	0.000	1.50E-04	3.00E-04	4.50E-04	6.00E-04	7.50E-04	9.00E-04	1.05E-03	1.20E-03	1.35E-03	1.50E-03	1.51E-03	1.89E-03
5	ΔV=	1.8E-12	4.6E-11	1.7E-10	3.9E-10	6.8E-10	1.1E-09	1.5E-09	2.1E-09	2.7E-09	3.4E-09			
6	t[s]	q[mol/m3]										q*[mol/m3]		C
7	0	0	0	0	0	0	0	0	0	0	0	17000	1.000	1.000
8	10	0	0	0	0	0	0	0	0	0	2519	14919	0.878	0.878
9	20	0	0	0	0	0	0	0	0	378	4057	13401	0.788	0.788
10	30	0	0	0	0	0	0	0	58	896	5005	12258	0.721	0.721
11	40	0	0	0	0	0	0	9	177				0.669	0.669
12	50	0	0	0	0	0	1	34	345				0.627	0.627
13	60	0	0	0	0	0	7	79	545	2320	6168	10086	0.593	0.593
14	70	0	0	0	0	1	17	143	762	2690	6293	9607	0.565	0.565
15	80	0	0	0	0	4	36	226	985	3006	6357	9201	0.541	0.541

図 4.23　粒子内拡散モデルによる溶液濃度変化の計算〈mta4_8.xls〉

$$c^{p+1} - c^p = -\left(\frac{A_R D_{AB}(q_{10}^p - q_9^p)}{\Delta r}\right)\frac{\Delta t}{V}$$

また，界面節点で $q_{10}^p = 17000 c^p$ である．例題 2.13 で用いた球座標の拡散方程式解法シートをもとに，M，N 列を加えて，溶液濃度 c_A とする（図 4.23）．L 列に平衡関係，M 列に上式を書いて溶液濃度の変化を計算する．図 4.24 に計算結果として，粒子内濃度 q（図 a），平均濃度 $\bar{q}$（図 b），水中溶質濃度 c_A（図 c）の経時変化を示す．q のグラフで粒子内表面濃度 q^* の低下が現れている．水中濃度 c_A は濃度が 1/4 程度で濃度低下が止まる．これは吸着剤が飽和し，平衡濃度に達したためである．

実用の計算では粒子内拡散に拡散モデル（偏微分方程式の解法）でなく，LDF モデルを適用するのが簡便である．すると溶液濃度 c_A と粒子内平均濃度 $\bar{q}$ 間の物質収支が次式となる．

$$\frac{d\bar{q}}{dt} = 15\frac{D_{AB}}{R^2}(q^* - \bar{q}) \tag{4.36}$$

$$\frac{dc_A}{dt} = -\left(\frac{W}{V}\right)\frac{d\bar{q}}{dt} \tag{4.37}$$

これと平衡関係 $q^* = Kc_A$ を考慮して，今度は連立常微分方程式解法の問題となる．

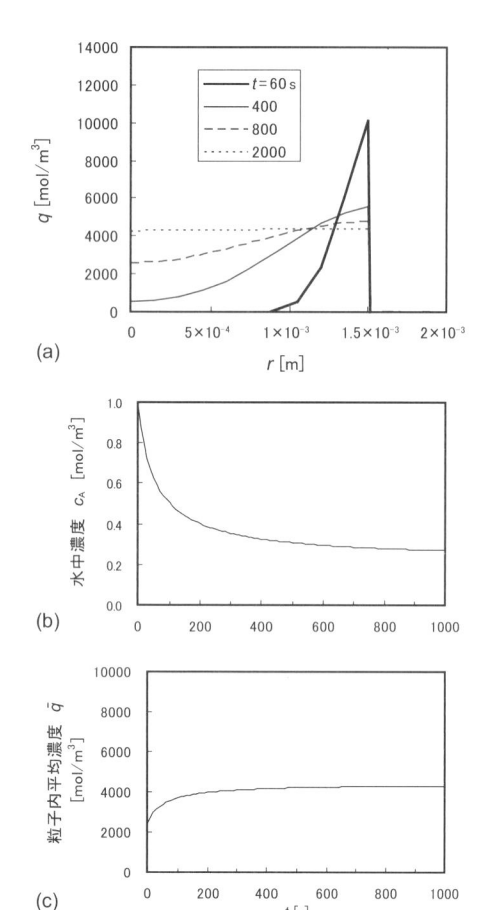

図 4.24 粒子内拡散モデルによる溶液濃度変化の計算

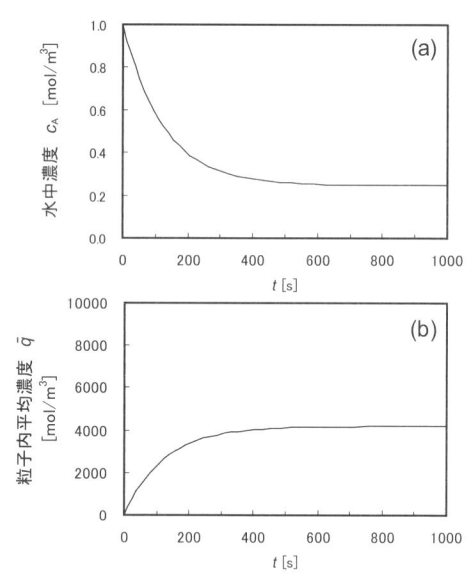

図 4.26 LDF モデルによる回分吸着の計算結果

図 4.25 LDF モデルによる回分吸着の計算 〈mta4_9.xls〉

【例題 4.9】 LDF モデルによる回分吸着の計算
⟨mta4_9.xls⟩

例題 4.8 の回分吸着の問題を粒子内拡散に LDF モデルを用いて計算せよ．

（解） $q^* = Kc_A$, $(K = 17000)$ を考慮して，図 4.25 の「常微分方程式解法シート」で B5, C5 に式 (4.36), (4.37) を記述する．この際 $(d\bar{q}/dt)$ はセル B5 を用いる．初期値を入れて，積分を実行すると，$\bar{q}$, c_A の経時変化が求められる．図 4.26 に計算結果を示す．例題 4.8 とほぼ同じ結果がより簡便に得られた．

4.3.3 固定層吸着

固定層吸着は吸着材層（bed）中に溶液や混合ガスを連続的に流し，被吸着成分を吸層内に吸着固定する（図 4.27）．この操作では時間がたつと吸着剤が飽和して，層出口に成分濃度が現れ，最終的には入口流体濃度と同じになる．図 4.28 はシリカゲルによる空気中の水蒸気の吸着について，吸着層内の流体相と吸着材相の濃度 c_A, q の経時変化を差分法による計算で具体的に示したものである[7]．送入空気中の水蒸気がシリカゲルに吸着して，吸着材中に容積当たり $q = 500$ 倍に濃縮される．しかし吸着材濃度が c_{A0} に平衡な $q = 500$ mol/m^3 になるとその部分での吸着は終了し，吸着が生じる部分は下流へ移動する．この部分の先端が層出口に達する時間が破過点である．最終的には全吸着材が飽和濃度に達して，層出口濃度が入口濃度 c_{A0} と同じになり，吸着操作は終了する．この間の層出口での濃度変化曲線が破過曲線（breakthrough curve）である．

固定層吸着での非定常物質移動を溶媒（流体）濃度 c_A [mol/m^3] と吸着材中の被吸着成分濃度 $\bar{q}$ [mol/m^3]（平均濃度）の 2 変数に関する基礎式で考える．溶媒（流体）濃度 c_A について成分消失を伴う非定常混合拡散モデルを適用し，被吸着成分濃度 $\bar{q}$ に線形推進力近似（LDF）モデル（式 (4.19)）を適用する．簡単のため吸着平衡が線形（$q^* = Kc_A$）で表せるとして，供給溶媒・ガス流速（線速度）を u [m/s] とすると，c_A, q に関する基礎式は次式である[1, p.582]．

$$\frac{\partial c_A}{\partial t} + u\frac{\partial c_A}{\partial z} = D_z \frac{\partial^2 c_A}{\partial z^2} - \frac{1-\varepsilon_b}{\varepsilon_b}\frac{\partial \bar{q}}{\partial t} \quad (4.38)$$

$$\frac{\partial \bar{q}}{\partial t} = ka_v(q^* - \bar{q}) = ka_v(Kc_A - \bar{q}) \quad (4.39)$$

ここで D_z [m^2/s] は混合拡散係数，ε_b は吸着層空隙率，K は吸着平衡定数である．式 (4.38) は 1 次元移流拡散の式 (2.63) に吸着による成分消失

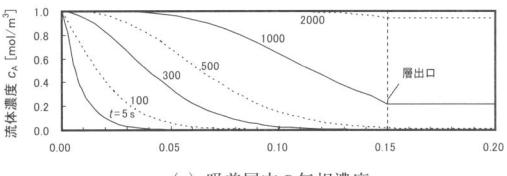

(a) 吸着層内の気相濃度 c_A

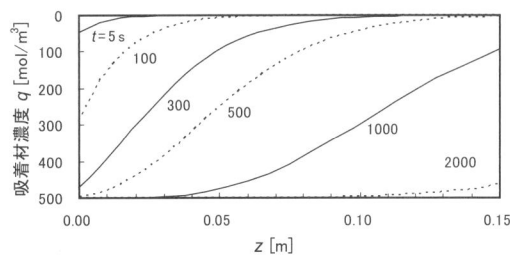

(b) 吸着材濃度 q

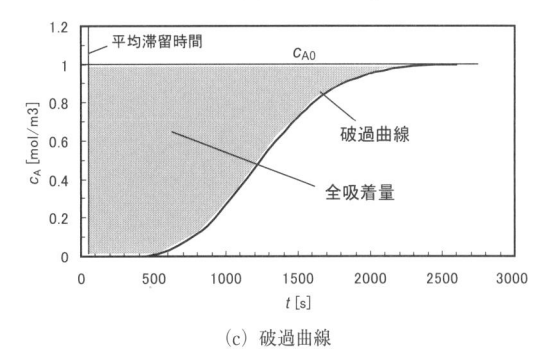

(c) 破過曲線

図 4.28 シリカゲルによる水蒸気吸着における吸着層内気固濃度変化と破過曲線[7]
（$Z = 0.15$ m, $u = 0.06$ m/s, $D_z = 0.0004$ m^2/s, $K = 500$, $ka_v = 0.02$ s^{-1}）

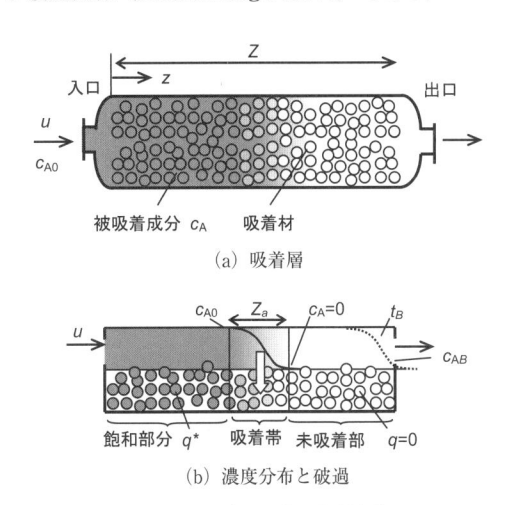

(a) 吸着層

(b) 濃度分布と破過

図 4.27 固定層吸着の物質移動

4. 分離プロセスの物質移動解析

図4.29 固定層吸着の差分法による解法〈mta4_10.xls〉

$(\partial \bar{q}/\partial t)$ の項が加わったものである．$ka_v[\text{s}^{-1}]$ は物質移動容量係数であり，式 (4.28) で示したものである (a_v は層単位体積あたりの表面積であり，球形粒子では $(3/R)$ である)．

このモデル式には混合拡散係数が $D_z = 0$ の条件での破過曲線について，次式の解析解（Klinkenberg の近似解[1, p.583]）が示されている．

$$\frac{c_A}{c_{A0}} \approx \frac{1}{2}\left[1 + \text{erf}\left(\sqrt{\tau} - \sqrt{\xi} + \frac{1}{8\sqrt{\tau}} + \frac{1}{8\sqrt{\xi}}\right)\right]$$

$$\left(\xi = \frac{(ka_v)KL}{u}\left(\frac{1-\varepsilon_b}{\varepsilon_b}\right),\ \tau = (ka_v)\left(t - \frac{L}{u}\right)\right) \quad (4.40)$$

ここでは基礎式の差分解法を試みる．式 (4.38)，(4.39) を時間を $n\Delta t$，距離を $n\Delta z$ で区切り，流体・溶媒と吸着材濃度の節点値をおのおの c_n^p, q_n^p として差分式にすると次式である．

$$c_n^{p+1} = c_n^p - \left(\frac{a}{2}\right)(c_{n+1}^p - c_{n-1}^p) + b(c_{n+1}^p + c_{n-1}^p - 2c_n^p)$$
$$- d(ka_v)K(c_n^p - q_n^p/K)\Delta t$$

$$\left(a = \frac{u\Delta t}{\Delta z},\ b = \frac{D_z \Delta t}{(\Delta z)^2},\ d = \frac{1-\varepsilon_b}{\varepsilon_b}\right) \quad (4.41)$$

$$\frac{\partial \bar{q}}{\partial t} = \frac{q_n^{p+1} - q_n^p}{\Delta t} = (ka_v)K(c_n^p - q_n^p/K) \quad (4.42)$$

【例題 4.10】 固定層吸着の破過曲線〈mta4_10.xls〉

径 0.925 mm のガラスビーズを長さ $L = 0.40$ m，内径 0.0195 m の管内に層空隙率 $\varepsilon_b = 0.367$ で充填する．濃度 $c_{A0} = 0.0025$ mol/m³ のクリスタルバイオレット（色素）水溶液を速度 $u = 5.63 \times 10^{-6}$ m/s で流して，ガラスビーズ層に吸着させる[4]．あらかじめ測定した吸着平衡定数は $K = 9.5$ であり，物質移動係数は充填層の相間式 (4.34)（Wakao-Funazkuri）から $k = 1.205 \times 10^{-5}$ m/s と推算された．

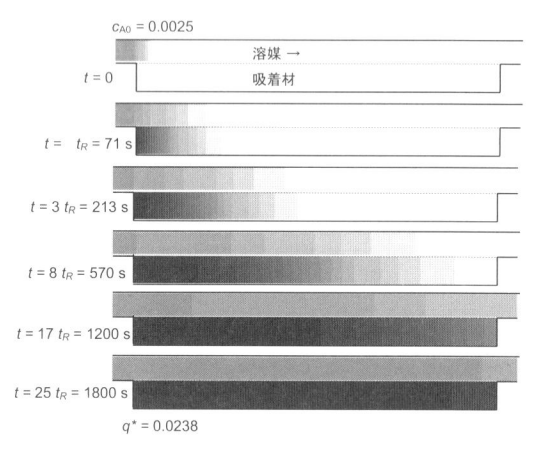

図 4.30 溶媒，吸着材の濃度変化

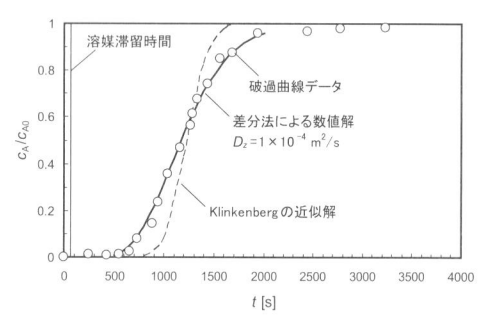

図 4.31 破過曲線の比較

この固定層吸着操作の破過曲線を求めよ．

（解） 図 4.29 が差分法による解法シートである．2 行で 1 組となり，1 行目が c_n^p，2 行目が q_n^p であり，列方向に層入口から出口までの節点位置である．層長さを 20 分割した．8, 9 行に初期値，10, 11 行に節点の差分式 (4.41)，(4.42) を書き，10, 11 行を下にコピーすることで，層内濃度の経時変化が計算できる．図 4.30 に溶媒濃度および吸着材濃度の経時変化を示す．吸着材の飽和濃度の領域が下流に進行

する．

層出口（$z=0.40$ m）での濃度経時変化すなわち破過曲線のグラフを図4.31に示した．数値計算は軸方向拡散係数 $D_z=1.0\times10^{-4}$ m^2/s と設定することで実測データ[4]と一致した（なお，溶質の液相拡散係数は $D_{AB}=4.6\times10^{-10}$ m^2/s である）．D_z を無視したKlinkenbergの近似解（式（4.40））より数値解の方がよく実測の破過曲線を表している．

4.4 クロマトグラフィー

4.4.1 クロマトグラフィー成分分離のしくみ

クロマトグラフィー分離では，固定層吸着と同じように吸着材充填カラムを用いるが，入口の混合溶質入力がインパルス入力となる．クロマトグラフィーでは溶質は吸着材に固定されるのではなく，吸着材に対する分配係数 K_i の違いで，カラム通過速度 u_i が異なり，カラム通過時間に差が生じる．結果として，カラム出口で成分ごとの濃度ピークとして分離が行われる．

断面積 A_0，層空隙率 ε_b の吸着カラムを通る溶質流速 u と成分流速 u_i について考える（図4.32）．カラムで溶質が通る断面積は $A_0\varepsilon_b$ である．一方，濃度 c_A の溶質はカラム空隙を通ると同時に吸着材部分も通る．その際 $q=K_ic_A$ の濃度で通るので，全通過断面積は $A_0\varepsilon_b+A_0(1-\varepsilon_b)K_i$ 相当となる．これより，溶媒と溶質のカラム通過速度の比はこの面積比の逆数となる．

$$\frac{u}{u_i}=\frac{A_0\varepsilon_b+A_0(1-\varepsilon_b)K_i}{A_0\varepsilon_b}=1+\left(\frac{1-\varepsilon_b}{\varepsilon_b}\right)K_i \quad (4.43)$$

これより，長さ L のカラムの溶媒の滞留時間を t_R

$$t_R=\frac{L}{u} \quad (4.44)$$

とすると，i 成分のカラム滞留時間すなわち成分ピーク溶出時間 t_{Pi} は次式となる．

$$t_{Pi}=\frac{L}{u_i}=\left[1+\left(\frac{1-\varepsilon_b}{\varepsilon_b}\right)K_i\right]t_R \quad (4.45)$$

よって溶質成分ごとの分配係数 K_i の違いで各成分のピーク溶出時間が異なることが示される（図4.33）．以上の考察は線形吸着を仮定し，軸方向分散や物質移動速度を無視した簡単なモデルであるが，これがクロマトグラフィー分離の基本原理を示している．このモデルは equilibrium wave pulse theory とよばれる[1,p.609]．実際，以下の例題でみるように，このモデルの t_P は実際のクロマトグラフィーにおける溶出成分ピーク位置とあまり違わない．

4.4.2 クロマトグラフィー―混合拡散モデル―

固定層吸着の解析で用いた混合拡散とLDFモデルによる基礎式（4.38），（4.39）はクロマトグラフィーにも適用できる．ただしクロマトグラフィーでは入口の境界条件がインパルス入力になる．また，吸着平衡定数も固定層吸着では一般に $K>500$ であるのに対して，$K<10$ 以下程度であるのが特徴である．まず以下の例題で差分法による数値解析例を示す．

【例題4.11】 クロマトグラフィーの溶出曲線―ガスクロマトグラフ―〈mta4_11.xls〉

長さ $L=3$ m，管内径3 mm のカラム，キャリアガス流速 $u=0.094$ m/s のガスクロマトグラフがある．キャリアガスの滞留時間は $t_R=31.8$ s である．吸着平衡定数 $K=2$ のガス試料を 1×10^{-5} mol（0.25 cm^3）注入した場合の溶出曲線を求めよ．$D_z=0.008$ m^2/s，$(ka_v)K=1.0$ s^{-1}，$\varepsilon_b=0.5$ とする．

（解） 図4.34が差分法による解法シートである．差分式などは例題4.10と同じである．カラムの長

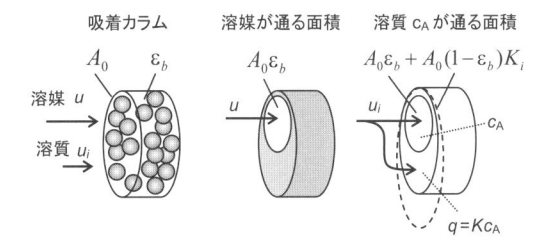

図4.32 クロマトグラフィーカラムの溶媒流速 u，溶質流速 u_i

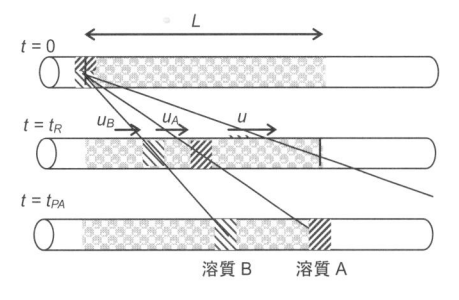

図4.33 クロマトグラフィーにおける成分分離のしくみ

4. 分離プロセスの物質移動解析

	A	B	C	D	E	F	G	H	I	J	K	L	M	N
1	Δt=	0.2 s		$D_z=$	8.0E-03 m2/s		a=	0.125				(kav)K=	1	1/s
2	Δz=	0.15 m		u=	9.4E-02 m/s		b=	0.071				K=	2	
3	L=	3 m		εb=	0.5		d=	1				d(kav)K=	1	
4	n=	-8	-7	-6	-5	-4	-3	-2		0	1	2	3	4
5	z=	-1.20	-1.05	-0.90	-0.75	-0.60			0.15	0.00	0.15	0.30	0.45	0.60
6														
7	t													
8	0.00	0.00	0.00	0.00						19.30	0.00	0.00	0.00	0.00
9	0.00									0.00	0.00	0.00	0.00	0.00
10	0.20	0.00	0.00	0.00	0.00			0.00	0.16	12.70	2.58	0.00	0.00	0.00
11	0.20									3.86	0.00	0.00	0.00	0.00
12	0.40	0.00	0.00	0.00	0.00	0.00	0.00	0.00	0.25	8.78	3.40	0.35	0.00	0.00
13	0.40									6.01	0.52	0.00	0.00	0.00
14	0.60	0.00	0.00	0.00	0.00	0.00	0.00	0.00	0.29	6.44	3.46	0.68	0.05	0.00
15	0.60									7.17	1.14	0.07	0.00	0.00
16	0.80	0.00	0.00	0.00	0.00	0.00	0.00	0.01	0.30	5.02	3.26	0.92	0.12	0.01
17	0.80									7.74	1.72	0.20	0.01	0.00
18	1.00	0.00	0.00	0.00	0.00	0.00	0.00	0.01	0.30	4.14	3.00	1.06	0.20	0.02
19	1.00									7.97	2.20	0.36	0.03	0.00

Cell annotations:
- H1: `=E2*B1/B2`
- I5: `=E1*B1/B2/B2`
- J10 (row 8 formula): `=J8+(-$H$1*(K8-I8)/2+$H$2*(K8-2*J8+I8))-$M$3(J8-J9/$M$2)*$B$1`
- J11 (row 10 formula): `=J9+$M$1*(J8-J9/$M$2)*$B$1`

図 4.34 クロマトグラフィー計算シート〈mta4_11.xls〉

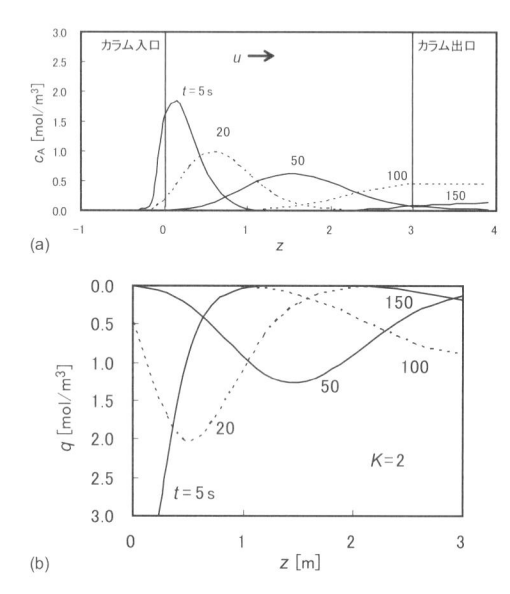

(a) 溶媒流れ濃度 c_A [mol/m³] vs z ($t=5, 20, 50, 100, 150$ s)

(b) 吸着材濃度 q [mol/m³] vs z [m]、$K=2$

図 4.35 溶媒流れと吸着材濃度の経時変化

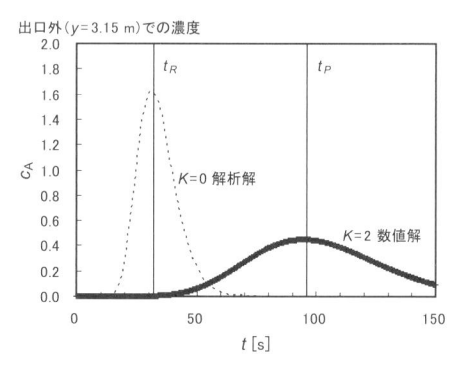

図 4.36 カラム出口の溶出ピーク（出口外 $y=3.15$ m での濃度、t_R, t_P、$K=0$ 解析解、$K=2$ 数値解）

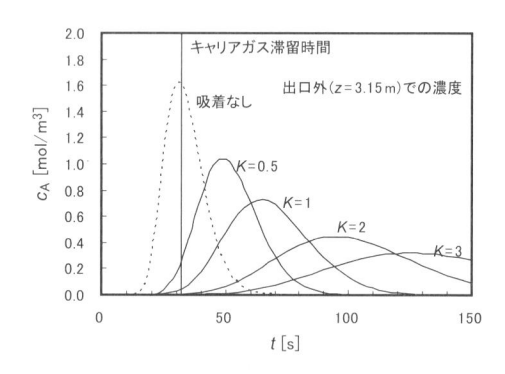

図 4.37 溶出曲線（クロマトグラム）と吸着平衡定数 K の関係（出口外 $z=3.15$ m での濃度、吸着なし、$K=0.5, 1, 2, 3$）

さを 20 分割しているので，初期入口節点濃度は $\varepsilon_b=0.5$ を考慮して，$c_0^0=19.3\,\mathrm{mol/m^3}$ である．8, 9 行にこれらの初期値，10, 11 行に節点の差分式 (4.38)，(4.39) を書き，下にコピーすることで，カラム内濃度の経時変化が計算できる．

計算結果を図 4.35 に示す．カラム内を試料のピークが広がりながら移動していることが示される．この移動相（キャリアガス）濃度 c_A のカラム出口濃度の変化がクロマトグラムである（図 4.36）．実線の曲線が例題の計算結果である．図中に $K=0$ のインパルス入力解析解（式 (2.65)）および t_R, t_P を比較して示した．キャリアガスの平均滞留時間 t_R より 3 倍 $(1+K)$ ほど遅れてピークが出る．図 4.36 に同じシートで K を変えた場合の計算結果を比較した．成分の吸着平衡定数（分配係数）K により溶出時間が異なることが示される．

解析的方法でも，クロマトグラフィー条件で基礎式 (4.38)，(4.39) の近似解が種々提案されている．ここでは Carta の周期境界条件解析を紹介す

る[1,p.611]. 式 (4.38) の拡散項を無視した基礎式

$$\frac{\partial c_A}{\partial t} + u \frac{\partial c_A}{\partial z} = -\frac{1-\varepsilon_b}{\varepsilon_b} \frac{\partial \bar{q}}{\partial t} \quad (4.46)$$

$$\frac{\partial \bar{q}}{\partial t} = ka_v(q^* - \bar{q}) = ka_v(Kc_A - \bar{q}) \quad (4.47)$$

において，入口 ($z=0$) の境界条件を

$$c_A(t) = c_{A0}, \quad (j-1)(t_F + t_E) < t < j(t_F + t_E) - t_E \quad (4.48)$$

とする．ここで，j は周期パルスの番号で，t_F がパルスの幅，t_E が周期パルスの間隔である（図 4.38(a) を参照）．この式を Laplace 変換法で解いた解が次式である．

$$\frac{c_A}{c_{A0}} = \frac{r_F}{2r} + \frac{2}{\pi}\sum_{m=1}^{\infty}\left[\frac{1}{m}\exp\left(-\frac{m^2 n_F}{m^2+r^2}\right)\sin\left(\frac{m\pi r_F}{2r}\right)\right.$$
$$\left.\times \cos\left(\frac{m\theta_F}{r} - \frac{m\pi r_F}{2r} - \frac{m\beta n_F}{r} - \frac{mrn_F}{m^2+r^2}\right)\right]$$

$$\left(r = \frac{(ka_v)}{2\pi K}(t_F + t_E), \quad r_F = \frac{(ka_v)}{\pi K}t_F,\right.$$
$$\left.n_F = \frac{(1-\varepsilon_b)}{\varepsilon_b}\frac{(ka_v)L}{u}, \quad \theta_F = \frac{(ka_v)t}{K}, \quad \beta = \frac{\varepsilon_b}{(1-\varepsilon_b)K}\right) \quad (4.49)$$

この解は周期解であり，実際は $j=1$ のパルス入力と出口解のみ意味をもつ（図 4.38）．

【例題 4.12】 クロマトグラフィーの理論溶出曲線—糖成分の溶出—〈mta4_12.xls〉

$L = 182$ cm，$\varepsilon_b = 0.39$ のカラムで，$u = 0.0795$ cm/s で溶媒を流す．$t_F = 500$ s 間に $c_{A0} = 1.0$ mol/m^3 で糖（フルクトース）を入力するとき，カラム出口のピークを求めよ[1,p.611]．$K = 0.66$，$(ka_v) = 0.0665$ s^{-1}，$t_E = 2000$ s である．

（解）式 (4.48)（図 4.38(a)）のような入口条件による解（式 (4.49)）の計算結果を図 4.38(b) に示す．この条件では解の級数（[ ] 内の項）は $m = 4$ 項で十分であった．図 4.38 で $j=1$ の入口条件（$z=0$）と出口解（$z=L$）が意味をもつ．ピークは t_P の位置で出る．

4.4.3 クロマトグラフィー—理論段モデル—

移流拡散の問題に完全混合槽列モデル（2 章 2.4.3 項）が考えられたのと同様に，クロマトグラフィーの物質移動にも同様な解析法がある．これは「理論段モデル」[5] とよばれ，槽列モデルを吸着カラムに

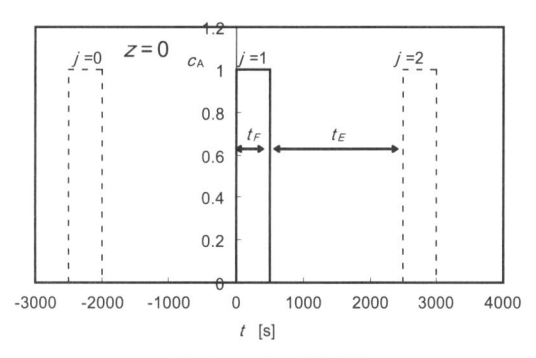

(a) カラム入口境界条件

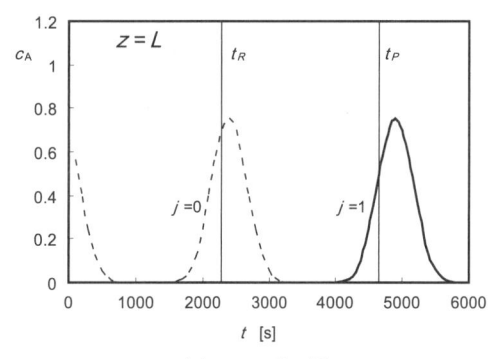

(b) カラム出口解

図 4.38 Carta の周期条件解析解

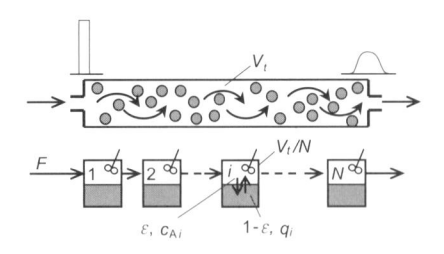

図 4.39 クロマトグラフィーの理論段モデル

応用したモデルである（図 4.39）．全容積 $V_t[\text{m}^3]$ のカラムに固体吸着剤が空隙率（溶媒相体積割合）$\varepsilon[-]$ で充填され，溶媒が流量 $F[\text{m}^3/\text{s}]$ で供給されている．$t=0$ でカラム入口に $M[\text{mol}]$ の溶質が瞬間的に供給された場合（インパルス入力）のカラム出口濃度の経時変化を求める．なお，溶媒中の溶質濃度 $c_A[\text{mol}/\text{m}^3]$ と吸着剤中の溶質平均濃度 q $[\text{mol}/\text{m}^3]$ の間に線形吸着平衡 $q=Kc_A$ を仮定する．

カラムを N 段に分割し，各段を添字 i で表す．各段の物質収支をとると，

$$\frac{dc_{Ai}}{dt} + \frac{1-\varepsilon}{\varepsilon}\frac{dq_i}{dt} = \frac{FN}{V_t\varepsilon}(c_{Ai-1} - c_{Ai}) \quad (4.50)$$

である．この式を，$q=Kc_A$ で q を消去し，$H=(1-\varepsilon)/\varepsilon$ と置き，時間を $\theta=(F/V_t\varepsilon)t$，濃度を $E=\{(1+HK)\varepsilon V_t/M\}c_A$ として無次元化すると次式となる．

$$\frac{dE_i}{d\theta} = \frac{N}{(1+HK)}(E_{i-1} - E_i) \quad (i=1, 2, \cdots, N) \quad (4.51)$$

この連立常微分方程式のインパルス入力における解は Laplace 変換法で得られ，最終 N 段出口濃度の解は次式である．

$$E(\theta) = \frac{N}{(N-1)!}\left(\frac{N\theta}{1+HK}\right)^{N-1}\exp\left(-\frac{N\theta}{1+HK}\right) \quad (4.52)$$

この解は基礎式を比較することで，管内流れの槽列モデルの解（式 (2.70)）からも類推できる．よってカラム出口での溶質濃度変化（溶出曲線）が次式である．

$$c_A(\theta) = \frac{M}{(1+HK)\varepsilon V_t}E(\theta) \quad (4.53)$$

この式の時間を t に戻して次式となる．

$$c_A = \frac{M}{(1+HK)\varepsilon V_t}\frac{N}{(N+1)!}\left(\frac{NFt}{V_t\varepsilon(1+HK)}\right)^{N-1}$$
$$\times \exp\left(-\frac{NFt}{V_t\varepsilon(1+HK)}\right) \quad (4.54)$$

この解は次式の形式[6] でも同じである（t_k は混合がない場合の成分溶出時間．先の t_P に同じ）．

$$c_A = \frac{c_{A0}t_k}{(N+1)!}\left(\frac{N}{t_k}\right)^N t^{N-1}\exp\left(-\frac{N}{t_k}t\right)$$
$$\left(t_k = \frac{(1+HK)\varepsilon V_t}{F}\right) \quad (4.55)$$

【例題 4.13】 クロマトグラフィーの理論段モデル〈mta4_13.xls〉

式 (4.53) を計算して，カラム出口濃度 c_A に及ぼすパラメーター K, N の影響を検討せよ．

（解）操作の条件・仮定を図 4.40 のセル B1：B6 のようにする．9 行以下 A 列に無次元時間 θ を等間隔に設定し，B9 以下 B 列に式 (4.53) を書くことで，カラム出口濃度の経時変化が求められる．図中のグラフに結果を示す．溶質のピークが流体の平均滞留時間の $\theta=1$ から遅れて現れることが示され

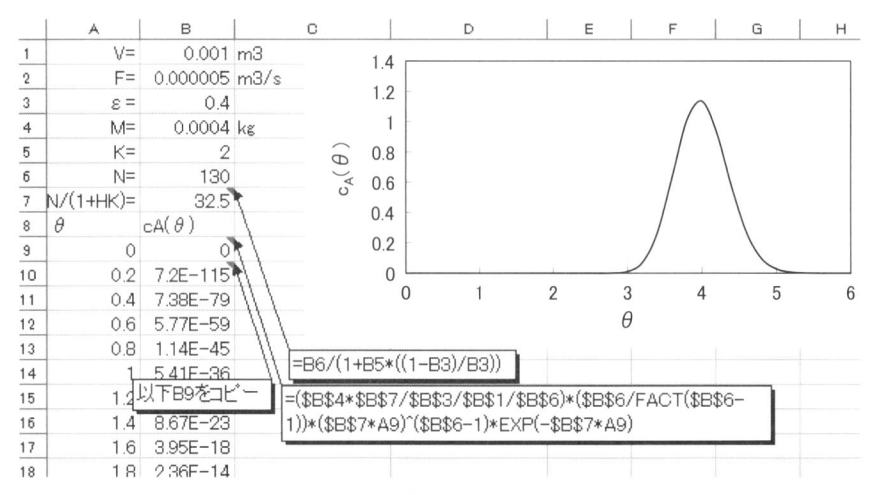

図 4.40 クロマトグラフィーの理論段モデル〈mta4_13.xls〉

ている.

パラメーターを変えて計算した結果を図4.41で比較した. これをみると段数 N はピークの広がりを表し, 段数が多いほど溶出ピークが鋭くなるのがわかる. 分配係数 K は溶出ピークの平均滞留時間 $(V_t \varepsilon)/F$ からの遅れを表す.

【例題 4.14】 クロマトグラフィーデータからのパラメーター推定〈mta4_14.xls〉

径 1 cm, 長さ 0.5 m, $\varepsilon = 0.27$ のゲルカラムに溶媒を $F = 5.5 \times 10^{-9}$ m³/s で流す. ヘモグロビンを物質量 $M = 1.42 \times 10^{-6}$ mol インパルス入力したときの溶出ピークが図4.42中のデータのように得られた. このデータについて理論段モデルのパラメーターを求めよ.

(解) $V_t = 3.9 \times 10^{-5}$ m³, $H = 2.70$ である. ソルバーを用いて式(4.54)をデータにフィッティングすることで, $K = 0.33$, $N = 138$ と求められた(図4.42).

【例題 4.15】 理論段モデルと移流拡散モデルとの比較〈mta4_15.xls〉

例題4.11のガスクロマトグラフの条件 ($K = 2$) で, 理論段モデルと移流拡散モデルを比較せよ.

(解) 例題4.11の数値解の結果を理論段モデルと比較すると, 図4.43のように $N = 12$ でほぼ一致した.

4.5 ガス吸収

4.5.1 流下液膜へのガス吸収

吸収, 蒸留などの気-液間物質移動操作は各種充填塔や棚段塔で行われている. これらは液体の重力流下とガスの浮力を利用して, 液相と気相を向流接触させる形式である. そのような物質移動操作解析の基礎モデルが垂直壁を流下する液膜表面からのガス吸収の解析である(図4.44). 重力下で垂直壁面を単位幅あたり体積流量 Γ [m³/(m·s)] で流下する液膜の厚さ δ は次式である.

$$\delta = \left(\frac{3\mu\Gamma}{\rho^2 g}\right)^{1/3} \tag{4.56}$$

また, 速度分布は放物線状であり, 表面速度 $u_{\max}$, 平均速度 $\bar{u}$ は,

$$u_{\max} = \frac{3}{2}\bar{u} = \frac{\rho g \delta^2}{2\mu} \tag{4.57}$$

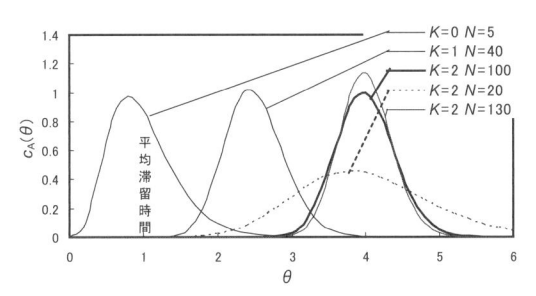

図 4.41 理論段モデルの K と N の影響

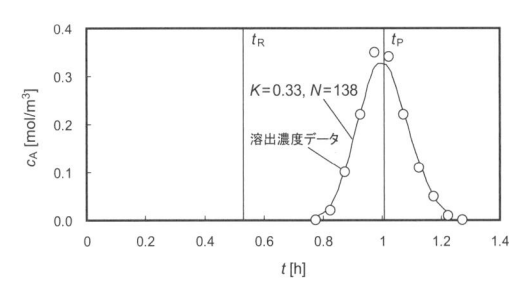

図 4.42 理論段モデルにおけるパラメーター推定

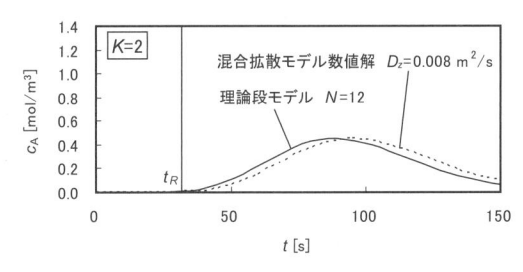

図 4.43 混合拡散モデルと理論段モデルの対応〈mta4_15.xls〉

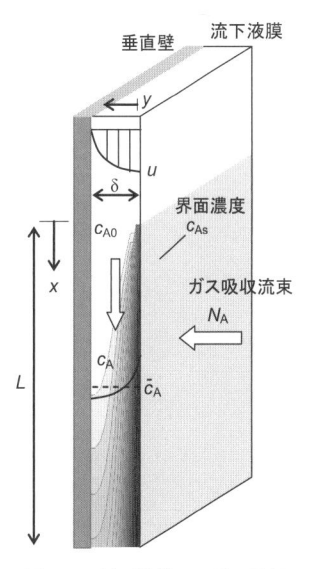

図 4.44 流下液膜へのガス吸収

である.

y 座標を液面から液深さ方向にとり，x 座標を流下方向にとると，拡散の基礎式は次式である.

$$u\frac{\partial c_A}{\partial x} = D_{AB}\frac{\partial^2 c_A}{\partial y^2} \quad \left(u = u_{max}\left[1-\left(\frac{y}{\delta}\right)^2\right]\right) \quad (4.58)$$

境界条件は，

$$x=0, \ 0<y<\delta \ ; \ c_A = c_{A0}$$
$$x>0, \ y=0 \ ; \ c_A = c_{As}$$
$$0<x<L, \ y=\delta \ ; \ (\partial c_A/\partial y)=0$$

である.この式は既に2章の例題2.24で差分法による解析を試みた.図4.45に放物線速度分布モデルとして，具体的な濃度分布を例示する.この偏微分方程式(4.58)の解析解はPigfordやOlbrich-WildによりLaplace変換法で得られている.実際の解は級数解であり，複雑なので，$x=L$における液膜平均濃度

$$\bar{c}_A = \frac{1}{\bar{u}\delta}\int_0^\delta u c_A dy \quad (4.59)$$

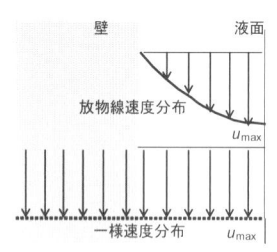

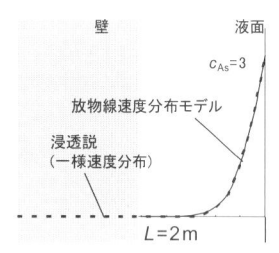

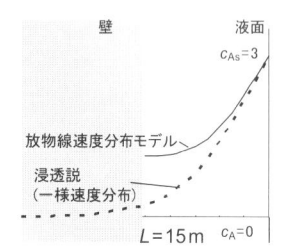

についての解を示す[1, p.91, 8, p.502].

$$\frac{c_{As}-\bar{c}_A}{c_{As}-c_{A0}} = 0.7857 e^{-5.1213\eta} + 0.09726 e^{-39.661\eta}$$
$$+ 0.036093 e^{-106.25\eta} + \cdots$$

$$\left(\eta \equiv \frac{D_{AB}L}{\delta^2 u_{max}}\right) \quad (4.60)$$

図4.46にこの解析解の平均濃度変化を数値解(例題2.24)と比較した.

このモデルにおける局所 Sh 数は，

$$Sh_x \equiv \frac{N_A}{D_{AB}(c_{As}-\bar{c}_A)/\delta} = \frac{-D_{AB}(\partial c_A/\partial y)|_{y=0}}{D_{AB}(c_{As}-\bar{c}_A)/\delta} \quad (4.61)$$

で定義される.ここで基準推進力 $(c_{As}-\bar{c}_A)$ は x 方向に変化することに注意する.一方，物質移動流束 N_A は $\bar{c}_A$ の x 方向の変化でも表せる.

$$N_A = \bar{u}\delta\left(\frac{d\bar{c}_A}{dx}\right) \quad (4.62)$$

流下距離 $x=L$ までの平均 Sh 数は，

$$Sh \equiv \frac{1}{L}\int_0^L Sh_x dx \quad (4.63)$$

なので，これを求めると以下のようである.

$$Sh = \frac{1}{L}\int_0^L \frac{\bar{u}\delta(d\bar{c}_A/dx)}{D_{AB}(c_{As}-\bar{c}_A)/\delta}dx = \frac{\bar{u}\delta^2}{D_{AB}L}\int_{c_{A0}}^{\bar{c}_A}\frac{d\bar{c}_A}{(c_{As}-\bar{c}_A)}$$
$$= \frac{\bar{u}\delta^2}{D_{AB}L}\ln\left(\frac{c_{As}-c_{A0}}{c_{As}-\bar{c}_A}\right) = \frac{2}{3\eta}\ln\left(\frac{c_{As}-c_{A0}}{c_{As}-\bar{c}_A}\right) \quad (4.64)$$

この式で $\ln(\ )$ の $(\ )$ 内は先の平均濃度に関する解析解(式(4.60))の逆数なので，両式により Sh 数が得られたことになる.図4.47にこの Sh 数の解析解を η に対して示す.比較のため例題2.24の数値解における Sh 数も図中に示した.なお，この取り扱いで，Sh 数から流束を求める際には，平均 Sh 数の基準推進力 $(c_{As}-\bar{c}_A)$ として $x=0$ と $x=L$ での濃度差の対数平均濃度差 $(c_{As}-\bar{c}_A)_{LM}$ をとることに注意する.

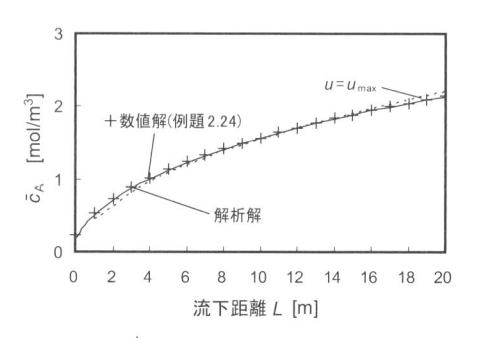

図4.45 流下液膜の速度分布と濃度分布－放物線速度分布モデルと一様速度分布モデル－(条件は例題2.24による)

図4.46 平均濃度の変化

$$(c_{As} - \bar{c}_A)_{LM} = \frac{(c_{As} - c_{A0}) - (c_{As} - \bar{c}_A)}{\ln[(c_{As} - c_{A0})/(c_{As} - \bar{c}_A)]} \quad (4.65)$$

L が長い条件（$\eta > 0.1$）では式（4.60）の第1項が支配的となるので，

$$Sh = \frac{2}{3\eta} \ln\left(\frac{e^{5.1213\eta}}{0.7857}\right) \quad (4.66)$$

であり，$\ln e^z = z$ なので，

$$\begin{aligned}Sh &= \frac{2}{3\eta}(5.1213\eta - \ln(0.7897)) \\ &= \frac{2}{3\eta}(5.1213\eta + 0.236) \\ &= 3.414 + 0.1573/\eta \end{aligned} \quad (4.67)$$

となる．よって，$\eta \to \infty$ で，

$$Sh = 3.414 \quad (4.68)$$

となる．図 4.47 中にこれも示す．

流下液膜への吸収で接触時間が短いとした場合の解析も重要である．これは液膜の速度分布を表面速度 $u_{\max}$ で一定として，半無限深さへの拡散問題として，次式

$$u_{\max}\frac{\partial c_A}{\partial x} = D_{AB}\frac{\partial^2 c_A}{\partial y^2} \quad (4.69)$$

を解くものである．この取り扱いは一般に「浸透説」とよばれるものであり，ここでは一様速度分布モデルとよぶ．このモデルでは $u_{\max}$ が定数なので，前のモデルより偏微分方程式の解法が容易であり，解析解が次式となる[8, p.499, 9, p.21]（式（2.31）としても示した）．

$$\frac{c_{As} - c_A}{c_{As} - c_{A0}} = \mathrm{erf}\left(\frac{y}{\sqrt{4D_{AB}x/u_{\max}}}\right) \quad (4.70)$$

この濃度分布および平均濃度変化を図 4.45，図 4.46 に示した．

式（2.32）と同様に，界面濃度勾配は次式となる．

$$\left.\frac{\partial c_A}{\partial y}\right|_{y=0} = \frac{1}{\sqrt{4D_{AB}x/u_{\max}}}(-(c_{As} - c_{A0}))\frac{2}{\sqrt{\pi}}$$

$$= -(c_{As} - c_{A0})\sqrt{\frac{u_{\max}}{\pi D_{AB}x}} \quad (4.71)$$

よって局所 Sh 数は次式である．

$$\begin{aligned}Sh_x &\equiv \frac{N_A}{D_{AB}(c_{As}-c_{A0})/\delta} = \frac{-D_{AB}(\partial c_A/\partial y)_{y=0}}{D_{AB}(c_{As}-c_{A0})/\delta} \\ &= \sqrt{\frac{\delta^2 u_{\max}}{\pi D_{AB}x}} \end{aligned} \quad (4.72)$$

ここで Sh 数の基準濃度推進力は半無限媒体を考えているので，$(c_{As}-\bar{c}_A) \to (c_{As}-c_{A0})$ としている．これより一様速度分布モデル（半無限媒体への拡散モデル）における流下距離 L での平均 Sh 数は次式となる．

$$\begin{aligned}Sh &\equiv \frac{1}{L}\int_0^L Sh_x dx = \sqrt{\frac{4\delta^2 u_{\max}}{\pi D_{AB}L}} = \sqrt{\frac{4}{\pi\eta}} \\ &= 0.691\left(\frac{\delta}{L}\right)^{1/2}Re^{1/2}Sc^{1/2} \quad \left(Re = \frac{4\delta\bar{u}\rho}{\mu}\right)\end{aligned} \quad (4.73)$$

この関係を図 4.47 中に放物線速度分布モデルと比較して示した．

4.5.2 気泡からの物質移動―浸透説―

ガス吸収操作は気泡塔を用いる場合も多い．気泡塔では静止した吸収液中を被吸収ガスを含む気泡が上昇して，気-液接触がなされる．このような気泡からの物質移動のモデルとして，接触時間で考える浸透説のモデルがある．

静止液体中を径 d_b の気泡が速度 u_b で上昇する（図 4.48）．液中のある位置を考え，ここに気泡の上端が接した時点から界面濃度 c_{As} と液中濃度 $c_{A\infty}$ を推進力として物質移動が始まる．これは 2.3.1 項で述べた，半無限媒体への1次元非定常拡散と考えることができる．すると，物質移動流束は，

$$N_A = \sqrt{\frac{D_{AB}}{\pi t}}(c_{As} - c_{A\infty}) \quad (4.74)$$

である．この物質移動は気泡が上昇してその位置を離れた時間で終了する．この間の時間が接触時間 $\tau = (d_b/u_b)$ である．接触時間 τ 間の平均物質移動流

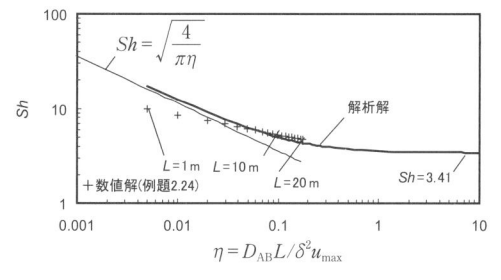

図 4.47 流下液膜への物質移動―各種モデル―

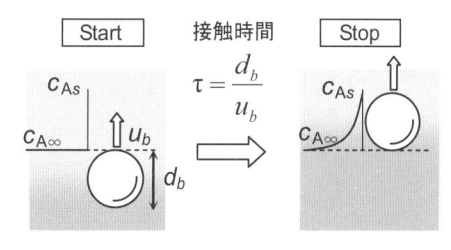

図 4.48 気泡と液体の接触モデル（浸透説）

束は次式である.

$$\bar{N}_A = \frac{1}{\tau}\int_0^\tau \sqrt{\frac{D_{AB}}{\pi t}}\,dt \times (c_{As}-c_{A\infty})$$
$$= 2\sqrt{\frac{D_{AB}}{\pi\tau}}(c_{As}-c_{A\infty}) \qquad (4.75)$$

よって物質移動係数が

$$k = 2\sqrt{\frac{D_{AB}}{\pi\tau}}\quad [\mathrm{m/s}] \qquad (4.76)$$

となる.このモデルをHigbieの浸透説とよび,定常で考える境膜説とはまた別の観点からの物質移動モデルである.

【例題4.16】 浸透説による物質移動係数

液中を直径 $d_b = 0.02$ m の気泡が $u_b = 0.31$ m/s の速度で上昇している.物質移動係数を求めよ.

(解) 接触時間は $\tau = d_b/u_b = 0.064$ s なので,

$$k = 2\sqrt{\frac{2\times 10^{-9}}{3.14\times 0.064}} = 2\times 10^{-4}\ \mathrm{m/s}$$

である.気泡槽の気-液容量比から単位体積あたり接触面積 a がわかると,物質移動容量係数 ka が推算できる.

4.5.3 気-液向流吸収操作の物質移動—2重境膜モデル—

ガス吸収操作は充填塔や段塔による気-液間の複雑な流れによる物質移動操作である.充填層によるガス吸収塔の流れ,濃度をモデル的に示したのが図4.49である.添字1が塔底,2が塔頂である. y, x がガス中および液中の被吸収成分のモル分率,気-液の塔単位断面積あたりの流量を L, G [mol/(m$^2\cdot$s)] とする.吸収成分は希薄として, L, G は一定とする.すると装置全体での被吸収ガスの物質収支は次式である.

$$L(x_1-x_2) = G(y_1-y_2) \qquad (4.77)$$

また,塔の中間部では同じ高さ z での気-液濃度を x, y として,

$$L(x-x_2) = G(y-y_2) \qquad (4.78)$$

である.式(4.78)は吸収塔の任意高さ z における気-液本体濃度 x, y の関係を表す.この関係を x-y 図(気-液平衡図)中に示したのが操作線である.式(4.78)より操作線の傾きは (L/G) になる.

吸収塔で必要なガスの吸収量 $(G(y_1-y_2))$ に対して,吸収液量 L には下限があり,これが最小液流量 $L_{\min}$ である. $L_{\min}$ では塔底の x_1 が y_1 に平衡な

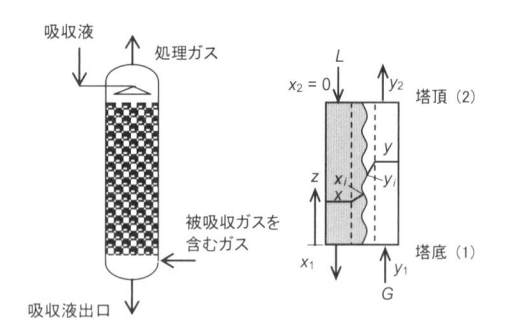

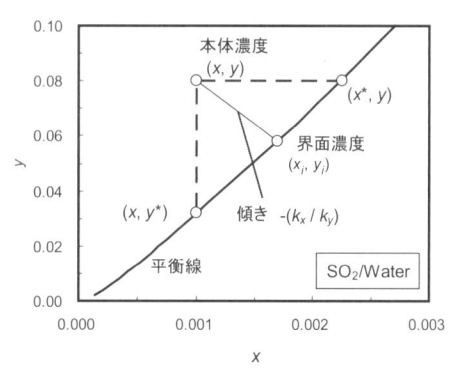

図4.49 気-液向流流れによるガス吸収操作の2重境膜モデル

濃度 x_1^* になるので次式となる.

$$L_{\min} x_1^* = G(y_1-y_2) \qquad (y_1 = mx_1^*) \qquad (4.79)$$

この最小液流量が $L_{\min}$ 吸収操作の基本的な操作条件となる. $L_{\min}$ において,塔底で送入ガス濃度 y_1 に平衡な濃度 x_1^* になることは,物質移動の推進力が0になることである.したがってこのとき必要なガス吸収を行うためには気-液接触面積が無限大でなくてはならない.そこで実際の操作では液流量 L は $L_{\min}$ の C_L 倍として設定する.

ガス吸収操作では一般に界面の気-液両界面に物質移動抵抗がある.そこで境膜モデルを液相界面にも適用し,気-液2層の境膜で物質移動を考えるのが次式の「2重境膜モデル」(2重境膜説)である.

$$N_A = k_y(y-y_i) = k_x(x_i-x) \qquad (4.80)$$

ここで, x, y は吸収塔の同じ高さにおける気-液本体濃度, k_y が気相境膜物質移動係数, k_x が液相境膜物質移動係数, y_i が気相界面濃度, x_i が液相界面濃度である.ここで y_i と x_i は平衡関係にある.このモデルでは物質移動の推進力にモル分率 (x, y) 表示を用いたので,物質移動係数 k の単位が [mol/(m$^2\cdot$s)] となることに注意する.この式より,

$$(y - y_i) = -\frac{k_x}{k_y}(x - x_i) \quad (4.81)$$

であり，x-y 図上で $(x, y) - (x_i, y_i)$ が傾き $(-(k_x/k_y))$ の線分であることを意味している（図4.49）．

この2重境膜モデルでは気-液本体の濃度 y, x は測定可能であるが，界面の濃度 (x_i, y_i) の実際の値はこれらが平衡関係にあること以外は不明である．このため簡便には気相濃度 y に平衡な仮想の液相濃度 x^* や，液相濃度 x に平衡な気相濃度 y^* を使った総括物質移動係数 K_y, K_x での表し方も使われる（次式）．

$$N_A = K_y(y - y^*) = K_x(x^* - x) \quad (4.82)$$

これらの，x-y 図上での関係は図4.49のようである．吸収平衡を簡単に Henry 定数 m で表すと，$y_i = mx_i$, $y^* = mx$, $y = mx^*$ なので，これらの物質移動係数には次式の関係がある．

$$\frac{1}{K_y} = \frac{1}{k_y} + \frac{m}{k_x} \quad (4.83)$$

$$\frac{1}{K_x} = \frac{1}{mk_y} + \frac{1}{k_x} \quad (4.84)$$

気-液向流接触のガス吸収操作（図4.50）で微小塔高さ dz を考える．ここでは G, L を単位塔断面積あたりで取り扱っているので，dz が充填層容積である．充填層単位容積あたりの気-液接触面積 $a[\mathrm{m}^2/\mathrm{m}^3]$ を用いると，$a(dz)$ が dz あたりの気-液接触面積である．dz 部分での（ガス本体流れの吸収成分変化量）=（気-液界面を通しての吸収量）なので，

$$G\,dy = -N_A a(dz) \quad (4.85)$$

である．ここで，物質移動流束 $N_A[\mathrm{mol}/(\mathrm{m}^2 \cdot \mathrm{s})]$ に物質移動係数 k を用いた2重境膜モデル（式(4.80)）を用いると，次式となる．

$$G\frac{dy}{dz} = -k_y a(y - y_i) \quad (4.86)$$

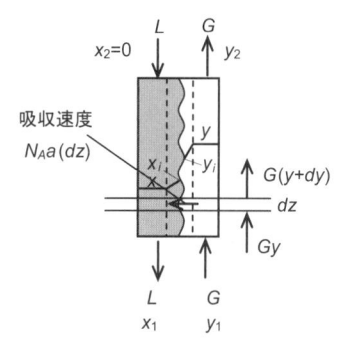

図4.50 ガス吸収操作の微分モデル

液側も同様に考えて次式である．

$$L\frac{dx}{dz} = -k_x a(x_i - x) \quad (4.87)$$

また，式(4.80)の関係から

$$k_y a(y - y_i) = k_x a(x_i - x) \quad (4.88)$$

である．ここで $k_y a, k_x a$ は物質移動係数 $k[\mathrm{mol}/(\mathrm{m}^2 \cdot \mathrm{s})]$ と容積あたり気-液接触面積 $a[/\mathrm{m}]$ の積（$[\mathrm{mol}/(\mathrm{m}^3 \cdot \mathrm{s})]$）である．充填層における気-液接触では両方とも測定・定式化が困難なので，この積のままで係数として取り扱うのが普通である．これらの係数を物質移動容量係数（volumetric coefficient）という．

界面平衡関係を $y_i = mx_i$ として式(4.88)を用いて界面濃度 y_i, x_i を消去すると，式(4.86), (4.87)は，

$$\frac{dy}{dz} = -\frac{k_y a}{G}\left(y - \frac{m(Dx - y)}{D - m}\right) \quad (4.89)$$

$$\frac{dx}{dz} = -\frac{k_x a}{L}\left(\frac{Dx - y}{D - m} - x\right) \quad (4.90)$$

$$D = -\frac{k_x a}{k_y a} \quad (4.91)$$

となり，塔高さ z に関する y, x の連立常微分方程式となる．

なお，基礎式(4.86)を塔底の y_1 から塔頂の y_2 まで形式的に積分すると次式となる．

$$Z = -\frac{G}{k_y a}\int_{y_1}^{y_2}\frac{dy}{(y - y_i)} \quad (4.92)$$

この式を用いると（$G/k_y a$）を気相側 HTU，積分項を移動単位数 N_G として個々に求めて，その積として充填塔高さ Z を求めることもできる．この方法が普通の取り扱いである．

【例題 4.17】 アンモニア吸収塔の高さ〈mta4_17.xls〉

アンモニアガス NH_3 を 5 mol% 含む排ガスを水で洗浄して，NH_3 を 95% 除去したい．塔単位断面積あたりガス流量 $G = 100\ \mathrm{kmol}/(\mathrm{m}^2 \cdot \mathrm{h})$ とし，水流量 $L[\mathrm{kmol}/(\mathrm{m}^2 \cdot \mathrm{h})]$ は最小液流量 $L_{\min}$ の 2.0 倍（$= C_L$）としたとき，必要な塔高さ $Z[\mathrm{m}]$ を求めよ．$k_y a = 200\ \mathrm{kmol}/(\mathrm{m}^3 \cdot \mathrm{h})$, $k_x a = 2840\ \mathrm{kmol}/(\mathrm{m}^3 \cdot \mathrm{h})$，また，$m = 0.78$ とする．

（解）設定条件は $y_1 = 0.05$, $y_2 = 0.0025$ である．まず x の塔底（出口）での値を物質収支から求める．$y_1 = 0.05$, $x_1^* = y_1/m = 0.0641$, $x_2 = 0$ から，最小液流量 $L_{\min}$ を，

$$G(y_1 - y_2) = L_{\min}(x_1^* - x_2)$$

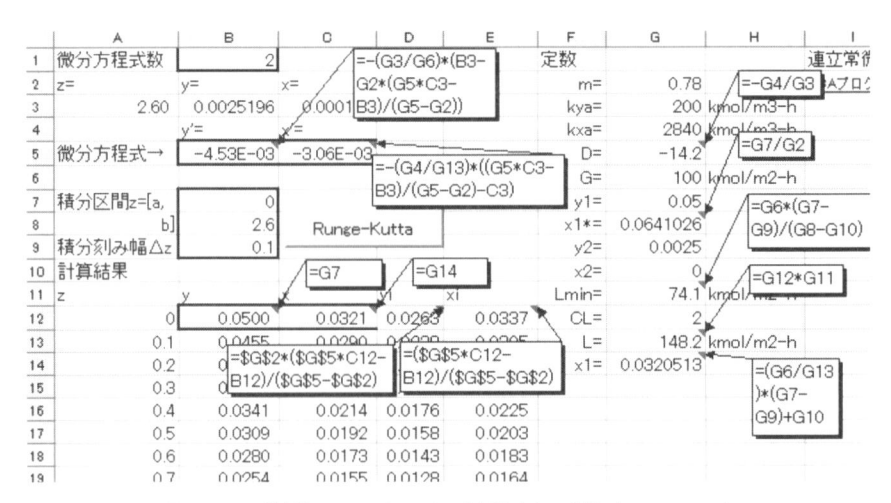

図 4.51　2 重境膜モデルによるガス吸収塔高さの計算 〈mta4_17.xls〉

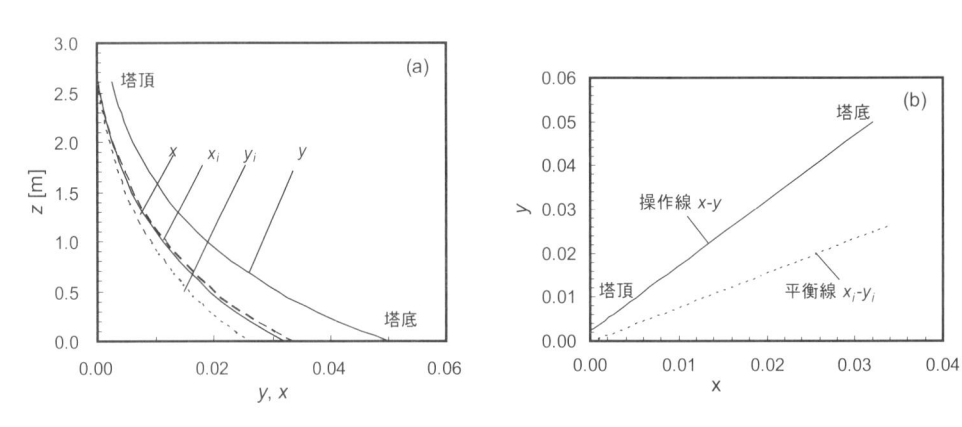

図 4.52　塔内濃度分布（a）と操作線（b）の計算結果 〈mta4_17.xls〉

より求める（G11）．供給水流量 $L = C_L L_{min} = 148.2\,\mathrm{kmol/(m^2 \cdot h)}$ である．これらより塔底での水中の NH_3 濃度 x_1 が次式より得られる（G14）．

$$G(y_1 - y_2) = L(x_1 - x_2)$$

$x_1 = 0.032$ である．

連立常微分方程式（4.89），（4.90）を塔底 $z=0$ から積分する．図 4.51 の「常微分方程式解法シート」で，セル G2：G14 に以上の各定数の値を書く．B2 に微分方程式の数 2 を入れ，B5：C5 に式（4.89），（4.90）を記述する．このとき y, x は B3, C3 を指定する．積分区間と積分の刻み幅 Δz を B7：B9 に，初期値 y_1, x_1 を B12：C12 に設定する．シート上のボタンをクリックすることで，Runge-Kutta 法プログラムが実行される．

積分結果が塔底からの高さ $z\,[\mathrm{m}]$ における y, x の値として得られる（おのおの 12 行からの A 列，B 列，C 列）．y が $y_2 = 0.0025$ に等しいところの z が求める塔高さ Z となる．ここでは $Z = 2.6\,\mathrm{m}$ が得られた．図のシートでは参考のため界面濃度 y_i, x_i

$$y_i = \frac{m(Dx - y)}{(D - m)}, \quad x_i = \frac{(Dx - y)}{(D - m)}$$

も計算した（D 列，E 列）．塔内の濃度分布と操作線・平衡線を図 4.52 に示す．

4.6　抽出操作の微分モデル

液-液抽出操作は多段の平衡段プロセスとして解析されることが多いが，実際のプロセスは塔型装置で軽液と重液を向流接触させる微分プロセス型も多い．ここでは前項の吸収装置と同様に，抽出プロセスを微分プロセスとして取り扱うモデルを述べる．

原溶媒を抽剤（軽液）と塔型装置で向流接触させ

4.6 抽出操作の微分モデル

て，原溶媒中の溶質を抽剤中に抽出する操作を考える（図4.53(a)）．原溶媒が連続相，抽剤が分散相とする．抽出操作は質量基準で取り扱うのが普通なので，ここでも流量は質量基準，濃度は質量分率とする．原溶媒の塔断面積あたり流量をR[kg/(m²·s)]，抽剤流量をEとし，原溶媒，抽剤中の溶質（被抽出成分）組成をx, y［質量分率］とする．x, y間の液-液平衡は$y=mx$で表せるとする．位置zは塔頂から測り，塔頂を添字2，塔底を添字1である．

抽出量$R(x_2-x_1)$が設定されていると，最小抽剤量$E_{\min}$は，

$$R(x_2-x_1) = E_{\min}y_2^* \quad (y_2^* = mx_2) \quad (4.93)$$

である．抽剤流量はこれのC_L倍とする（$E=C_L E_{\min}$）．するとy_2は物質収支より次式である（$y_1=0$）．

$$y_2 = \frac{R(x_2-x_1)}{E} \quad (4.94)$$

吸収操作と同様に，抽出塔の微小高さdzについて2重境膜モデルにより物質移動速度を記述すると次式である（図4.53(b)）．

$$R\frac{dx}{dz} = -k_x a(x-x_i) \quad (4.95)$$

$$E\frac{dy}{dz} = -k_y a(y_i-y) \quad (4.96)$$

$$x_i = \frac{Dx-y}{D-m}, \quad y_i = mx_i, \quad D = -\frac{k_x a}{k_y a} \quad (4.97)$$

ここで$k_x a$[kg/(m³·s)]は原溶媒側（連続相側）物質移動容量係数，$k_y a$[kg/(m³·s)]は抽剤側（分散相）側物質移動容量係数である．この連立常微分方程式を$z=0$（2：塔頂）から$z=Z$（1：塔底）まで積分することで塔内濃度分布が求められる．

液-液抽出操作における液滴-連続相間の物質移動係数は，近似的には径d_pの静止固体球表面からの球内外への拡散問題で考えることができる．連続相側（液滴表面から外部向き）の物質移動係数k_c[m/s]は，式（3.77）から，

$$Sh_c = \frac{k_c d_p}{D_{AB}} = 2 \quad (4.98)$$

とできる．また，液滴表面から液滴内部への拡散において，物質移動係数k_dに吸着におけるLDFモデル（式（4.27））を適用すると，

$$Sh_d \equiv \frac{k_d d_p}{D_{AB}} = \left(\frac{5D_{AB}}{R}\right)\frac{d_p}{D_{AB}} = \left(\frac{10D_{AB}}{d_p}\right)\frac{d_p}{D_{AB}} = 10 \quad (4.99)$$

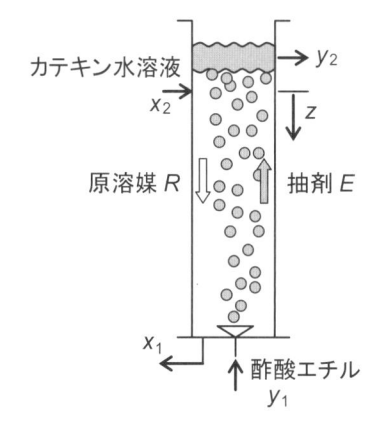

となる．ただし，Traybal[10]は類似の考察から，$Sh_d = (2\pi^2/3) = 6.6$を示している．抽出操作の基礎としてはこちらをとるのが普通である．参考のため図4.20中に$(Sh=6.6)$としてこの場合の液滴内平均濃度変化を示した．$(Sh=6.6)$は「液滴が平衡濃度に達するまでの時間」の近似としてはよいようである．

【例題4.18】 向流抽出塔によるカテキン抽出 〈mta4_18.xls〉

向流抽出塔で茶葉抽出水溶液中のカテキン（多糖類）を酢酸エチルを抽剤として抽出する（図4.53(a)）．原料液中の濃度を$x_2=0.01$［質量分率］として，カテキンを90%抽出するための塔高さを求めよ．$R=0.23$ kg/(m²·s)，抽剤は最小抽剤量の$C_L=1.5$倍．$m=2.0$，$k_x a=2.0$ kg/(m³·s)，$k_y a=6.6$ kg/(m³·s)とする．

（解） 図4.54のシートで抽剤流量E(G7)，y_2(G8)を求め，x_i, y_iをセルG12，G13に設定して，微分方程式（4.95），（4.96）をB5，C5に書く．積分を実行して，$y=0$（$=y_1$）となるzが求める塔高さである．$z=0.62$ mと求められた．このときの塔内濃度分布と操作線，平衡線を図4.55に示す．

図4.53 塔型抽出プロセス
(a) 抽出操作例
(b) 2重境膜モデル

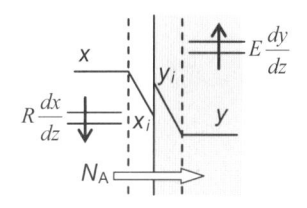

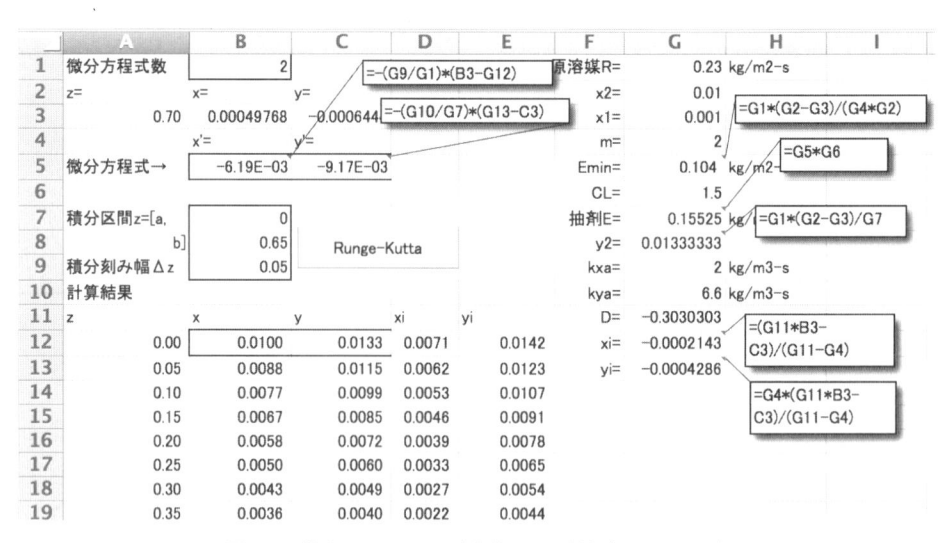

図4.54 抽出プロセスの2重境膜モデル計算 〈mta4_18.xls〉

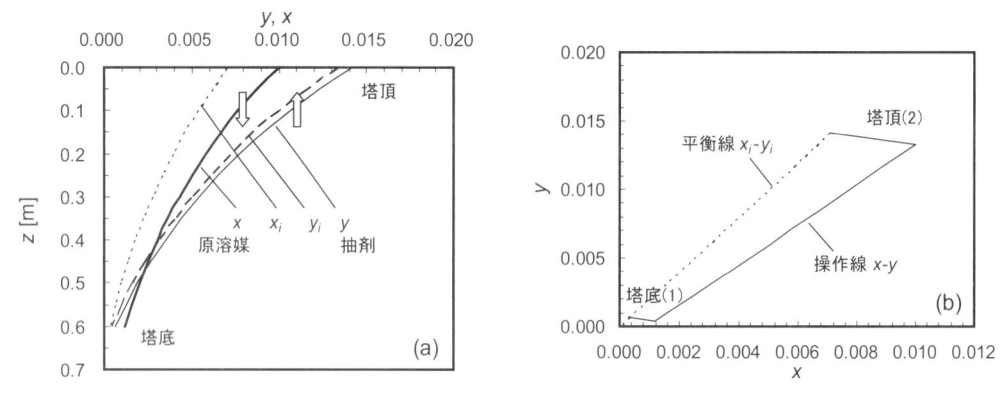

図4.55 塔型抽出プロセスの濃度分布, 操作線 〈mta4_18.xls〉

4.7 蒸留操作の微分モデル

　蒸留操作は気-液平衡を基礎に成分分離を行う操作である．蒸留操作を行う蒸留塔は従来棚段塔が主だったので，棚段をモデル化した理論段による解析法が主に適用されてきた．これが McCabe-Thiele 法であり，「平衡段モデル」とよばれる．しかし近年は棚段ではなく，充填塔による蒸留塔も多くなってきた．充填塔での蒸留操作は塔内組成が連続的に変化するので，先の吸収操作と類似の「微分モデル」を適用することができる．ここでは2成分系蒸留塔の物質移動を微分モデルで解析する．

　A, B 2成分系の蒸留を充填塔で行う（図4.56）．系は比揮発度 a の2成分系理想溶液である．気-液組成は低沸点成分のモル分率で表し，蒸気組成を y，

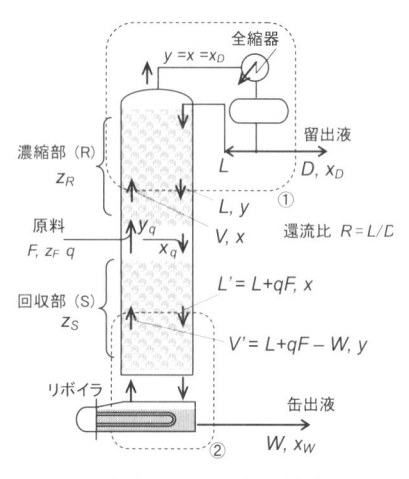

図4.56 充填塔による2成分系蒸留モデル

液組成を x とする．原料は流量 F, 組成 z_F, 液割合 (quality) q で供給され，留出液，缶出液，還流の流

量，還流比がおのおの $D, W, L, R (= L/D)$ である．McCabe-Thiele 法と同様に，塔内流量一定と仮定すると，濃縮部の蒸気流量 V，液流量 L，回収部の蒸気流量 $V' = L + qF - W$，液流量 $L' = L + qF$ である．ここでは濃縮部の充填塔高さ Z_R および回収部の充填塔高さ Z_S を求める問題（設計型問題）として考える．

濃縮部（図 4.56 の①境界）について低沸点成分の物質収支をとると，

$$y = \frac{L}{L+D}x + \frac{D}{L+D}x_D \quad (4.100)$$

である．この式は蒸留塔の同じ高さでの x-y の関係を示し，McCabe-Thiele 法と同じ濃縮部操作線の式である．これを y から x を求める式に変形しておく．

$$x = \frac{L+D}{L}y - \frac{D}{L}x_D \quad (4.101)$$

低沸点成分の物質移動を蒸気相支配の境膜モデルで考えると，充填塔の微小高さ dz についての収支は次式である（図 4.57）．

$$V\frac{dy}{dz} = K_y a (y^* - y) \quad (4.102)$$

ここで $K_y a$ は気相基準総括物質移動容量係数である．y^* は同じ z 位置の液本体濃度 x に平衡な組成であり，理想溶液を考えると，相対揮発度 α を用いて次式で表せる．

$$y^* = \frac{\alpha x}{1+(\alpha-1)x},$$
$$x = \frac{y^*/\alpha}{1+(1/\alpha-1)y^*} \quad (4.103)$$

以上により，y^* は式 (4.103) により x で表せ，x は操作線の式 (4.101) より y から得られるので，式 (4.102) は y に関する常微分方程式となる．よってこれを積分することで指定の分離条件を与える充填塔高さ Z_R, Z_S が求められる．これが微分モデルである．

充填塔の気液混合流れ　境膜モデル

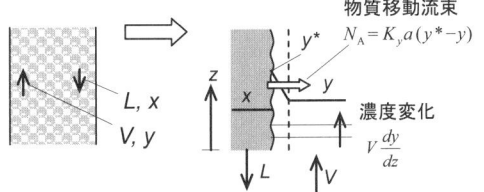

図 4.57　充填塔物質移動の微分モデル

なお基礎式 (4.102) を原料供給部の y_q (式 (4.108)) から塔頂の $y = x_D$ まで形式的に積分すると次式となる．

$$Z_R = \frac{V}{K_y a}\int_{y_q}^{x_D}\frac{dy}{(y^*-y)} \quad (4.104)$$

簡易的にはこの式を用いて，吸収操作と同様に $(V/K_y a)$ を気相側総括 HTU，積分項を総括移動単位数 N_{OG} として個々に求めてその積として充填塔高さ Z_R を求めることができる．この方法が通常の取り扱いである．

蒸留塔の回収部（図 4.56 の②境界）についても同様に取り扱い，回収部の操作線の式が，

$$y = \frac{L+qF}{L+qF-W}x - \frac{W}{L+qF-W}x_W = \frac{L'}{V'}x - \frac{W}{V'}x_W \quad (4.105)$$

$$x = \frac{V'}{L'}y + \frac{W}{V'}x_W \quad (4.106)$$

微小高さ dz についての収支が次式である．

$$V'\frac{dy}{dz} = -K_y a (y^* - y) \quad (4.107)$$

回収部についても，気-液平衡（式 (4.103)）と操作線の式 (4.105) から y^* が y で表せるので，この y に関する常微分方程式を y_q から x_W まで積分することで回収部の高さ Z_S が求められる．なお，原料供給部蒸気，液組成 y_q, x_q は 2 つの操作線（式 (4.100)，(4.105)）の交点から次式である．

$$(x_q, y_q) = \left(\frac{x_D/(R+1)+z_F/(q-1)}{q/(q-1)-R/(R+1)},\right.$$
$$\left.\frac{z_F/q+x_D/R}{(R+1)/R-(q-1)/q}\right) \quad (4.108)$$

【例題 4.19】 充填塔による 2 成分系蒸留 〈mta4_19.xls〉

充填塔で $\alpha = 2.5$ の 2 成分系蒸留を行う．原料は $F = 1$ kmol/(m^2·h)，$z_F = 0.5$，$q = 0.5$ で，塔頂で $D = 0.5$ kmol/(m^2·h)，$x_D = 0.93$，塔底で $W = 0.5$ kmol/(m^2·h)，$x_W = 0.07$，還流比 $R = 3$ を設定条件としたとき，濃縮部および回収部の充填物高さ Z_R, Z_S を求めよ．物質移動容量係数は $K_y a = 4.9$ kmol/(m^3·h) である．

（解） 図 4.58 のシートで濃縮部および回収部の蒸気組成 y_R, y_S に関する常微分方程式 (4.102)，(4.107) を同時に積分する（両式は連立ではなく独立であり，ここでは単に便利のため同じシートで取り扱ったものである）．濃縮部を添字 R，回収部を

112   4. 分離プロセスの物質移動解析

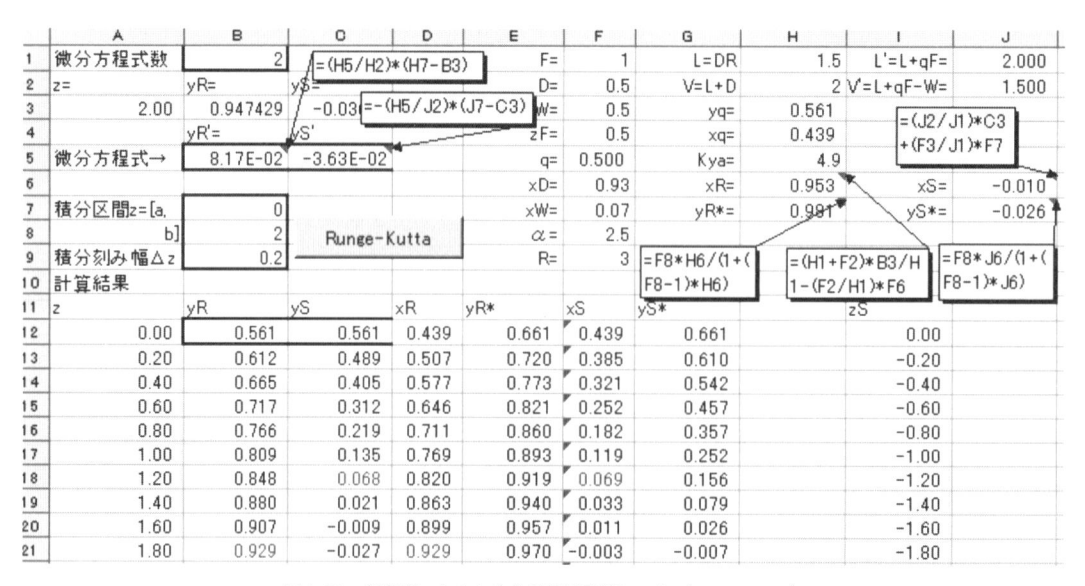

	A	B	C	D	E	F	G	H	I	J
1	微分方程式数		2	=(H5/H2)*(H7-B3)		F=	1	L=DR	1.5	L'=L+qF=	2.000
2	z=	yR	yS'		D=	0.5	V=L+D	2	V'=L+qF-W=	1.500
3	2.00	0.947429	-0.03	=-(H5/J2)*(J7-C3)		W=	0.5	yq=	0.561	=(J2/J1)*C3 +(F3/J1)*F7
4		yR'	yS'		zF=	0.5	xq=	0.439		
5	微分方程式→	8.17E-02	-3.63E-02			q=	0.500	Kya=	4.9		
6						xD=	0.93	xR=	0.953	xS=	-0.010
7	積分区間z=[a,	0				xW=	0.07	yR*=	0.981	yS*=	-0.026
8	b]	2	Runge-Kutta			α=	2.5				
9	積分刻み幅Δz	0.2				R=	3	=F8*H6/(1+(F8-1)*H6)	=(H1+F2)*B3/H1-(F2/H1)*F6	=F8*J6/(1+(F8-1)*J6)
10	計算結果										
11	z	yR	yS	xR	yR*	xS	yS*		zS		
12	0.00	0.561	0.561	0.439	0.661	0.439	0.661		0.00		
13	0.20	0.612	0.489	0.507	0.720	0.385	0.610		-0.20		
14	0.40	0.665	0.405	0.577	0.773	0.321	0.542		-0.40		
15	0.60	0.717	0.312	0.646	0.821	0.252	0.457		-0.60		
16	0.80	0.766	0.219	0.711	0.860	0.182	0.357		-0.80		
17	1.00	0.809	0.135	0.769	0.893	0.119	0.252		-1.00		
18	1.20	0.848	0.068	0.820	0.919	0.069	0.156		-1.20		
19	1.40	0.880	0.021	0.863	0.940	0.033	0.079		-1.40		
20	1.60	0.907	-0.009	0.899	0.957	0.011	0.026		-1.60		
21	1.80	0.929	-0.027	0.929	0.970	-0.003	-0.007		-1.80		

図 4.58 充填塔による2成分系蒸留計算シート〈mta4_19.xls〉

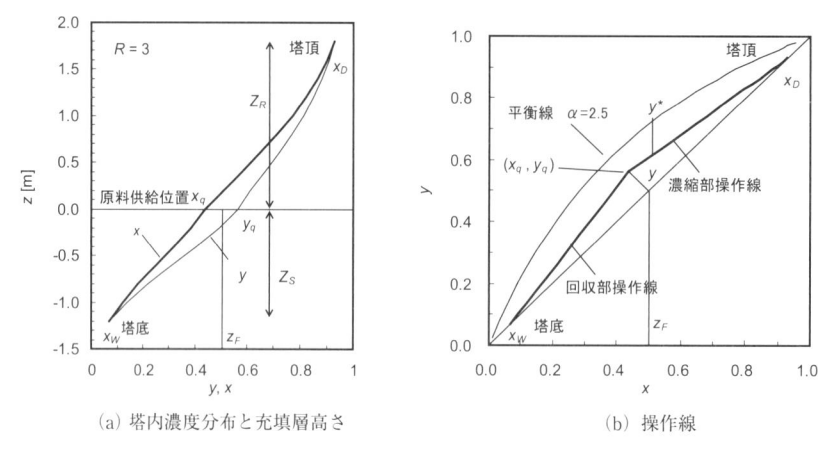

(a) 塔内濃度分布と充填層高さ (b) 操作線

図 4.59 充填塔による2成分系蒸留

添字 S で表し,B列が濃縮部の y_R,C列が回収部の y_S である.E～J列で諸定数およびB3の y_R および C3の y_S から x, y^* を計算する(H6, H7, J6, J7).B5 に式 (4.102) を,C3 に式 (4.107) を書き,式 (4.108) で求めた y_q を初期値として積分を行う.塔頂,塔底で指定の濃度 x_D, x_W になった Z が求める充填塔高さである.

計算結果を塔内濃度分布として図4.59(a) に,操作線を図 (b) にグラフとして示す.この結果より $Z_R=1.8$ m, $Z_S=1.2$ m と得られた.

4.8 膜濾過の物質移動

4.8.1 濾過膜とケーク層の水透過抵抗

膜濾過プロセスの設計では,まず原液処理量に必要な膜面積 A を求める必要がある.膜面積は使用する膜の透過流束 J_v に依存するので,まず透過流束の推算が重要である.精密濾過から逆浸透操作まで,膜濾過における膜透過流束は実用的には $J_v=10 \sim 100$ kg/(m^2·h)$=2.8 \times 10^{-6} \sim 28 \times 10^{-6}$ m^3/(m^2·s) の範囲に設定される.

多孔質膜の透過流束は基本的には膜の細孔の径と膜の有効厚さに支配される.一般に多孔質材料を通

4.8 膜濾過の物質移動

過する流体の流動抵抗は,材料を円管の束と考えて,Hagen-Poiseuille 式をもとに求められる（図 4.60）. 径 d, 長さ（膜厚さ）l の円管の圧力損失 ΔP[Pa] と流量 q[m^3/s] との関係は

$$q = \frac{\pi d^4}{128\mu l}\Delta P \tag{4.109}$$

である. 膜の透過流束 J_v'[m^3/(m$^2\cdot$s)], 膜面積 1 m^2 あたりの孔数を N[1/m^2] とすると $J_v' = Nq$ であり, 膜の空孔率を ε とすると $N = \varepsilon(4/\pi d^2)$ なので J_v' は次式となる.

$$J_v' = \frac{\Delta P \varepsilon}{32\mu l} d^2 \tag{4.110}$$

図 4.61 に細孔径 0.1～8 μm の精密濾過膜および細孔径がほぼ一定のトラックエッチング製法による精密濾過膜の 2 種類の膜について,純水透過流束のカタログ値と, Hagen-Poiseuille 式による推定値とを比較した. Hagen-Poiseuille 式は実際の透過流束の概略値を与えるだけである. これは実際の多孔質膜では水の流路が複雑なので, 径が一定の直管でのモデル化は単純すぎること, およびトラックエッチング膜では膜が薄いことにより, 式の仮定（放物線速度分布）を満たしていないことによる.

精密濾過などの膜濾過操作では膜面に粒子層（ケーク層）ができ, これが主な透過抵抗となる. 次にこの膜面上の粒子層の透過抵抗について考える. Darcy 則によると, ケーク層を通る水透過流束 J_v'[m^3/(m$^2\cdot$s)] は, 圧力 ΔP に比例し, 水の粘度 μ およびケークの抵抗 R_c[m^{-1}] に反比例する.

$$J_v'[\text{m}^3/(\text{m}^2\cdot\text{s})] = \frac{\Delta P}{\mu R_c} \tag{4.111}$$

ケークの抵抗 R_c はケークの厚さ L すなわち堆積量 (Vc/A) に比例する（図 4.62）のでその比例定数を次式のようにする.

$$R_c = \alpha \frac{Vc}{A} \tag{4.112}$$

この α を比抵抗とよび, これを各種溶質によるケーク層の濾過抵抗を表す物性値として用いる.

流体工学によると厚さ L の粒子層を通る流体の抵抗（圧力損失 $\Delta P/L$）は Kozeny-Karman の式

$$\frac{\Delta P}{L} = 180 \frac{\mu v_0}{d_p^2} \frac{(1-\varepsilon)^2}{\varepsilon^3} \tag{4.113}$$

で表せる. ここで ΔP[Pa] は圧力損失（差圧）, L[m] は粒子層厚さ（ケーク厚み）, v_0[m/s] は透過液の空塔速度（透過流束 J_v'[m^3/(m$^2\cdot$s)] に同じ）, μ[kg/(m$\cdot$s)] は水の粘度, ε[-] は粒子層の空隙率, d_p[m]

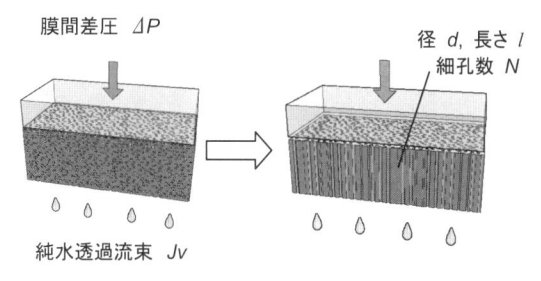

図 4.60 多孔質膜と Hagen-Poiseuille 式の適用

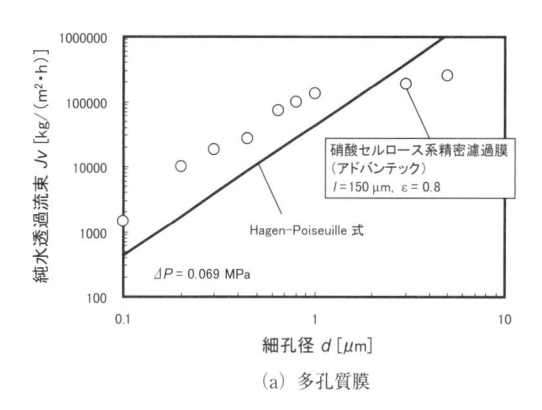

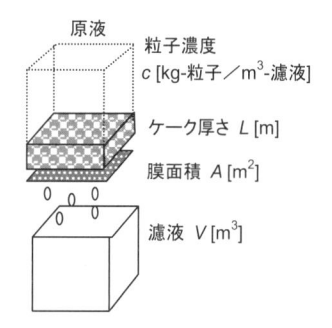

図 4.62 濾液量 V とケーク厚さ L の関係

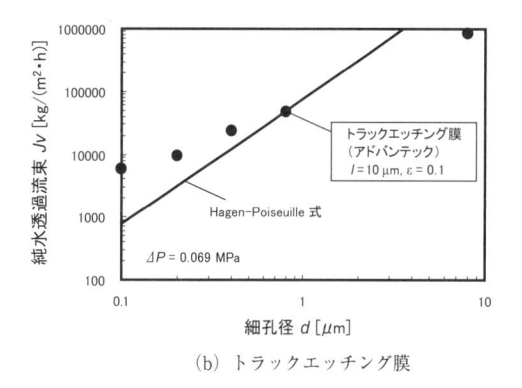

(a) 多孔質膜

(b) トラックエッチング膜

図 4.61 膜の細孔径と Hagen-Poiseuille 式

表 4.1 各種粒子の比抵抗 α の値

	α [× 10^{13} m/kg]
PMMA ポリマー粒子 (1.5 μm 径)	0.25 (実測値) / 0.1 (推算値)
PMMA ポリマー粒子 (0.4 μm 径)	1.8 (実測値) / 1.3 (推算値)
酵母 2～3 μm 径	0.2
卵白アルブミン	100～1000 (圧力依存性あり)
油エマルション (約 1.5 μm 径)	100～1000 (圧力依存性あり)

は粒子径である．粒子層厚さ L は，

$$L = \frac{Vc}{(1-\varepsilon)\rho_s A} \quad (4.114)$$

なので，$v_0 \equiv J_v'$ として，粒子層の抵抗 R_c は次式となる．

$$R_c = 180 \frac{L}{d_p^2} \frac{(1-\varepsilon)^2}{\varepsilon^3} = 180 \frac{1}{d_p^2} \frac{Vc}{\rho_s A} \frac{(1-\varepsilon)}{\varepsilon^3}$$
$$= \alpha L(1-\varepsilon)\rho_s \quad (4.115)$$

よって比抵抗は次式となる．

$$\alpha = \frac{180(1-\varepsilon)}{\rho_s d_p^2 \varepsilon^3} \quad (4.116)$$

これにより粒子径 d_p と空隙率 ε により，粒子層の比抵抗 α が推算される．

表 4.1 に比抵抗値の例を示す．α で表される濾過の抵抗は数 μm の粒子や酵母では 10^{13} m/kg 程度であるが，粒子径としては 10 nm 程度のタンパク質では濾過抵抗がその 1000～10000 倍にもなる．表中に $d_p = 0.4, 1.5\ \mu$m の球形粒子について上記推算値と実測値を比較しているが，両者はよく一致する．

【例題 4.20】 ケーク層の抵抗

0.1 μm 径の粒子による厚さ $L = 0.23$ mm のケーク層で，$\Delta P = 100$ kPa の濾過における透過流束を求めよ．$\rho_s = 1.2 \times 10^3$ kg/m^3，$\varepsilon = 0.36$ (球形粒子の不規則充填)，$\mu = 1$ mPa·s とする．

(解) 式 (4.115) より，$R_c = 3.6 \times 10^{13}$ m^{-1}．式 (4.111) から透過流束が $J_v' = 2.7 \times 10^{-6}$ m^3/(m^2·s) $= 10$ kg/(m^2·h) となる．

4.8.2 膜濾過の阻止率

細孔モデル：膜濾過の目的は透過液中の溶質濃度 C_p を供給液濃度 C_b より低下させることである．そのため膜の分離性能は阻止率

$$R \equiv 1 - \frac{C_p}{C_b} \quad (4.117)$$

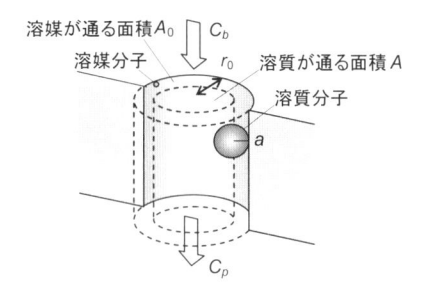

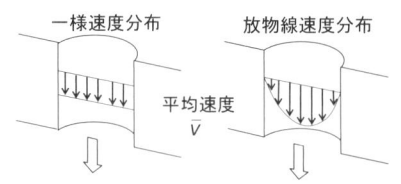

図 4.63 膜濾過の溶質阻止率の細孔モデル

で表す．細孔で溶質を分離する限外濾過や精密濾過では，膜の細孔径より大きい溶質分子の阻止率は 100% であるが，細孔より小さい分子はすべて細孔を通る，すなわち阻止率 0% かというと，実際はそうではない．図 4.64 の限外濾過膜の阻止率分布のように，細孔径以下の溶質の阻止率には幅があり，阻止率は S 字状の分布を示す．この理由は膜細孔径に分布があるということも一因であるが，仮に細孔径が均一でも溶質の透過には阻止率があることが簡単なモデル解析，「細孔モデル」で示される．

いま，多孔質膜の細孔を半径 r_0 の細管で代表する (図 4.63)．溶媒分子 (水分子) はこの細管の全断面積 A_0 を通る．一方，半径 a の球形である溶質分子は，細孔壁の影響を受け，半径 ($r_0 - a$)，断面積 A の管路しか通れない．細孔内の流れを速度 $\bar{v}$ の一様速度分布と仮定した場合，溶媒透過量は ($A_0 \times \bar{v}$) であるのに対して，溶質の透過量は ($C_b \times A \times \bar{v}$) である．よって透過液の濃度 C_p は

$$C_p = \frac{C_b A \bar{v}}{A_0 \bar{v}} = \frac{(r_0 - a)^2}{r_0^2} C_b \quad (4.118)$$

となる．これより阻止率 R は次式となる．

$$R \equiv 1 - \frac{C_p}{C_b} = 1 - \frac{(r_0-a)^2}{r_0^2} = 1 - \left(1 - \frac{a}{r_0}\right)^2 \quad (4.119)$$

これを仮に細孔半径 $r_0 = 6$ nm として示したのが図 4.64 の実線で，細孔半径の半分の半径，$a = 3$ nm の分子でも，阻止率が $R = 0.75$ あることが示される．

このモデルは細孔内の速度分布に放物線速度分布 ($v(r) = v_0(r_0^2 - r^2)$) を仮定して修正される．すると透過液濃度 C_p が

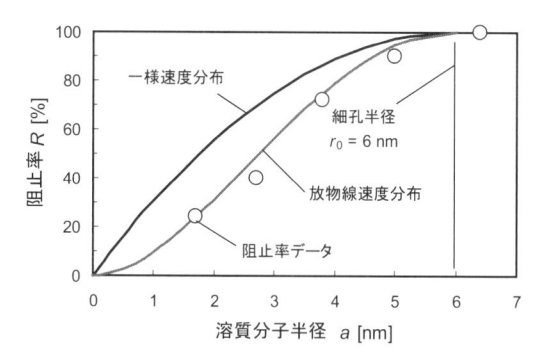

図4.64 細孔モデルによる阻止率分布

$$C_p = \frac{C_b \int_0^{r_0-a} 2\pi r(r_0^2 - r^2) dr}{\int_0^{r_0} 2\pi r(r_0^2 - r^2) dr}$$

$$= C_b \left[2\left(1 - \frac{a}{r_0}\right)^2 - \left(1 - \frac{a}{r_0}\right)^4 \right] \quad (4.120)$$

のようであり，これにより阻止率が

$$R = 1 - 2\left(1 - \frac{a}{r_0}\right)^2 + \left(1 - \frac{a}{r_0}\right)^4 \quad (4.121)$$

となる（これを Ferry-Renkin 式とよぶ）．図4.64のように放物線速度分布を仮定すると，阻止率が実際に近いS字状の曲線で表せる．

図4.64 中にはある限外濾過膜による5種のマーカー分子（球形タンパク質）による阻止率データ例を示している．このデータは細孔半径 $r_0=6$ nm とした細孔モデル（式(4.121)）と一致している．よって，この限外濾過膜の理論細孔半径を6nmとしてよいといえる．

不可逆過程の熱力学モデル：逆浸透膜では基本的には細孔がないと考えられるので，膜を均質膜と想定して，不可逆過程の熱力学に基づいた膜内輸送方程式が適用される．これは反射係数 $\sigma[-]$ を用いて溶媒，溶質の透過流束，$J_v[\mathrm{m^3/(m^2 \cdot s)}]$, $J_s[\mathrm{mol/(m^2 \cdot s)}]$ を次式で記述するモデルである．

溶媒： $J_v = L_p(\Delta P - \sigma \Delta \pi) \quad (4.122)$

溶質： $J_s = \omega \Delta \pi + (1-\sigma) J_v C_b$
$= P_m(C_m - C_p) + (1-\sigma) J_v \bar{C} \quad (4.123)$

ここで，$L_p[\mathrm{m^3/(m^2 \cdot s \cdot Pa)}]$ は溶媒の透過係数，$\Delta P[\mathrm{Pa}]$ は操作圧，$\Delta \pi[\mathrm{Pa}]$ は膜間の浸透圧，$\omega[\mathrm{mol/(m^2 \cdot s \cdot Pa)}]$ は溶質の透過係数，$P_m[\mathrm{m/s}]$ は溶質の透過係数，$\bar{C}[\mathrm{mol/m^3}]$ は供給側と透過側溶質濃度の平均値である．濃度 C_m は膜面の溶質濃度である．反射係数 σ は1の場合は溶質を完全に阻止する膜，0では選択性のない膜であることを示す．式(4.123)の膜内局所の式が次式である．

$$J_s = -D_m \frac{dC}{dx} + (1-\sigma) J_v C \quad (4.124)$$

ここで C は仮想の膜内溶質濃度，$D_m[\mathrm{m/s}]$ は C 基準の溶質膜内拡散係数である．この式を $x=0: C=C_m$, $x=l: C=C_p$ の境界条件で積分すると，

$$\frac{1}{(1-\sigma)J_v} \int_{C_m}^{C_p} \frac{(1-\sigma)J_v}{(1-\sigma)J_v C - J_s} dC = \frac{1}{D_m} \int_0^l dx$$

より

$$\ln = \frac{(1-\sigma)J_v C_p - J_s}{(1-\sigma)J_v C_m - J_s} = (1-\sigma) J_v \frac{l}{D_m} \quad (4.125)$$

さらに，$(J_s/J_v) = C_p$, また (D_m/l) は溶質の透過係数 P_m なので，

$$\frac{(1-\sigma)C_m - C_p}{-\sigma C_p} = \exp\left\{\frac{-(1-\sigma)J_v}{P_m}\right\} (= F) \quad (4.126)$$

となる．この右辺を F とおけば溶質の阻止率が次式で表せる．

$$R = \frac{C_m - C_p}{C_m} = \frac{(1-F)\sigma}{1-\sigma F} \quad (4.127)$$

以上により，逆浸透における透過流束は式(4.122)で，阻止率は式(4.127)で表せた．式(4.127)からは透過流束 J_v が大きくなると阻止率 R が σ に近づき，透過流束が小さいと阻止率が低くなることが示される．これは透過流束が小さいと濃度差が推進力の溶質透過（式(4.127) 第1項）が相対的に大きくなることによる．

ある逆浸透膜について，実際の透過データから膜固有のパラメーター（輸送係数）を求めるには，L_p は純水の透過実験から求め，P と σ は J_v を変えた実験での阻止率データに式(4.127)をあてはめて求められる．なお，この際膜面濃度 C_m は次項の濃度分極式を考慮して求めておく．

4.8.3 膜面上の物質移動―濃度分極モデル―

濃度分極モデル：膜濾過では，阻止された溶質が膜面で濃縮され，膜面溶質濃度 C_m が原液濃度 C_b より大きくなる（図4.65）．この膜面近傍の溶質濃度の高い層を濃度分極層といい，これが膜濾過の透過流束および阻止率に大きく影響する．濃度分極が生じる場合は，

膜の真の阻止率

$$R = 1 - \frac{C_p}{C_m} \quad (4.128)$$

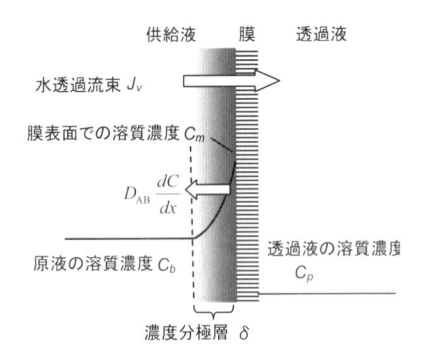

図4.65 濃度分極モデル

膜濾過操作における見かけの阻止率

$$R_{\mathrm{obs}} = 1 - \frac{C_p}{C_b} \qquad (4.129)$$

の2つの阻止率を区別して扱う．

濃度分極層内では微小区間 dx における物質収支より次式が成り立つ．

$$J_v C - D_{\mathrm{AB}} \frac{dC}{dx} = J_v C_p \qquad (4.130)$$

濃度分極層の厚さを δ として，境界条件：$x=0$；$C=C_b$，$x=\delta$，$C=C_m$ でこれを解いて次式となる．

$$\frac{C_m - C_p}{C_b - C_p} = \exp\frac{J_v}{k} \quad \left(k = \frac{D_{\mathrm{AB}}}{\delta}\right) \qquad (4.131)$$

ここで $k[\mathrm{m/s}]$ は物質移動係数である．なお，$C_p = 0$ とみなせる場合は，

$$\frac{C_m}{C_b} = \exp\left(\frac{J_v}{k}\right) \qquad (4.132)$$

である．以上の関係から膜面濃度 C_m は J_v および濃度分極層厚さ δ が大きいほど高くなることがわかる．実際の操作での膜面濃度 C_m は，逆浸透で原液濃度 C_b の2倍以内程度，限外濾過では C_b の数十から数百倍になるのが普通である．この濃度分極層の厚さ δ は実際には10～100 μm 程度で，クロスフロー流速 u に依存する．これより各阻止率間の関係は次式である．

$$R = \frac{\exp(J_v/k)}{\exp(J_v/k) + (1/R_{\mathrm{obs}}) - 1} \qquad (4.133)$$

$$R_{\mathrm{obs}} = \frac{R}{R + (1-R)\exp(J_v/k)} \qquad (4.134)$$

物質移動係数：濃度分極モデルにおける物質移動係数は，基本的な平行平板流路や管状膜では既往の相間式から推算できる．層流範囲では Leveque の式

$$Sh \equiv \frac{d_h u}{D_{\mathrm{AB}}} = 1.62 \left(ReSc\left(\frac{d_h}{L}\right)\right)^{1/3},$$

$$100 < ReSc\left(\frac{d_h}{L}\right) < 5000 \qquad (4.135)$$

乱流範囲では Deissler の式

$$Sh = 0.023 Re^{0.875} Sc^{0.25} \qquad (4.136)$$

が代表的な相間式である[12]．ここで $u[\mathrm{m/s}]$ は膜面上の供給液線速度，L は流路長さ，d_h は供給液流路の相当直径である．d_h は平行平板路では流路高さの2倍，管状流路では直径をとる．

流路にスペーサーがあるような複雑な流れでは実際の阻止率データから物質移動係数が推算される．物質移動係数は膜面線速度 u に支配されるので，

$$k = bu^a \qquad (4.137)$$

と表せる．これと式（4.134）から次式が得られる．

$$\ln\frac{1-R_{\mathrm{obs}}}{R_{\mathrm{obs}}} = \ln\frac{1-R}{R} + \frac{J_v}{k} = \ln\frac{1-R}{R} + \frac{J_v}{bu^a} = C_1 + \frac{J_v}{bu^a} \qquad (4.138)$$

この式は実測できるみかけの阻止率 R_{obs} と透過流束 J_v との線形関係を示している．膜濾過のデータをこの式にあてはめ，b を推定することで，式（4.137）により物質移動係数が求まる．この方法による物質移動係数の求め方を流速変化法という．なお，流速 u に関する指数 a の値はこのプロットが直線になるように決められ，通常は層流では $a = 0.3$ ～0.5，乱流では $a = 0.8$ ～0.9 である．

【**例題 4.21**】 物質移動係数の流速変化法による推算 〈mta4_21.xls〉

ナノ濾過膜で NaCl 水溶液を濾過した．透過流束を $J_v = 48.5$ μm/s で一定の条件で膜面速度 u を変化させて NaCl の阻止率を測定したところ図4.66(a) のようであった．$a = 0.33$ として物質移動係数を求めよ．

（**解**） $\ln((1-R_{\mathrm{obs}})/R_{\mathrm{obs}})$ 対 $J_v/u^{0.33}$ によりプロットすると図4.66(b) である．最小2乗法でこの直線のパラメーター推定を行うと，$b = 0.000063$ となる．よって $k = 0.000063 u^{0.33}$ である．この値から逆に境膜厚さ δ を推算すると，$u = 0.3$ m/s のとき $\delta = 35$ μm となる．また，この直線を横軸 0 に外挿した点（$u \to \infty$ での値）が濃度分極がない膜の真の阻止率による $(1-R)/R$ を表す．この膜では $R = 0.80$ となる．なお，物質移動係数を無次元数の Sherwood 数で表すと次式

4.8 膜濾過の物質移動

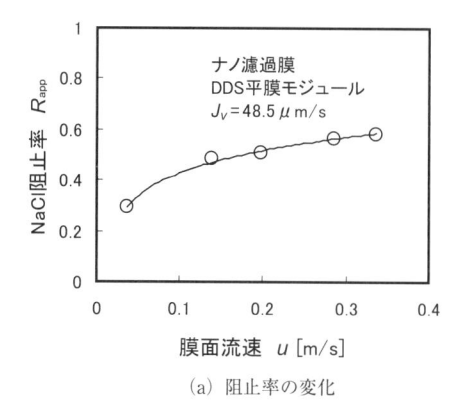

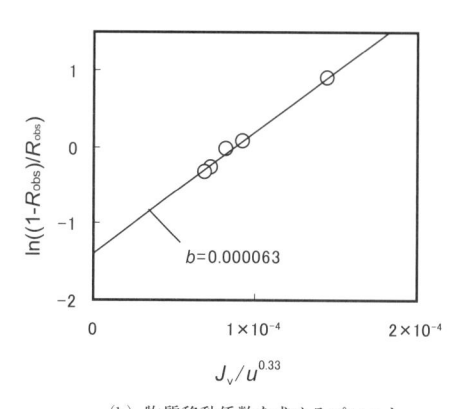

(a) 阻止率の変化

(b) 物質移動係数を求めるプロット

図 4.66 物質移動係数を求める流速変化法

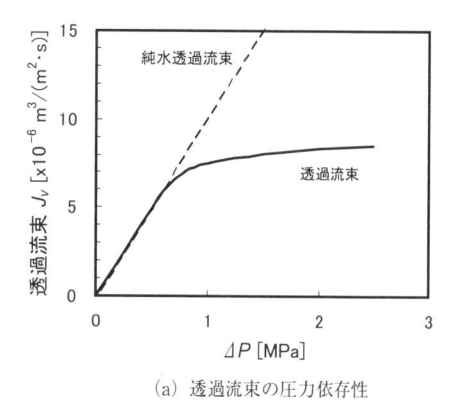

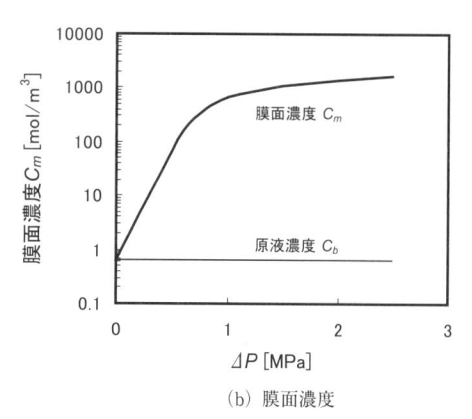

(a) 透過流束の圧力依存性

(b) 膜面濃度

図 4.67 限外濾過の浸透圧モデル

$$Sh \equiv \frac{dk}{D} = 1.25 Re^{0.33} Sc^{1/3}$$

である（ただし，$Sc = (\mu/\rho D) = 666$, $Sc^{1/3} = 8.73$, $d = 0.004$ m, $D_{AB} = 1.5 \times 10^{-9}$ m²/s, $\rho = 1000$ kg/m³, $\mu = 1.0 \times 10^{-3}$ Pa·s）．

浸透圧モデル：さらに濃度分極層は浸透圧を通じて透過流束に影響する．一般に逆浸透，限外濾過の透過流束は浸透圧 $\Delta\pi$ が関与する．

$$J_v = L_p(\Delta P - \Delta\pi) \tag{4.139}$$

たとえばタンパク質の限外濾過を考える．タンパク質の浸透圧は濃度に対して指数関数的に増加する（$\Delta\pi = aC^n$）．すると上式は

$$J_v = L_p(\Delta P - aC_m^n) \tag{4.140}$$

となり，これと濃度分極式（4.132）から，透過流束 J_v と操作圧力 ΔP の関係が次式となる．

$$J_v = L_p\left(\Delta P - aC_m^n \exp\left(\frac{nJ_v}{k}\right)\right) \tag{4.141}$$

この式により，以下の例題 4.22 の条件で操作圧力 ΔP と透過流束 J_v の関係を計算すると図 4.67(a) のようである．透過流束は圧力の低い範囲では圧力に比例して増加するが，ある程度の大きさになると濃度分極現象が進行し，膜面濃度が原液濃度の数百倍となる（図 4.67(b)）．するとタンパク質の浸透圧が大きくなり，操作圧力 ΔP をキャンセルする程度の大きさになる．結果として濾過圧力を上げても，透過流束は増加しない．実際このことは限界透過流束として，限外濾過操作で重要な現象である．以上のモデルを限外濾過の浸透圧モデルとよぶ．

【例題 4.22】 限外濾過の浸透圧モデル〈mta4_22.xls〉

牛血清アルブミン（BSA）水溶液の浸透圧が $\Delta\pi = aC^n$（$a = 5.8 \times 10^{-7}$, $n = 2$）（$\Delta\pi$[MPa], C[mol/m³]）で表せる場合，透過流束と操作圧力 ΔP との関係を求めよ．ただし，$C_b = 0.658$ mol/m³, $k = 1.08 \times 10^{-6}$ m³/(m²·s), $L_p = 1.01 \times 10^{-5}$ m³/(m²·s·MPa) とする．

（解） ΔP を決めて，J_v に関する非線形方程式（式（4.141））を解く問題となる．結果を図 4.67 に示す．

4.8.4 膜濾過プロセス

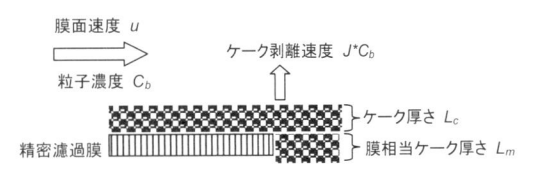

クロスフロー濾過のリフト速度モデル：次にクロスフロー形式の精密濾過における透過流束をRuthの濾過方程式を基礎にして考える．原液の粒子濃度を$C_b[m^3\text{-固体}/m^3\text{-水}]$とする．ケーク層の厚さを$L_c$，圧力差を$\Delta P$とすると透過流束$J_v$はDarcyの式（式（4.111））から，

$$J_v = \frac{k_1 \Delta P}{\mu} \frac{1}{L_c + L_m} \quad (4.142)$$

のように表せる．L_cが膜面に実際に堆積しているケーク層の厚さ，L_mが膜の透過抵抗相当の仮想のケーク厚さ，k_1が係数（抵抗Rの逆数）である．クロスフロー濾過において，このケーク層の厚みの時間変化は透過流束とクロスフローによるケークの剥離速度（リフト速度）$J^*C_b[m^3\text{-固体}/(m^2\cdot s)]$により次式のように表せる．

$$\frac{dL_c}{dt} = J_v C_b - J^* C_b \quad (4.143)$$

これらの式からJ_vを消去して，ケーク厚みL_cの時間変化に関する微分方程式が得られる．

$$\frac{dL_c}{dt} = \left(\frac{k_1 \Delta P C_b}{\mu}\right)\left(\frac{1}{L_c + L_m}\right) - J^* C_b \quad (4.144)$$

これがRuth式を基礎に，ケークの剥離速度を考慮したクロスフロー濾過のモデル式となる．右辺第1項がデッドエンドのRuth式と同じで，第2項がクロスフローの効果を表す．なお，ここで濾過の始め$J_{v0} = k_1 \Delta P / \mu L_m$，濾過流束の定常値$J_{v\infty} C_b = J^* C_b$である．

このリフト速度モデルによると，透過流束の定常値は$J_{v\infty} C_b = J^* C_b$となり，$J_{v\infty}$は圧力によらないことになる．すなわち，精密濾過における限界透過流束を表している．また，リフト速度は粒子層表面のせん断力に依存するので，膜面流速uが大きいとリフト速度も大きく，したがって透過流束も大きくなると予測される．

なお，この式の解析解は次式である．

$$-\frac{L_c}{C_2} - \frac{C_1}{(C_2)^2}\ln\left(\frac{C_2 L_c + C_2 L_m - C_1}{C_2 L_m - C_1}\right) = t$$

$$\left(C_1 = \frac{k_1 \Delta P C_b}{\mu}, \quad C_2 = k_1 \Delta P C_b\right) \quad (4.145)$$

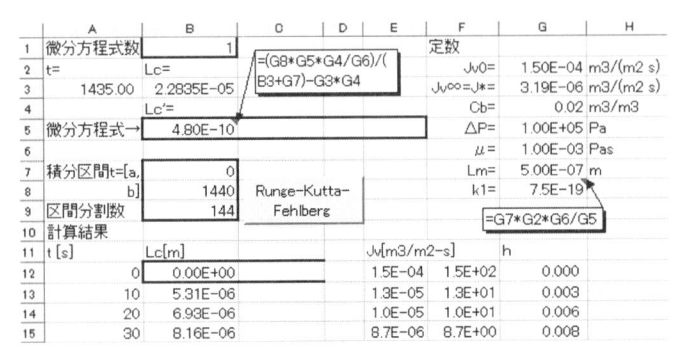

【例題4.23】 クロスフロー濾過のリフト速度モデル 〈mta4_23.xls〉

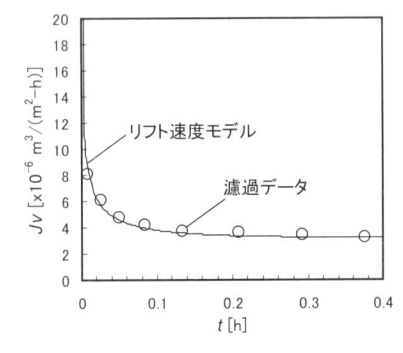

膜面積$60\,cm^2$の平膜セルで細孔径$0.2\,\mu m$の精密濾過膜を用いて野菜ジュースのクロスフロー濾過を行ったところ，透過流束の経時変化が図4.70のようであった．$\Delta P = 0.10\,MPa$，純水の透過流束$J_{v0} = 540\,kg/(m^2\cdot h) = 1.5\times 10^{-4}\,m^3/(m^2\cdot s)$，定常透過流束$J_{v\infty} = 11.5\,kg/(m^2\cdot h) = 3.19\times 10^{-6}\,m^3/(m^2\cdot s)$，$C_b = 0.02\,m^3/m^3$としてモデル計算と比較せよ．

（解） パラメーターのうちL_mを仮定して計算する．図4.69のB5に微分方程式を書く．ボタンクリックで積分を実行する．$L_m = 5\times 10^{-7}\,m$でほぼデータと一致した．得られたL_cの経時変化からJ_vを求めて図4.70に示す．クロスフロー濾過ではケーク剥離速度の効果で，透過流束が一定値になる．

濃度分極を考慮した膜濾過濃縮プロセス計算：実用の膜プロセスとして図4.71の回分濃縮プロセス

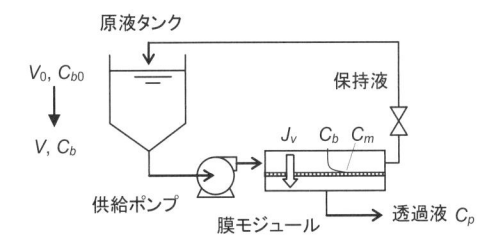

図 4.71 膜濾過（ナノ濾過）による回分濃縮プロセス

が多く用いられる．これはタンク内の原液を膜モジュールを通して濾過しながら循環させ，原液中の溶質を濃縮する方法である．ここでは濃度分極を考慮したこのプロセスの計算法を示す．

原液量の減少は透過流束 J_v による．

$$\frac{dV}{dt} = -AJ_v \quad (4.146)$$

ここで $A[\mathrm{m}^2]$ は膜面積．よって J_v と V との関係がわかればこの式を積分して，V の変化が求められる．いま膜の溶質阻止率を1とする（$R=1$）と，$C_b = C_{b0}V_0/V$ の関係にある．浸透圧 $\Delta\pi$ を考慮した透過流束の式（4.139）に浸透圧に van't Hoff 式を適用すると，膜面濃度 C_m を用いて次式である．

$$J_v = L_p(\Delta P - \Delta\pi) = L_p(\Delta P - RTC_m) \quad (4.147)$$

ここで $R=1$ の場合の濃度分極モデル（式（4.132））と原液溶質濃度 $C_b = A_r/V[\mathrm{mol/m^3}]$ を用いると，

$$J_v = L_p\left(\Delta P - RTC_b \exp\left(\frac{J_v}{k}\right)\right)$$

$$= L_p\left(\Delta P - RT\left(\frac{A_r}{V}\right)\exp\left(\frac{J_v}{k}\right)\right) \quad (4.148)$$

となる．この $J_v = f(V)$ の関係を用いると，式（4.146）が積分できる．

【例題 4.24】 濃度分極モデルによるナノ濾過による濃縮操作[13] ⟨mta4_24.xls⟩

膜面積 $A = 7.4\,\mathrm{m}^2$ のナノ濾過膜モジュールで操作圧 $\Delta P = 1.2\,\mathrm{MPa}$ でチーズホエイを濃縮する．初期水量 $V = 0.10\,\mathrm{m}^3$，溶質は乳糖を主成分としその量は $A_r = 12.7\,\mathrm{mol}$ である．C_b を 2.6 倍まで濃縮するために必要な処理時間を求めよ．ただし物質移動係数 $k = 4.6\times10^{-6}\,\mathrm{m/s}$，気体定数 $R = 8.31\times 10^{-6}\,\mathrm{m^3\cdot MPa/mol\cdot K}$，純水透過流束 $L_p = 9.25\times 10^{-6}\,\mathrm{m^3}$-水$/(\mathrm{m^2\cdot MPa\cdot s})$ である．

（解） これらの関係から透過流束 J_v の関係式は次式となる．

$$J_v = f_1(V) = 2.98\times10^{-6}\ln(V) + 1.11\times10^{-5}$$

よって，$dV/dt = -AJ_v = -Af_1(V)$ を積分することで，V，C_b，C_m などの経時変化が求められる．図 4.72 に結果を示す．C_b の 2.6 倍濃縮に必要な時間は 3000 s と求められた．

4.9 ガス膜分離

前項の膜濾過では膜の細孔によるふるい分け原理で水と溶質を分離した．これに対して，ガス分離法では孔のない高分子膜を用い，膜を介した分圧差を推進力としてガス成分を膜透過させる．ガス分離ではこの膜透過における成分ごとの透過流束の差で分離・濃縮を行う．この際，各成分の透過はその成分の分圧差のみが関与し，他成分の存在や透過には影響されないことも特徴である（図 4.73）．

ガス分離での成分透過流束 N_A は分圧差 Δp に比例し，膜の厚 δ さに反比例する．主に高分子のガス分離膜は均質で，膜の厚さ δ が測定できるので，透過流束をこれらで規格化して，透過係数 Q を求めることができる．

$$Q = \frac{N_A\delta}{\Delta p} \quad (4.149)$$

この透過係数 Q が材料のガス成分の通りやすさを表す物性値であり，ガス分離プロセス解析の基礎と

(a) 原液量　(b) 溶質濃度　(c) 浸透圧変化

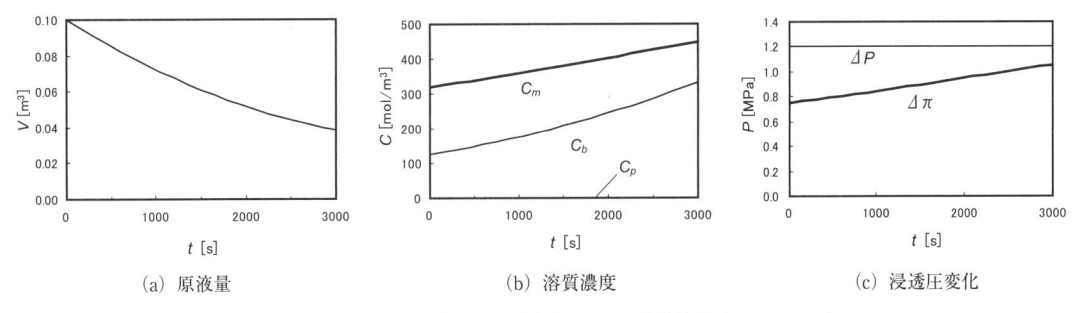

図 4.72 濃度分極を考慮した回分濃縮プロセス計算結果 ⟨mta4_24.xls⟩

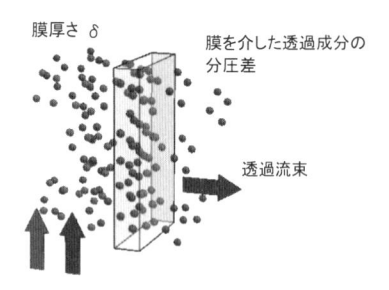

図4.73 均質膜の膜透過

なる．透過係数の単位はSIとして［kmol·m/(s·m^2·kPa)］が推奨されている．しかしこれまでの慣用としてはcgs単位系の［cm^3(STP)·cm/(s·cm^2·cmHg)］が一般に用いられ，これに関連した［Barrer］も使われる（1 Barrer = 1×10^{-10} cm^3(STP)·cm/(s·cm^2·cmHg)）（ここで［cm^3(STP)］は標準状態（0℃，1気圧）でのガスの容積を表す）．

ガス分離膜モジュールの形態は中空糸膜型やスパイラル型など各種あるが，膜モジュール一般の流れ・成分組成の定義を示したのが図4.74である．供給ガス（処理ガス）を流量F_fで膜モジュールに供給し，膜を介して供給側圧力を高圧のp_hに透過側圧力を低圧のp_lに設定する．この圧力差を推進力としてガスの膜透過が生じ，透過側出口流量がP，供給側出口流量がF_oとなる．また，処理ガスが2成分系の場合，第1成分の供給側入口，供給側出口，透過側出口の組成（モル分率）をそれぞれ，x_f, x_o, y_pとする．

一般に装置内流れの混合状態は完全混合とプラグフローの1つでモデル化されるが，図4.74のようにガス分離膜モジュールでおのおのを供給側と透過側に適用することで，①供給側完全混合－透過側完全混合，②供給側プラグフロー－透過側完全混合，③供給側プラグフロー－透過側プラグフロー，の各モデルとなる．また膜分離における特殊なモデルとして④供給側プラグフロー－透過側クロスフローがある．以下モデルごとに2成分系ガス分離の解析法を述べる．

① 供給側完全混合－透過側完全混合モデル

膜モジュール全体の収支および第1成分収支式は次式である．

$$P = F_f - F_o \tag{4.150}$$
$$Py_p = F_f x_f - F_o x_o \tag{4.151}$$

各成分のガス透過係数をQ_1, Q_2として膜面積Aにおける第1成分および第2成分の透過速度は式

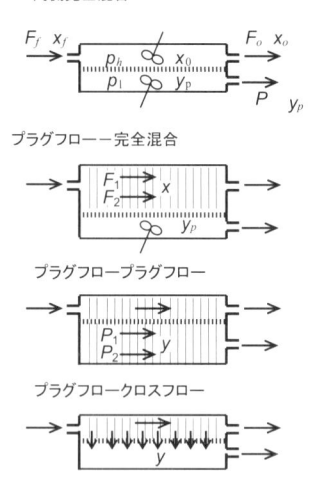

図4.74 ガス分離膜モジュールのモデル

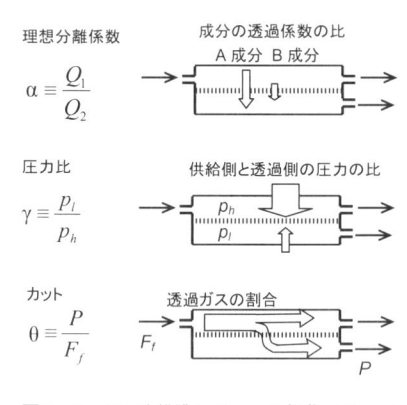

図4.75 ガス分離膜モジュール操作の3つのパラメーター

(4.152)，(4.153)のようである．

$$Py_p = \left(\frac{Q_1 A}{\delta}\right)(p_h x_o - p_l y_p) \tag{4.152}$$
$$P(1-y_p) = \left(\frac{Q_2 A}{\delta}\right)[p_h(1-x_o) - p_l(1-y_p)] \tag{4.153}$$

以上はF_o, P, x_o, y_pの4つの未知数に関する連立方程式である．

なお，式(4.152)，(4.153)の比，および式(4.150)，(4.151)によりx_oをx_fに置き換えると次式となる．

$$\frac{y_p}{1-y_p} = \frac{\alpha(x_f - \phi y_p)}{(1-x_f) - \phi(1-y_p)} \tag{4.154}$$

ここで，$\phi = \theta + \gamma - \gamma\theta$であり，3つのパラメーター，

理想分離係数：$\alpha \equiv \dfrac{Q_1}{Q_2}$，

圧力比：$\gamma \equiv \dfrac{p_l}{p_h}$，

4.9 ガス膜分離

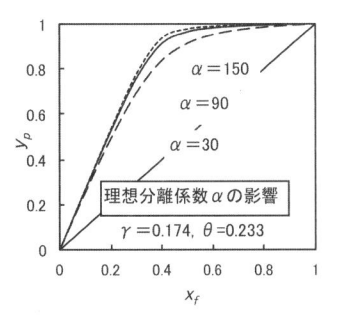

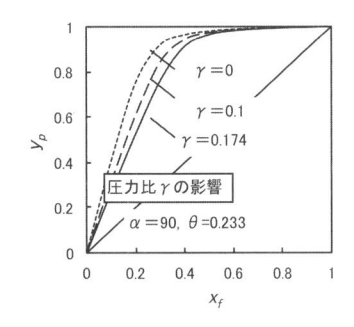

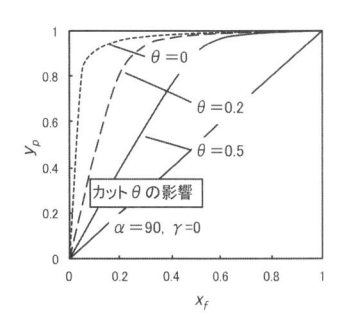

図4.76 両側完全混合モデルにおける操作パラメーターの影響 〈mta4_25.xls〉

カット：$\theta \equiv \dfrac{P}{F_f}$

を導入した．得られた式 (4.154) は y_p の2次方程式であり，その解は次式である．

$$y_p = \frac{(\alpha-1)(\phi+x_f)+1-\sqrt{\{(\alpha-1)(\phi+x_f)+1\}^2-4\phi(\alpha-1)\alpha x_f}}{2\phi(\alpha-1)}$$

(4.155)

図4.76にこの式による2成分系ガス分離膜の分離性能 (x_f に対する y_p) におよぼす，上記3つの操作パラメーターの影響を示す．

【例題4.25】 両側完全混合モデル 〈mta4_25.xls〉

2成分系混合ガスを対象として，膜面積 $A[\mathrm{m}^2]$，膜厚み $\delta[\mathrm{m}]$ の均質膜による膜モジュールの分離性能を，以上の各モデルにより解析して比較する．ここでは小型シリコーンゴム中空糸膜モジュールによる空気中の酸素濃縮操作を想定して，第1成分が酸素，第2成分が窒素として以下の条件で行う．ただしガス流量の単位 [cm^3/s] は0℃，1気圧での体積 (cm^3 (STP)) を基準とする．与えた条件で式 (4.150)〜(4.153) を解け．

膜モジュール：膜面積 $A = 3800\ \mathrm{cm}^2$，膜厚み $\delta = 20\ \mu\mathrm{m} = 2\times 10^{-3}\ \mathrm{cm}$

透過係数：酸素 $Q_1 = 5.2\times 10^{-8}\ \mathrm{cm}^3$ (STP)・cm/(cm^2・s・cmHg)

窒素 $Q_2 = 2.6\times 10^{-8}\ \mathrm{cm}^3$ (STP)・cm/(cm^2・s・cmHg)

理想分離係数：$\alpha = 2.08$

操作条件は $p_h = 76\ \mathrm{cmHg}$，$p_l = 6\ \mathrm{cmHg}(8\ \mathrm{kPa})$，$F_f = 20\ \mathrm{cm}^3/\mathrm{s}(=1.2\ \mathrm{L/min})$ (0℃，大気圧)，$x_f = 0.21$ である．

(解) (〈mta4_25.xls〉を参照．) Excel のゴールシークにより連立方程式を解く．その結果，透過ガス量 $P = 4.0\ \mathrm{cm}^3/\mathrm{s}$ ($= 0.237\ \mathrm{L/min}$)，その酸素濃度 $y_p = 0.307$ と求められた．

② 供給側プラグフロー―透過側完全混合モデル

膜モジュール内の各成分供給側流量 F_1, F_2 について，微少膜面積区間 dA での膜透過速度との関係が式 (4.156)，(4.157) となる．

$$\frac{dF_1}{dA} = -\left(\frac{Q_1}{\delta}\right)(p_h x - p_l y_p) \quad (4.156)$$

$$\frac{dF_2}{dA} = -\left(\frac{Q_2}{\delta}\right)(p_h(1-x) - p_l(1-y)), \quad x = \frac{F_1}{F_1+F_2}$$

(4.157)

透過側は完全混合を仮定するので透過ガス濃度 y_p は一定である．しかし計算初期にはこれは不明なので，y_p を仮定して積分計算を行い，計算結果から求められる y_p と一致するよう試行する．

【例題4.26】 供給側プラグフロー―透過側完全混合モデル 〈mta4_26.xls〉

例題4.25で与えた条件で式 (4.156)，(4.157) を解き，透過ガス濃度と透過ガス速度を求めよ．

(解) 図4.77の「微分方程式解法シート」のG2:G6にパラメーターを書き，B5:C5に微分方程式 (4.156)，(4.157) を記述する．その際，変数 F_1, F_2 はセル B3, C3 を指定する．F_1, F_2 の初期値を B12:C12 に設定して，ボタンを押して VBA プログラムを実行し，A を 0 から A_0 まで積分する．計算後，セル G8 に y_p が再計算されるので，これが G7 と一致するよう，G7 の値を試行する．得られた解は $y_p = 0.321$，$P = 4.0\ \mathrm{cm}^3/\mathrm{s}$ である．シート中のグラフに膜モジュール内の O_2 分圧分布を示した．

③ 供給側プラグフロー―透過側プラグフローモデル

このモデルでは透過側組成 y は一定でなく，次式のように y の局所組成が上流で透過したガス流量か

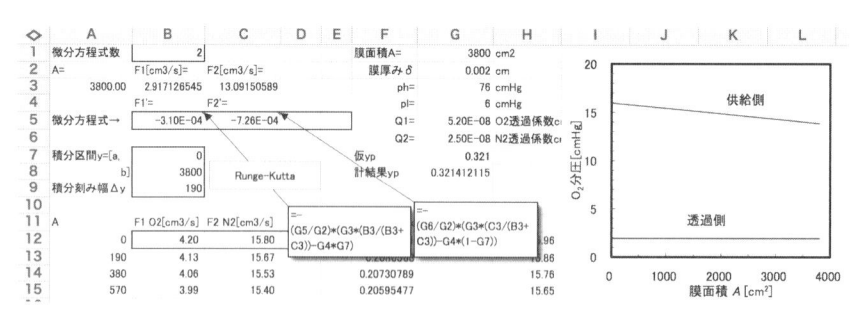

図4.77 供給側プラグフロー—透過側完全混合モデル計算〈mta4_26.xls〉

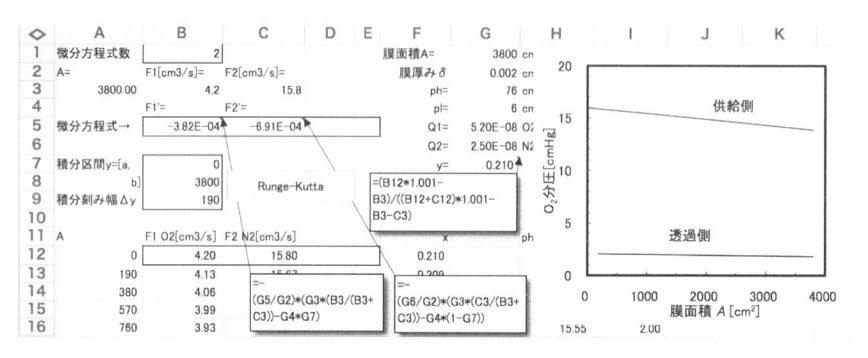

図4.78 供給側プラグフロー—透過側プラグフローモデル計算〈mta4_27.xls〉

ら計算される.

$$y = \frac{P_1}{P_1 + P_2} = \frac{F_f x_f - F_1}{F_f - F_1 - F_2} \quad (4.158)$$

これを用いて基礎式は (4.159), (4.160) となる.

$$\frac{dF_1}{dA} = -\left(\frac{Q_1}{\delta}\right)(p_h x - p_l y) \quad (4.159)$$

$$\frac{dF_2}{dA} = -\left(\frac{Q_2}{\delta}\right)(p_h(1-x) - p_l(1-y)) \quad (4.160)$$

【例題 4.27】 供給側プラグフロー—透過側プラグフローモデル〈mta4_27.xls〉

例題 4.26 の膜分離操作をこのモデルで解析せよ.

（解） 図4.78 にこれを行ったシートを示す.セル G9 に y（式（4.158））を作る（式中の 1.0001 数値は積分開始時のエラーを防止する工夫である）.B:5:C5 に微分方程式を記述する.この際,変数 F_1, F_2, y はセル B3, C3, G9 を指定する.計算結果は $y_p = 0.321$, $P = 4.0$ cm³/s で,両側完全混合（例題 4.25）,透過側完全混合モデル（例題 4.26）とほぼ同じ計算結果となった.

④ **供給側プラグフロー—透過側クロスフローモデル**

このモデルでは透過側局所の y がその位置での透過ガスの組成（透過流束の比）とする.プラグフローモデルの y の式（式（4.158））に代わり,局所の y が次式のように計算される.

$$y = \frac{(dF_1/dA)}{(dF_1/dA) + (dF_2/dA)} \quad (4.161)$$

基礎式は式（4.159）,（4.160）と同じである.このモデルでは透過の推進力にかかわる透過側膜面の組成 y と透過側流れの組成 y が異なる.

【例題 4.28】 供給側プラグフロー—透過側クロスフローモデル〈mta4_28.xls〉

例題 4.26 の膜分離操作をこのモデルで解析せよ.

（解） 図4.79 にこれを計算したシートを示す.このシートは特別にセル B6, C6 に前ステップの微分値（dF_i/dA）を書き出し,セル G9 にクロスフローによる y の値（式（4.161））を求める.B5, C5 に微分方程式を記述する.計算結果は $y_p = 0.321$, $P = 4.0$ cm³/s で他のモデルとほぼ同じとなった.

多成分系のガス分離：処理ガスが N 成分でも取り扱いは以上と同様である.供給側プラグフロー—透過側プラグフローモデルの場合,基礎式は,

$$\frac{dF_i}{dA} = -\left(\frac{Q_i}{\delta}\right)(p_h x_i - p_l y_i) \quad (i = 1, \cdots, N) \quad (4.162)$$

$$x_i = \frac{F_i}{\sum F_i} \quad (4.163)$$

4.9 ガス膜分離

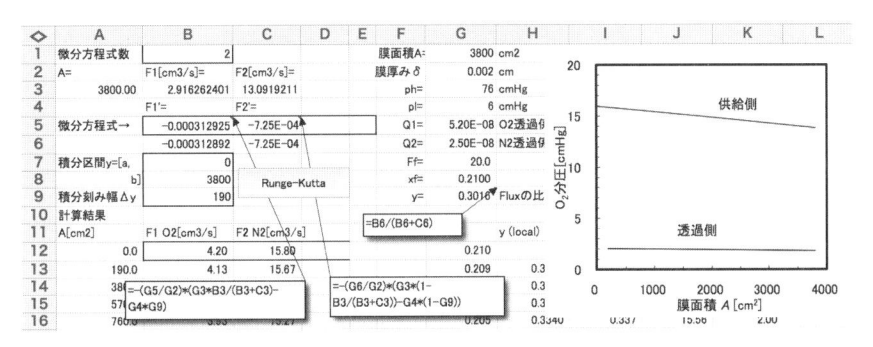

図4.79 供給側プラグフロー—透過側プラグフローモデル計算 〈mta4_28.xls〉

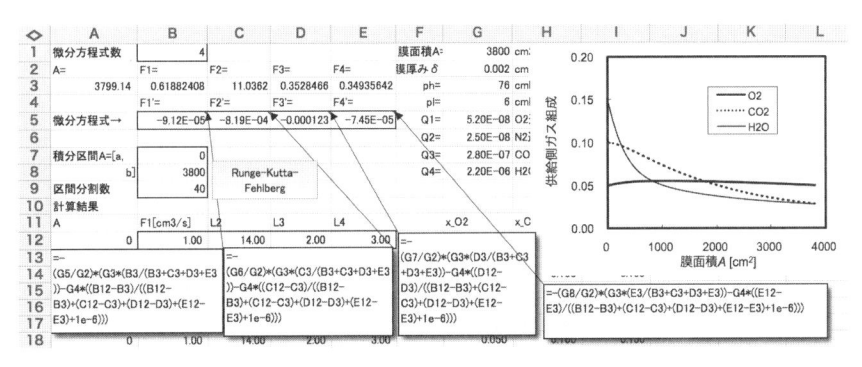

図4.80 多成分系ガスの膜分離 〈mta4_29.xls〉

$$y_i = \frac{P_i}{\sum P_i} \quad (4.164)$$

となる．なお，ここでは微分方程式を各成分の流量 (F_i) について書いていることに注意されたい．この種の問題の場合，濃度 x_i を変数にしがちであるが，基礎式を解くには各成分の流量で取り扱う方が簡明である．

【例題 4.29】 多成分系のガス分離 〈mta4_29.xls〉

例題4.25と同じ膜モジュール，操作条件で $O_2(1)$，$N_2(2)$，$CO_2(3)$，$H_2O(4)$ の4成分系混合ガスの膜透過を計算せよ．供給ガスの組成は O_2 5%, N_2 70%, CO_2 10%, H_2O 15% とする．CO_2, H_2O の膜透過係数はおのおの $Q_3 = 2.8 \times 10^{-7}$ cm³(STP)·cm/(cm²·s·cmHg), $Q_4 = 2.2 \times 10^{-6}$ cm³(STP)·cm/(cm²·s·cmHg) である．

（解） 図4.80に計算シートをを示す．セルB12：E12に各成分の供給側入口流量を設定する．B5：E5に式 (4.162)～(4.164) を記述する．マクロを実行することで，13行以下に供給側の各成分流量変化が求められる．図中のグラフに供給側ガス流れの組成変化を示す．透過係数の大きい順に各ガスの濃度が低下する．

文 献

1) Seader, J. D. and Henly, E. J.: Separation Process Principles, 2nd edition, Wiley (2006).
2) E. Glueckauf: *Trans. Faraday Soc.*, **51**, 1540 (1955).
3) Wakao, N. and Funazkri, T.: *Chem. Eng. Sci.*, **33**, 1375-1384 (1978).
4) Fernandes, D. L. A. *et al.*: *J. Chem. Edu.*, **82**, 919-923 (2005).
5) Wankat, P. C.: Rate-Controlled Separations, p.313, Elsevier (1990).
6) 橋本健治：クロマト分離工学, p.60, 培風館 (2005).
7) 伊東 章：化学工学, **76**, 295-296 (2012).
8) Welty, J. R. *et al.*: Fundamentals of Momentum, Heat, and Mass Transfer, 5th edition, Wiley (2008).
9) Crank, J.: The Mathematics of Diffusion, 2nd edition, Oxford University Press (1975).
10) Treybal, R. E.: Liquid Extraction, 2nd edition, p.186, McGraw-Hill (1963).
11) Paul, D. R.: Separation and Purification Methods, **5**, 33-50 (1976).
12) 日本膜学会編：膜学実験シリーズ3巻, 人工膜編, p.87, 共立出版 (1993).
13) 関ら：化学工学論文集, **38**, 90-101 (2012).

索引

欧文

Antoine 式　10
Carta の周期境界条件解析　101
Chilton-Colburn のアナロジー　77
Danckwerts の境界条件　63
Deissler の式　116
equilibrium wave pulse theory　99
Fick の拡散法則　3, 28
Fourier の伝導伝熱の法則　69
Friend-Metzner のアナロジー　78
Fröessling の式　81
Gibbs 自由エネルギー　22
Graetz 数　80
Hagen-Poiseuille 式　113
Hausen の近似式　80
Henry 定数　14
Henry の法則　17
Higbie の浸透説　106
HTU　107
Klinkenberg の近似解　98
Kozeny-Karman の式　113
Langmuir の吸着等温式　19
Leveque の解　79
Leveque の式　116
Lewis 数　87
Lewis の関係　87
McCabe-Thiele 法　110
Newton の冷却法則　69
Peclet 数　71
Poiseuille 流れへの拡散　55
Prandtl 数　90
Ranz-Marshall の式　81
Raoul の法則　10, 16
Reynolds 数　70
Reynolds のアナロジー　77
Schmidt 数　71
Sherwood 数　71
Stanton 数　77
Stokes-Einstein 式　2
Stokes の法則　3
Taylor 分散　58
Thiele 数　67
van Laar 式　13
Wilke-Chang 式　6
Wilson 式　24

あ 行

圧力透過係数　8
圧力比　121
アナロジー　77

1 次元拡散　31
一方拡散　45
移動単位数　107
移流拡散　48
インパルス入力　48

液-液平衡　9
円管内流れへの拡散　57

押し出し流れ　64

か 行

回分濃縮　118
界面速度　76
化学ポテンシャル　22
拡散係数　1
拡散係数の濃度依存性　31
拡散セル　45
分散モデル　48
拡散流束　44, 71
カット　121
活量係数　11
管型反応器のモデル　63
完全混合　64, 121

気-液平衡　9
気体分子運動論　2
擬定常状態モデル　34
吸収平衡　9
吸着等温線　19
吸着平衡　9

クロスフロー　123
クロスフロー濾過　118
クロマトグラフィー　101

ケーク層　113
限界含水率　89
限外濾過膜　115
減率乾燥　88

高物質流束効果　76
固定層吸着　97
混合拡散係数　48, 59
混合拡散モデル　48

さ 行

細孔モデル　114
最小液流量　106
差分法　32

湿球温度　85
湿度図表　87
循環参照　32
蒸気圧　8
状態方程式　26
触媒有効係数　67
浸透説　54, 63, 105

ステップ入力　49

正則溶液論　23
線形推進力近似モデル　93

相対揮発度　11
層流境界層方程式　72
槽列モデル　49
速度差分離　9

た 行

タイライン　20
対流流束　71
断熱冷却線　87

直角三角図　20
直交流れへの拡散　52

定率乾燥　88
点源からの拡散　43, 37, 58
伝熱係数　69

透過係数　22, 120
等湿球温度　86
等モル相互拡散　45

な 行

2次元拡散　31
2重境膜モデル　106

濃度境界層方程式　72
濃度分極モデル　115

は 行

破過曲線　97
八田数　62
反応吸収　61
反応係数　62
反応係数モデル　62

比抵抗　114
非定常拡散　34

不可逆過程の熱力学モデル　115
フガシティ　23
物質移動境膜　69
物質移動係数　69
物質移動容量係数　97, 107
物質移動流束　44, 71
物理吸収　61
プラグフロー　121
分配係数　20

平均滞留時間　50
平衡含水率　89

ま 行

膜透過の遅れ時間　39

モル平均速度　44

や 行

溶解度曲線　20
溶解度係数　22
溶解平衡　9

ら 行

理想分離係数　121
理想溶液　12
リフト速度モデル　118
流下液膜　103
流下液膜へのガス吸収　53
流速変化法　116
理論段モデル　101

連続の式　72

編集者略歴

伊　東　　　章
（いとう　　あきら）

1952 年　北海道に生まれる
1982 年　東京工業大学大学院理工学研究科化学工学専攻博士課程修了
1988 年　新潟大学工学部化学工学科助教授
2007 年　新潟大学工学部化学システム工学科教授
2009 年　東京工業大学大学院理工学研究科化学工学専攻教授
　　　　　現在に至る．工学博士

シリーズ〈新しい化学工学〉3
物質移動解析　　　　　　　　　　　　　　　定価はカバーに表示

2013 年 6 月 20 日　初版第 1 刷

　　　　　　　　　　　　　　　　　編集者　伊　東　　　章
　　　　　　　　　　　　　　　　　発行者　朝　倉　邦　造
　　　　　　　　　　　　　　　　　発行所　株式会社　朝倉書店
　　　　　　　　　　　　　　　　　　　　東京都新宿区新小川町 6-29
　　　　　　　　　　　　　　　　　　　　郵便番号　162-8707
　　　　　　　　　　　　　　　　　　　　電　話　03（3260）0141
　　　　　　　　　　　　　　　　　　　　ＦＡＸ　03（3260）0180
　　　　　　　　　　　　　　　　　　　　http://www.asakura.co.jp

〈検印省略〉

ⓒ 2013〈無断複写・転載を禁ず〉　　　　　　　印刷・製本　東国文化

ISBN 978-4-254-25603-1　C 3358　　　　　　Printed in Korea

JCOPY　〈（社）出版者著作権管理機構　委託出版物〉

本書の無断複写は著作権法上での例外を除き禁じられています．複写される場合は，そのつど事前に，（社）出版者著作権管理機構（電話 03-3513-6969, FAX 03-3513-6979, e-mail: info@jcopy.or.jp）の許諾を得てください．